荣获中国石油和化学工业优秀出版物奖·教材奖

普通高等教育“十三五”规划教材

物理性污染控制工程

王宝庆 主编

化学工业出版社

·北京·

内容提要

《物理性污染控制工程》对噪声污染控制工程、振动污染控制工程、热污染控制工程、光污染控制工程、电磁辐射污染控制工程、放射性污染控制工程六种物理性污染及污染控制工程内容进行了介绍与分析，主要包括不同物理性污染的来源及危害、评价方法及标准、污染控制措施、污染控制方法及工程案例等。

《物理性污染控制工程》可作为高等院校环境工程、环境科学、环境生态工程等专业的本科生教材，还可供相关专业的科技、管理人员阅读参考。

图书在版编目（CIP）数据

物理性污染控制工程/王宝庆主编. —北京：化学工业出版社，2020.6（2024.8重印）
普通高等教育“十三五”规划教材
ISBN 978-7-122-36573-6

Ⅰ.①物… Ⅱ.①王… Ⅲ.①环境物理学-高等学校-教材 Ⅳ.①X12

中国版本图书馆CIP数据核字（2020）第052715号

责任编辑：满悦芝　　文字编辑：林　丹
责任校对：盛　琦　　装帧设计：张　辉

出版发行：化学工业出版社（北京市东城区青年湖南街13号　邮政编码100011）
印　　刷：北京云浩印刷有限责任公司
装　　订：三河市振勇印装有限公司
787mm×1092mm　1/16　印张12　字数294千字　2024年8月北京第1版第6次印刷

购书咨询：010-64518888　　售后服务：010-64518899
网　　址：http://www.cip.com.cn
凡购买本书，如有缺损质量问题，本社销售中心负责调换。

定　　价：38.00元

版权所有　违者必究

前言

物理性污染是由于物理因素如声、振动、放射性、电、热、光等产生的物理作用对人类健康和生态环境造成危害的污染。物理性污染与化学性污染和生物性污染不同。物理性污染被称为无形污染，它们在环境中是永远存在的，其本身对人类无害，只有在环境中的量超过规定的标准时，才形成污染。而化学性污染和生物性污染是环境中有了有害的物质和生物，或者是环境中的某些物质超过正常含量，同时化学性污染和生物性污染有长期的遗留性，而且多数可通过迁移、扩散而形成区域性污染。物理性污染与大气污染、水污染和固体废物污染不同，大气污染、水污染和固体废物污染在持续时间和影响范围上一般很大，而物理性污染的扩散和危害具有局限性，一般只能影响周围的一定区域。物理性污染一般不会积累，是一种感觉公害。物理性污染是能量的污染，而化学性污染和生物性污染是物质的污染。

物理性污染控制工程包括噪声污染控制工程、振动污染控制工程、热污染控制工程、光污染控制工程、电磁辐射污染控制工程、放射性污染控制工程。本书对以上六种物理性污染及污染控制工程内容进行了介绍与分析，主要包括不同物理性污染的来源及危害、评价方法及标准、污染控制措施、污染控制方法及工程案例等内容。

物理性污染控制工程是高等学校环境工程专业主干课程之一，本书针对上述课程编写，可作为环境工程、环境科学、环境生态工程及其相关专业的本科生教材，也可供相关专业的科技、管理人员学习参考。全书共 7 章，由王宝庆主编。其中，蔡宁宁、吴俊成参与了第 2 章的编写工作，王晴、吴俊成参与了第 3 章的编写工作，刘博薇、李怡诺参与了第 4 章的编写工作，胡新鑫、唐真真、李怡诺参与了第 5 章的编写工作，牛宏宏、徐小凡参与了第 6 章的编写工作，唐真真、徐小凡参与了第 7 章的编写工作。全书由蔡宁宁统稿，王宝庆审查。本书编写兼顾理论与实践、分析与应用，在对理论分析过程中强调了实用性和可操作性。编者在本书编写过程中，参考了大量学者、专家及同行的论文和相关著作，在此表示诚挚的谢意。

由于编者的学识所限，不足之处在所难免，恳请读者批评指正。

编写组

2020 年 9 月

目录

1 绪论

1.1 物理环境与物理性污染 …… 1
1.1.1 物理环境 …… 1
1.1.2 物理性污染 …… 1
1.2 物理性污染的来源及控制 …… 2
1.2.1 物理性污染的来源 …… 2
1.2.2 物理性污染的控制 …… 2
复习思考题 …… 2

2 噪声污染控制工程

2.1 噪声及噪声污染 …… 3
2.1.1 概述 …… 3
2.1.2 噪声的来源 …… 4
2.1.3 噪声污染的危害 …… 6
2.1.4 噪声污染的控制 …… 9
2.2 噪声的测量、评价与预测 …… 10
2.2.1 声级计算 …… 10
2.2.2 声波衰减 …… 14
2.2.3 噪声测量 …… 15
2.2.4 噪声评价 …… 20
2.2.5 噪声预测 …… 25
2.3 吸声降噪技术 …… 26
2.3.1 多孔吸声材料和共振吸声结构 …… 28
2.3.2 室内吸声降噪计算 …… 35
2.3.3 室内吸声降噪设计 …… 41

2.4 隔声降噪技术 …… 44
2.4.1 隔声降噪原理 …… 45
2.4.2 隔声结构与隔声性能 …… 45
2.4.3 隔声间的降噪与设计 …… 47
2.4.4 隔声罩的降噪与设计 …… 53
2.4.5 隔声屏的降噪与设计 …… 57
2.5 消声降噪技术 …… 61
2.5.1 消声降噪原理 …… 61
2.5.2 消声器的分类及性能评价 …… 61
2.5.3 阻性消声器的设计 …… 62
2.5.4 抗性消声器的设计 …… 67
2.5.5 阻抗复合式消声器的设计 …… 71
2.5.6 微穿孔板消声器的设计 …… 72
2.6 消声降噪工程应用 …… 61
2.6.1 通风空调消声器及其设计 …… 75
2.6.2 汽车消声器及其设计 …… 76
复习思考题 …… 77

3 振动污染控制工程

3.1 振动简介 …… 79
3.2 隔振原理及隔振设计 …… 79
3.2.1 隔振原理 …… 79
3.2.2 隔振设计及常见隔振器 …… 82
3.3 阻尼减振及阻尼结构 …… 86
3.3.1 阻尼减振 …… 86
3.3.2 阻尼结构 …… 89
3.3.3 阻尼减振工程应用 …… 91
3.4 主动隔振控制 …… 92
3.4.1 主动隔振控制简介 …… 92
3.4.2 主动隔振控制设计 …… 93
3.4.3 主动隔振作动器 …… 93
3.5 隔振降噪工程应用 …… 93
3.5.1 发电机高速机组阻尼绕组结构及性能分析 …… 93
3.5.2 液压阻尼器的结构及性能分析 …… 97
3.5.3 超精密机床的主动隔振结构及性能分析 …… 99
3.5.4 车用磁流变减振器结构及性能分析 …… 102
复习思考题 …… 107

4 热污染控制工程

4.1 概述 …… 108
4.1.1 热环境的来源 …… 108
4.1.2 热污染的成因 …… 110
4.1.3 热污染的影响 …… 112
4.1.4 温室效应 …… 112
4.1.5 热岛效应 …… 113
4.2 热污染评价与标准 …… 114
4.2.1 水体热污染评价与标准 …… 114
4.2.2 大气热污染评价与标准 …… 116
4.3 热污染防治 …… 118
4.3.1 水体热污染防治 …… 118
4.3.2 大气热污染防治 …… 119
4.3.3 热岛效应的防治 …… 120
4.3.4 余热利用技术 …… 120
4.3.5 新型热污染控制技术 …… 122
4.3.6 健全相关法律法规 …… 127
复习思考题 …… 127

5 光污染控制工程

5.1 概述 …… 128
5.1.1 光污染及其类型 …… 128
5.1.2 光污染产生的原因 …… 129
5.2 光污染的测量及评价 …… 130
5.2.1 光污染的测量 …… 130
5.2.2 光污染的评价 …… 135
5.3 光污染的防治管理 …… 137
5.3.1 控制好污染源 …… 137
5.3.2 加强光污染立法 …… 137
5.4 光污染的防治技术 …… 138
5.4.1 彩光污染防治技术 …… 138
5.4.2 白亮污染防治技术 …… 138
5.4.3 人工白昼污染防治技术 …… 138
5.4.4 可见光污染防治技术 …… 139
5.4.5 红外线、紫外线污染防治技术 …… 140
5.4.6 光污染防治技术应用 …… 141
复习思考题 …… 143

6 电磁辐射污染控制工程

6.1 概述 …… 144
6.1.1 电磁辐射污染的来源 …… 144
6.1.2 电磁辐射污染的传播途径 …… 145
6.1.3 电磁辐射污染对人体的危害 …… 146
6.2 电磁辐射污染的监测及评价 …… 147
6.2.1 电磁辐射污染的监测 …… 147
6.2.2 电磁辐射污染的评价 …… 147
6.3 电磁辐射污染防治技术 …… 149
6.3.1 电磁辐射污染防治的基本原则 …… 149
6.3.2 电磁辐射污染的防治措施 …… 149
6.3.3 电磁辐射污染防治技术应用 …… 151
复习思考题 …… 158

7 放射性污染控制工程

7.1 概述 …… 159
7.1.1 放射性污染的来源 …… 159
7.1.2 放射性污染的特点 …… 160
7.1.3 放射性污染的危害 …… 160
7.2 放射性污染的测量与评价 …… 161
7.2.1 放射性污染的测量 …… 161
7.2.2 放射性污染的评价 …… 165
7.3 放射性污染防护 …… 168
7.3.1 放射性污染防护的基本原则 …… 168
7.3.2 放射性污染防护对策 …… 169
7.4 放射性废物处理 …… 170
7.4.1 放射性废物的分类及处理原则 …… 170
7.4.2 放射性废物处理技术 …… 171
7.4.3 放射性废物处理技术应用 …… 173
复习思考题 …… 181

参考文献

1 绪 论

【内容提要】

本章介绍了物理环境与物理性污染的概念，物理性污染的来源和分类。物理性污染与化学性污染和生物性污染不同，物理性污染的来源众多，管理复杂，因此物理性污染控制技术和管控措施也较繁多且庞杂。

1.1 物理环境与物理性污染

1.1.1 物理环境

环境是相对于某一中心事物而言的。对人类而言，环境是指与人类相关的各种事物的总和。在自然界中，各种物质都在不停地运动着，运动的形式包括机械运动、电磁运动、分子热运动等，物质运动的同时伴随着能量的交换和转化，从而构成了物理环境。

环境物理学是研究物理环境同人类相互作用的科学，它主要研究声、振动、电磁场、射线、光、热和加速度等对人类的影响，以及改善或消除这些影响的技术方法和控制措施。根据研究对象的不同，环境物理学可分为环境声学、环境光学、环境热学、环境电磁学和环境空气动力学等分支学科。

1.1.2 物理性污染

由于物理因素（如声、振动、放射性、电磁辐射、光、热等）而产生的对人类健康和生态环境造成危害的现象，就称为物理性污染。

物理性污染同化学性污染和生物性污染是不同的。物理性污染称为无形污染，它们在环境中是永远存在的，本身对人类无害，只有在环境中的量超过规定的标准时，才形成污染。而化学性污染和生物性污染是环境中有了有害的物质和生物，或者是环境中的某些物质超过正常含量，同时化学性污染和生物性污染有长期的遗留性，而且多数可通过迁移、扩散而形成区域性污染。

1.2 物理性污染的来源及控制

1.2.1 物理性污染的来源

物理性污染主要包括噪声污染、振动污染、热污染、光污染、电磁辐射污染和放射性污染。

噪声污染是由许多不同频率和强度的声波杂乱无章地组合而成的。噪声污染是指所产生的环境噪声超过国家规定的环境噪声排放标准，并干扰他人正常生活、工作和学习的现象。振动污染与噪声污染类似，而且振动本身可以形成噪声源，以噪声的形式影响和污染环境。人类活动消耗的能源最终会转化为热的形式进入大气和水体，使大气和水体升温，从而影响大气环境和水体环境，进而对人类生存产生影响，即为热污染。由于光源存在而在光量和光方向上对人类和其他生物产生有害影响的称为光污染。放射性污染是由于放射性核素发射一定能量的射线，如宇宙射线、α射线、β射线、γ射线、中子辐射、X射线等，这些射线可引起物质的电离辐射，因此放射性污染也称为电离辐射污染。电磁辐射污染与放射性污染相比，辐射的量子能量远不足以使物体电离，所以不属于电离辐射污染范围。无线电通信、超高压输电网站、微波加热、高频淬火等会产生大量的电磁波，当电磁辐射过量时，会对人类健康和生活环境产生不利影响，称为电磁辐射污染。

1.2.2 物理性污染的控制

物理性污染的控制不仅要研究如何消除污染，还要研究适宜于人类生活和工作的声、电、热、光等物理条件。物理性污染控制包括噪声污染控制、振动污染控制、热污染控制、光污染控制、电磁辐射污染控制和放射性污染控制。物理性污染控制主要研究哪种物理因素在什么条件下形成的物理性污染，对物理性污染进行定量研究，为达到物理性污染控制标准而寻求的控制方法。比起大气污染、水污染和固体废物污染，物理性污染更为分散而繁杂，因此应加大物理性污染控制工程的研究力度，同时加强有关物理性污染的相关环境规划和管理措施的实施，使物理性污染得到有效控制。

复习思考题

1. 什么是物理环境？
2. 什么是物理性污染？物理性污染与化学性污染和生物性污染有什么不同？
3. 物理性污染的来源有哪些？
4. 物理性污染控制的方法有哪些？

2 噪声污染控制工程

【内容提要】

本章介绍了噪声及噪声污染的概念，噪声的来源、特点及其危害，噪声污染控制的方法、程序；噪声污染级的概念，声压级、声强级和声功率级的计算；声波衰减的内容；环境噪声的测量方法，噪声评价工作程序和内容；噪声的评价量：响度级、响度、等响曲线、斯蒂文斯响度、等效连续A声级和昼夜等效A声级、交通噪声指数、计权等效连续感觉噪声级；多孔吸声材料和共振吸声结构，室内吸声降噪量的计算；隔声间、隔声罩、隔声屏隔声量的计算；阻性消声器和抗性消声器消声量的计算；吸声、隔声、消声降噪工程案例分析。

2.1 噪声及噪声污染

2.1.1 概述

声音在我们的生活中是必不可少的，悦耳的音乐声、潺潺的流水声、朗朗的读书声，无一不使我们心情舒畅，而隆隆的装修声、街道的喧闹声，却让我们心情不适，烦躁不安。这些让我们心情烦躁的声音就是噪声。从物理学的角度看，噪声是发声体做无规则振动时发出的声音；从生物学的角度看，噪声是妨碍人们正常学习、工作和休息的声音。

噪声从心理学上可分为：超过一定强度标准的声音，可危及人体健康的过响声；妨碍人们工作、生活、学习、生产等活动的妨碍声；使人产生厌恶感的不愉快声。另外还有人们可以容忍和习惯适应，甚至可以融合到人类生活中的可忽视噪声，又称无影响声。

了解噪声首先要了解噪声的物理量度，噪声是声波的一种，它具有声波的一切特征。

（1）声压

在空气中，没有声波时，空气中的压强即为大气压；空气中有声波时，大气压就会由于声波的存在而产生起伏，使原来的大气压叠加上一个变化的压强。声压就是指介质中的压强相对于无声波时的压强改变量。声压越大，声音越强；声压越小，声音越弱，通常用 p 来表示，单位为帕（Pa）。

声压是表示声音强弱最常用的物理量。正常人刚刚能听到的声音的声压是 2×10^{-5}Pa，此为听阈声压；当声音的声压达到 20Pa 时，会使人产生震耳欲聋的感觉，此为痛阈声压。人正常说话时的声压为 0.02～0.03Pa；而当声压达到上百帕时，会导致人的耳朵出血、鼓膜损伤。

（2）声压级

从听阈声压到痛阈声压，声压由 2×10^{-5}Pa 到 20Pa，相差了一百万倍，在衡量声音强弱时非常不方便，同时也不能保证其精度，为了方便起见，引入一个成倍比关系的对数量——“级”，作为声音大小的常用单位，这就是声压级，即以声压级代替声压。

引入一个基准声压 p_0 为 2×10^{-5}Pa，声压级的表达式为：

$$L_p=10\lg\frac{p^2}{p_0^2}=20\lg\frac{p}{p_0} \tag{2-1}$$

式中 L_p——声压级，dB；

p——声压，Pa；

p_0——基准声压，2×10^{-5}Pa。

引入声压级后，范围由 2×10^{-5}～20Pa 缩小到了 0～120dB，变化范围急剧缩小，利用声压级来表示声音的强弱十分方便。

按普通人的听觉，很静、几乎感觉不到声音时的声压级为 0～20dB；安静、犹如轻声絮语时的声压级为 20～40dB；一般、普通室内谈话时的声压级为 40～60dB；吵闹、有损神经时的声压级为 60～70dB；很吵、神经细胞受到破坏时的声压级为 70～90dB；吵闹加剧、听力受损时的声压级为 90～100dB；难以忍受、承受一分钟即暂时致聋时的声压级为 100～120dB；极度聋或全聋时的声压级为 120dB 以上。

当声音超过人们生活和生产活动所能容许的程度时就形成了噪声污染。噪声有自然现象引起的，也有人为活动造成的，通常所说的噪声污染是指人为活动造成的声音感觉公害。

噪声污染具有以下特点：

① 物理性：声源发出的声能以波动的形式传播，直接作用于人的听觉器官，是一种感觉、精神公害。

② 能量性：噪声没有污染物，不会积累，它的能量最后完全转变为热能。虽然声能量很小，但它引起空气介质的波动和由此产生的污染却很大。

③ 局限性：噪声源只能影响它周围的一定区域，其扩散和危害具有局限性。

④ 危险潜伏性：噪声在心理承受上有一定的延续效应，长期接触或短期高强度接触噪声有损健康。

⑤ 难避性：噪声无孔不入，很小的孔洞缝隙就能透过大量的噪声，即使在睡眠中，也会受到噪声的污染。

环境噪声污染指所产生的环境噪声超过国家规定的环境噪声排放标准，并干扰他人的正常生活、工作和学习的现象。噪声污染一直被人们认为是最厌恶、最直接的环境污染之一，在我国城市各种公害投诉案件中的平均占有率高达 60%～70%。

2.1.2 噪声的来源

随着人类工业的发展，各种各样的噪声充斥着人们的生活，噪声的来源多种多样，主要有工业来源、交通来源、建筑来源和社会生活来源。

(1) 工业噪声污染源

主要有空气动力性噪声、机械性噪声和电磁性噪声。

① 空气动力性噪声：当气体中存在涡流或发生压力突变时引起的气体扰动。如空压机、通风机、鼓风机、高压气体放空时所产生的噪声。

② 机械性噪声：由机械撞击、转动、摩擦而产生。如破碎机、电锯、球磨机、机床等发出的噪声。

③ 电磁性噪声：由磁场和电源频率脉动引起电器部件的振动而产生。如发电机、继电器、变压器产生的噪声。

按噪声的性质可分为稳态噪声和脉冲噪声。

① 稳态噪声：噪声在较长一段时间内保持恒定不变的称为稳态噪声。

② 脉冲噪声：噪声随时间变化时大时小的称为脉冲噪声。

一些机械性噪声源强度如表 2-1 所示。

表 2-1　一些机械性噪声源强度

声级/dB	机械设备或厂房、车间
<75	放大机、拷贝机、电子刻板真空镀膜机
75	蒸发机、上胶机
80	针织机、织袜机、漆包线机
85	车床、刨床、铣床、造纸机
90	泵房、冷冻机房、轧钢车间、空气压缩机站
95	织带机、轮转印刷机
100	电焊机、柴油发电机、大型鼓风机站
105	织布机、破碎机、大螺杆压缩机
110	电锯、无齿锯、罗茨鼓风机
115	抽风机、振动筛、振捣台
120	加压制砖机、大型球磨机、有齿锯锯钢材
125	轧材、热锯(峰值)、锻锤(峰值)
130	风铆、风铲、大型鼓风机、高炉和锅炉排气放空

(资料来源：贺启环，2011)

(2) 交通噪声污染源

交通噪声是指交通工具运行时所产生的妨害人们正常生活和工作的声音，包括机动车噪声、飞机噪声、火车噪声和船舶噪声等。一般主要指机动车辆在城市内交通干线上行驶时产生的噪声。它是一种不稳定的噪声，声级随时间等因素而变化。其污染程度与机动车辆的种类、数量、速度、运行状态、相互距离、鸣笛、道路宽度、坡度、干湿状态、路面情况及风速等多方面因素有关。

根据来源的不同，城市道路交通噪声主要分为动力系统噪声、非动力系统噪声和轮胎路面噪声三方面。动力系统的噪声包括进排气噪声、传动系统噪声、发动机表面辐射噪声等。非动力系统噪声包括鸣笛、刹车等噪声。当汽车时速处于 45～55km 时，轮胎噪声就成为小客车与轻型载重车噪声频谱的主要成分。

另外，铁路交通噪声指火车产生的一种频率相当低的噪声，在车站和列车调度场，因为要进行车辆的调度而产生碰撞噪声；空中交通噪声指飞机由于快速运转的器件喷射出高速气流而产生的非常高的噪声。

(3) 建筑噪声污染源

在基础工程中，有土方爆破、挖掘沟道、平整和清理场地、打夯、打桩等作业；在主体工程中，有立钢骨架或钢筋混凝土骨架、吊装构件、搅拌和浇捣混凝土等作业；在施工现场，有材料和构件的运输活动；此外还有各种敲打、撞击、旧建筑拆除等。

(4) 社会生活噪声污染源

包括通风机、空调、水泵、油烟机、高音喇叭、音响设备以及其他社会活动所使用的电器，一些典型的家庭常用设备噪声如表 2-2 所示，虽然社会生活噪声平均声级不是很高，但给居民造成的干扰却很大，是城市中影响环境质量的主要污染源，所占比例近 50%。

表 2-2 家庭常用设备噪声

家庭常用设备	声级/dB	家庭常用设备	声级/dB
风扇	30～68	除尘器、电视机、抽水马桶	60～84
电冰箱	30～58	钢琴	62～92
通风机、吹风机	50～75	食物搅拌器	65～80
洗衣机、缝纫机	50～80		

(资料来源：贺启环，2011)

2.1.3 噪声污染的危害

噪声污染对人、动物、仪器仪表以及建筑物均造成危害，危害程度主要取决于噪声的频率、强度及暴露时间。

(1) 噪声对听力的损伤

当人们在强噪声环境下待一段时间后，再到安静的环境中，会发现细小的声音听不到了，在此环境再待一段时间才会恢复，这种现象叫暂时性听力阈移，又称听觉疲劳。

而长期暴露在高噪声［如 90dB (A) 以上］环境下的人们，由于持续不断地受到噪声的刺激，听觉疲劳恢复得越来越慢，耳感受器易发生器质性病变，导致入耳听力下降，造成永久性阈移，即导致噪声性耳聋或噪声听力损失。

目前，国际上多是按国际标准化组织 (IOS) 于 1964 年规定的以 500Hz、1000Hz、2000Hz 听力损失的算数平均值（即听觉灵敏度的下降值）来衡量耳聋的程度。按照听力损失的大小，对耳聋性程度进行分级，如表 2-3 所示。

表 2-3 听力损失级别

级别	听觉损失程度	听力损失平均值/dB	对谈话的听觉能力
A	正常(损害不明显)	<25	可听清低声谈话
B	轻度(稍有损伤)	25～40	听不清低声谈话
C	中度(中等程度损伤)	40～55	听不清普通谈话
D	高度(损伤明显)	55～70	听不清大声谈话
E	重度(严重损伤)	70～90	听不到大声谈话
F	最重度(几乎耳聋)	>90	很难听到声音

(资料来源：王文奇，1985)

人们把超过25dB的听力损失平均值作为听力损失的临界值，这个临界值表示语言听力发生轻度障碍的开始。若听力损失超过这一临界值，则发生听力损伤，称为噪声耳聋，简称噪声聋。当平均听力损失到40～55dB时，对一般响度的语言就会发生经常性听力困难，并且会造成永久性听力损失。

当人们突然暴露于极强烈的噪声之下时，如爆破、放炮等，由于其声压很大，常伴有冲击波，可造成听觉器官的急性损伤，称为爆震性耳聋或声外伤。此时，耳的鼓膜破裂、流血，双耳完全失聪。这种耳聋应及时治疗，治疗时间越早效果越好。

(2) 噪声会引发多种疾病

噪声暴露不仅会对听力造成严重影响，而且对人体的其他系统，比如神经系统、消化系统、心血管系统和内分泌系统等都有明显危害。

噪声作用于中枢神经系统，使人的基本生理过程——大脑皮层兴奋和抑制平衡失调，以致产生头痛、耳鸣、多梦、失眠、疲劳、记忆力衰退等临床症状。

噪声对神经系统影响的程度与其强度有关。当噪声在50～85dB时，会产生头痛和睡眠不好的症状；90～100dB时，会有疲劳的感觉，常常容易激动；100～120dB时，会产生头晕、失眠、记忆力明显下降的症状；当噪声强度增强到140～145dB时，不但会引起耳痛，而且还会引起恐惧或全身紧张感，引起眼球震动，视觉模糊，呼吸、脉搏、血压都发生波动，全身血管收缩，供血减少，甚至说话能力都受到影响。

强烈的噪声刺激会干扰人的精神系统，使休息中的人产生恼怒感，一些对噪声敏感的人甚至会失去理智，产生异常举动。

噪声会对心血管系统产生不利影响。在90dB以上高噪声环境中长期工作，心血管系统疾病的发病率将明显增高，可以使心肌受损，并出现高血压、动脉硬化和冠心病等疾病。噪声可以使交感神经紧张兴奋，导致心动过速、心律失常、血管痉挛和血压升高。

噪声会导致消化系统功能失调。长期接触噪声会引起肠胃机能阻滞，使消化液分泌异常，胃酸度降低，胃蠕动减退，以致造成消化不良、食欲不振、恶心呕吐等。

噪声对血液成分有一定影响，表现为血细胞数增多，嗜酸性粒细胞亦有增高的趋势。

此外，噪声对视觉器官也会产生不良影响，当噪声作用于听觉器官时，会通过神经系统的导入作用而波及视觉器官，使人的视力减弱。噪声越大，视力清晰度稳定性越差，长时间处于噪声环境中容易发生眼疲劳、眼痛、眼花和视物流泪等损伤现象。

总之，在高噪声环境工作的人，一般健康水平会逐年下降，疾病发病率会增高。

(3) 噪声对人们工作和生活的影响

噪声影响人们的正常生活，妨碍人们休息、睡眠，干扰人们谈话和日常社交活动，使人烦躁、惶惶不安，甚至精神失控、行为反常。

睡眠是消除疲劳、保持健康和维持劳动的必要条件，噪声的存在会干扰人们的睡眠，使睡眠质量下降，自然会使工作效率下降。研究表明，当环境噪声超过35dB时，睡眠障碍变得愈加明显。连续噪声达到40dB时，10%的人睡眠会受到影响，睡眠的人的脑电波出现觉醒反应；噪声达到70dB时，50%的人会有觉醒反应；突发的噪声达到40dB时，10%的人会被惊醒；达到60dB时，70%的人会被惊醒。人对噪声的敏感性也是不一样的，与年龄、性别等都有关系，实验表明，理想的睡眠声级应该低于35dB。

噪声除了对人们的睡眠有影响之外，另一个重要的影响就是干扰人们的谈话、上课、开会、打电话等。在喧闹的噪声环境中，人们无法通过语言进行交流，只能通过大喊或手势。因此，在日常生活中我们会发现，在嘈杂环境工作的人们，通常会有大声喊话的习惯。

噪声引起烦燥，在嘈杂的环境里人们心情烦躁，容易使人工作疲劳，精力不集中，反应迟钝，导致生产和工作效率低，对于脑力劳动者尤为明显。强噪声环境不仅会影响工作效率，也会降低质量，特别是对那些要求注意力高度集中的复杂作业影响更大。

实验证明，噪声干扰交谈和通信的情况如表 2-4 所示，通常情况下，人们相距 1m 交谈时平均语言声级约为 65dB，当噪声级与语言声级相当时，正常交谈受到干扰，语言声会被环境噪声掩蔽，语言清晰度降低。

表 2-4　噪声对交谈、通信的干扰

噪声级/dB	主观反应	保持正常谈话的距离/m	通信质量
45	安静	10	很好
55	稍吵	3.5	好
65	吵	1.2	较困难
75	很吵	0.3	困难
85	大吵	0.1	不可能

（资料来源：刘永坚，2003）

(4) 噪声对建筑物、仪器设备和动物的影响

美国国家航空航天局（NASA）研究中心通过观察和测定分析及模拟实验得出结论：当噪声强度达到 140dB 时，对轻型建筑物开始有破坏作用，能使玻璃碎裂。当超音速飞机在低空掠过时，在飞机头部和尾部产生压力和密度跃变，在地面反射后形成 N 形冲击波，传到地面时产生轰声。在轰声的作用下，会对建筑物造成一些破坏，如门窗损伤、墙壁裂缝、屋顶掀起、玻璃破裂和烟囱倒塌等。

噪声对仪器设备的影响与噪声的强度、频谱以及仪器设备本身的结构与安装方式等因素有关。噪声对仪器的影响根据受损程度的不同可分为三种：一是使仪器设备受到干扰，自身噪声增大，影响其正常工作；二是使仪器设备失效，使其失去工作能力，但在离开噪声场后又能继续工作；三是使仪器设备损坏，造成仪器设备的破坏而不能使用。对于电子仪器，当噪声级超过 135dB 时，由于连接部位的错动、引出线的抖动、微调电位器或电容的移位等原因，会使仪器发生故障而失效；当噪声级超过 150dB 时，一些电阻、电容、晶体管等元件有可能失效或损坏。

噪声对生物的影响是客观存在的，实验证明，动物在噪声场中中枢神经系统会受到损害，表现为狂躁不安且失去常态。例如，在 165dB 噪声场中，大白鼠会疯狂蹿跳，互相撕咬、抽搐，然后僵直地瘫倒。噪声对动物的听觉和视觉也有损伤性的影响。动物在 120～150dB 的噪声中暴露会造成永久性听力损伤和器质性损伤；在 150dB 以上的噪声场中暴露，会引起眼部震动，造成视觉模糊。

噪声对动物、生态环境和饲养业会产生重要的影响。由于强噪声对人体的影响不能直接进行实验观察，因此用动物实验来获取资料以推断噪声对人的影响，对于保护人类健康有重要意义。

2.1.4 噪声污染的控制

2.1.4.1 噪声污染控制的目的

噪声控制并不是将噪声降得越低越好，噪声是指不需要的声音，一些声音在某些情况下可能是需要的，但在工作和休息时就不需要了，例如歌曲是美妙的声音，但在休息时，外放的歌曲就是吵闹的噪声了。因此，噪声控制要采取技术措施，最终达到适当的声学环境，即经济上、技术上和要求上合理的声学环境和标准。

2.1.4.2 噪声污染控制的方法

任何一个声学系统都是由声源—传播途径—接收者三个环节组成的，控制噪声即从这三个环节入手，从声源上根治噪声，在传播途径中采取降噪措施，对噪声接收者采取保护措施。

（1）声源控制

声源控制噪声是噪声控制中最根本和最有效的手段，研究发声机理，限制噪声的发生是根本性措施。在工厂中，噪声源主要为运转的机械设备和运输工具，控制它们的噪声主要有以下途径：一是选用内阻尼大、内摩擦大的低噪声材料，如合金和高分子材料而不是一般的金属材料；二是采用低噪声结构，在保证机器功能不变的情况下，采用合理的操作方法，改变设备的结构形式，降低声源的噪声发射功率；三是提高部件的加工精度和装配精度，由于机械配件之间的冲击和摩擦、平衡不好会产生振动导致噪声增大，因此提高加工精度也是一种控制噪声的有效方法；四是采用吸声、隔声、减振、隔振等技术，以及安装消声器等。

声源控制噪声的方法及控制噪声的效果如表 2-5 所示。

表 2-5 声源控制噪声的方法及控制噪声的效果

声源	控制方法	降噪效果/dB
敲打、撞击	加弹性垫等	10～20
机械转动部件动态不平衡	进行平衡调整	10～20
整机振动	加隔振基座(弹性耦合)	10～25
机器部件振动	使用阻尼材料	3～10
机壳振动	包覆、安装隔声罩	3～30
管道振动	包覆、使用阻尼材料	3～20
电机	安装隔声罩	10～20
烧嘴	安装消声器	10～30
进气、排气	安装消声器	10～30
炉膛、风道共振	用隔板	10～20
摩擦	用润滑剂，提高光洁度，采用弹性耦合	5～10
齿轮啮合	隔声罩	10～20

（资料来源：贺启环，2011）

（2）传播途径控制

传输途径中的控制是最常用的办法，由于技术上和经济上的原因，从声源上控制噪声还难以实现，这时需要从传播途径上加以考虑，即在传播途径上阻断和屏蔽声波的传播，或使声波传播的能量随距离衰减等。一般有建立隔声屏障、应用吸声材料和吸声结构、对于固体振动产生的噪声采取隔振和阻尼措施等。

（3）接收者的防护

对于接收者防护阶段，可采取以下措施：尽量减少在噪声环境中的暴露时间；佩戴防护耳具，如耳罩、耳塞、防声盔等；合理分配工作人员岗位，调整在噪声环境中的工作人员。

2.1.4.3 噪声控制的程序

在对噪声进行控制时，一般按以下程序确定控制噪声的方案。

（1）现场噪声调查

通过现场调查测量噪声级和噪声频谱，弄清主要噪声源及噪声传播的主要途径，测量时应注意选择有代表性的测量点。如果条件允许，可进行对比实验，能够更加准确地确定噪声源及噪声源声级。

（2）确定现场容许的噪声级

根据相关环境标准和使用要求，确定实际工程中不同区域的噪声容许标准，并根据未采取控制措施时现场实测的噪声级，计算二者之差即可确定达到噪声标准时所需要的噪声降低指标。

（3）选择适当的控制措施

根据现场情况，因地制宜，注意经济合理，考虑声学效果。对采取的措施进行必要的估算，避免措施的盲目性。如果确定方案时有多种措施可选择，除考虑降噪效果外，还应考虑投资及对设备正常转动有无影响等因素。

2.2 噪声的测量、评价与预测

2.2.1 声级计算

声级是声压级、声强级和声功率级的统称，前面已经介绍了声压级，下面介绍声强级和声功率级。

（1）声强级

$$L_I = 10\lg\frac{I}{I_0} \tag{2-2}$$

式中 I——声强，W/m^2；

I_0——基准声强，W/m^2，$I_0=10^{-12}W/m^2$。

对于空气中的平面声波，$I=\frac{p^2}{\rho c}$。

$$\begin{aligned} L_I &= 10\lg\frac{I}{I_0} \\ &= 10\lg\left(\frac{p^2}{\rho c}\right)/I_0 \end{aligned}$$

$$=10\lg\frac{p^2}{p_0^2}+10\lg\frac{p_0^2}{\rho c I_0}$$

$$=L_p+10\lg\frac{400}{\rho c}$$

$$=L_p+\Delta L_p$$

在一个大气压下，38.9℃时空气的特性阻抗 $\rho c=400\text{Pa}\cdot\text{s/m}$，此时 $L_I=L_p$；

在一个大气压下，0℃时空气的特性阻抗 $\rho c=428\text{Pa}\cdot\text{s/m}$，$\Delta L_p=-0.29\text{dB}$；

在一个大气压下，20℃时空气的特性阻抗 $\rho c=415\text{Pa}\cdot\text{s/m}$，$\Delta L_p=-0.16\text{dB}$。

因此，对于空气中的平面声波，一般认为 $L_I=L_p$。

【例 2-1】 对某声源测得其声强 $I=0.1\text{W/m}^2$，求其声强级。

【解】 由已知条件得：

$$L_I=10\lg\frac{I}{I_0}=10\lg\left(\frac{0.1}{10^{-12}}\right)=10\times 11=110(\text{dB})$$

（2）声功率级

$$L_W=10\lg\frac{W}{W_0} \tag{2-3}$$

式中 W——声功率，W；

W_0——基准声功率，W，$W_0=10^{-12}\text{W}$。

【例 2-2】 某一噪声源发出 0.2W 声功率，试求其声功率级。

【解】 由已知条件得：

$$L_W=10\lg\frac{W}{W_0}=10\lg\frac{0.2}{10^{-12}}=10\times(0.3010+11)=113(\text{dB})$$

利用声强与声功率的关系：$I=\frac{W}{S}$（S 为声波传播中通过的面积），则：

$$L_I=10\lg\frac{I}{I_0}$$

$$=10\lg\left(\frac{W}{S}\times\frac{1}{I_0}\right)$$

$$=10\lg\left(\frac{W}{W_0}\times\frac{W_0}{I_0}\times\frac{1}{S}\right)$$

将 $W_0=10^{-12}\text{W}$，$I_0=10^{-12}\text{W/m}^2$ 代入得：

$$L_I=L_W-10\lg S \tag{2-4}$$

对于确定的声源，声功率是不变的，但是空间各处的声压级和声强级是会变化的。点声源发出的球面波，在离源点 r 处有：

$$I=\frac{W}{4\pi r^2}$$

$$L_I=L_W-10\lg 4\pi r^2$$

$$=L_W-20\lg r-11$$

一些声源或噪声环境的声压级如表 2-6 所示，一些声源或噪声环境的声功率级如表 2-7 所示。

表 2-6 一些声源或噪声环境的声压级

声源或噪声环境	声压级/dB	声源或噪声环境	声压级/dB
核爆炸试验场	180	汽车喇叭(距离 1m)	120
导弹、火箭发射	160	公共汽车内	80
喷气式飞机	140	大声讲话	80
锅炉排气放空	140	繁华街道	70
大型球磨机	120	安静车间	40
大型风机房(离机 1m)	110	轻声耳语	30
织布车间、机间过道	100	树叶沙沙声	20
冲床车间(离床 1m)	100	农村静夜	10

表 2-7 一些声源或噪声环境的声功率级

声源或噪声环境	声功率级/dB	声源或噪声环境	声功率级/dB
"阿波罗"运载火箭	195	通风扇	90
波音 707 飞机	160	大声喊叫	80
螺旋桨发动机	120	一般谈话	70
空气锤	120	低噪声空调机	50
空压机	100	耳语	30

声级的计算遵循的是能量叠加法则。一般噪声都是不相干声波，叠加后不会形成驻波，所以叠加后总声能量等于各个声波能量的直接叠加。

(1) 相同噪声级的合成

【例 2-3】 某车间有两台相同的车床，单独开动时，测得的声压级均为 100 dB，求这两台机床同时开动时的声压级是多少分贝？

【解】 两台机床同时开动时的总声压级为：

$$L_p = 20\lg\frac{p}{p_0} = 10\lg\frac{p^2}{p_0^2} = 10\lg\frac{p_1^2+p_2^2}{p_0^2} = 10\lg\frac{2p_1^2}{p_0^2}$$

$$= 10\lg 2 + 20\lg\frac{p_1}{p_0}$$

$$\approx 3+100$$

$$= 103(\text{dB})$$

由上可知，两个特性相同、声压级相等的噪声叠加的总声压级比单个声源的声压级增加了 3dB。如果有 N 个特性相同、声压级相等的声源叠加，总声压级为：

$$L_{总} = L_p + 10\lg N \tag{2-5}$$

式中 L_p——一个声源的声压级，dB；

N——声源的个数。

(2) 声压级分贝的加法

设有两个不同声压级 L_{p_1}、L_{p_2}，并有 $L_{p_1} > L_{p_2}$，$L_{p_1} - L_{p_2} = \Delta L_p$。

由声压级的定义：

$$L_{p_1} = 20\lg\frac{p_1}{p_0}, \qquad \frac{p_1^2}{p_0^2} = 10^{\frac{L_{p_1}}{10}}$$

$$L_{p_2}=20\lg\frac{p_2}{p_0}\qquad \frac{p_2^2}{p_0^2}=10^{\frac{L_{p_2}}{10}}$$

$$L_{总}=10\lg\frac{p_1^2+p_2^2}{p_0^2}$$

$$=10\lg\left(10^{\frac{L_{p_1}}{10}}+10^{\frac{L_{p_2}}{10}}\right)$$

$$=10\lg\left[10^{\frac{L_{p_1}}{10}}+10^{\frac{L_{p_1}-\Delta L_p}{10}}\right]$$

$$=10\lg\left[10^{\frac{L_{p_1}}{10}}\left(1+10^{\frac{-\Delta L_p}{10}}\right)\right]$$

$$=L_{p_1}+10\lg\left(1+10^{\frac{-\Delta L_p}{10}}\right)$$

$$=L_{p_1}+\Delta L$$

分贝相加 ΔL_p 与 ΔL 的关系如表 2-8 所示。

表 2-8　分贝相加 ΔL_p 与 ΔL 的关系

ΔL_p/dB	0	1	2	3	4	5	6	7	8	9	10	11	12	13	14	15
ΔL/dB	3	2.5	2.1	1.8	1.5	1.2	1.0	0.8	0.6	0.5	0.4	0.3	0.26	0.21	0.17	0.13

几个声压级叠加，总的声压级由其中最大的一个来决定，而较小的声压级对总声压级的贡献较小。

【例 2-4】 某工厂一工人操作 5 台机器，在操作位置测得这 5 台机器的声压级分别为 95dB、90dB、92dB、86dB、80dB，试求在操作位置产生的总声压级为多少？

【解】 由已知条件得：

$$L_{总}=10\lg\left(10^{\frac{L_{p_1}}{10}}+10^{\frac{L_{p_2}}{10}}+10^{\frac{L_{p_3}}{10}}+10^{\frac{L_{p_4}}{10}}+10^{\frac{L_{p_5}}{10}}\right)$$

$$=10\lg(10^{9.5}+10^{9}+10^{9.2}+10^{8.6}+10^{8})$$

$$=97.9(\text{dB})$$

（3）声压级分贝的减法

在噪声测量时，往往会受到外界噪声的干扰。例如，存在测试环境的背景噪声（或称本底噪声），这时用仪器测得某机器运行时的声级是包括背景噪声在内的总声压级 L_{p_T}，那么就需要从总声压级中扣除机器停止运行时的背景噪声声压级 L_{p_B}，得到机器的真实噪声声压级 L_{p_S}，这就是级的相减。

$$L_{p_T}=10\lg\left(10^{0.1L_{p_B}}+10^{0.1L_{p_S}}\right)\tag{2-6}$$

则

$$L_{p_S}=10\lg\left(10^{0.1L_{p_T}}-10^{0.1L_{p_B}}\right)\tag{2-7}$$

（4）平均声压级

例如，某车间有多个声源，各操作点的声压级不尽相同，如何求车间声压级的平均值。

设 N 个声压级分别为L_{p_1}、L_{p_2}、…、L_{p_N}，按照声能叠加原理，N 个声压级的平均值 $\overline{L_p}$ 可以表示为：

$$\begin{aligned}\overline{L_p} &= 10\lg \frac{1}{N}\sum_{i=1}^{N} 10^{\frac{L_{p_i}}{10}} \\ &= 10\lg \sum_{i=1}^{N} 10^{\frac{L_{p_i}}{10}} - 10\lg N \end{aligned} \tag{2-8}$$

2.2.2 声波衰减

声波在任何声场中传播都会有衰减。一是扩散衰减，声波在声场传播过程中，波前的面积随着传播距离的增加而不断扩大，声能逐渐扩散，使单位面积上通过的声能相应减少，使声强随着离声源距离的增加而衰减；二是吸收衰减，声波在介质中传播时，由于介质的内摩擦性、黏滞性、导热性等特性使声能不断被介质吸收，转化为其他形式的能量，使声强逐渐衰减。

2.2.2.1 声波的扩散衰减

（1）点声源的扩散衰减

在自由声场中，点声源以球面波的方式向各个方向扩散，当距声源 r_1 处的声压级为 L_{p_1} 时，则在距声源 r_2 处的声压级为 L_{p_2}，L_{p_2} 可由下式计算：

$$L_{p_2}=L_{p_1}-20\lg \frac{r_2}{r_1} \tag{2-9}$$

当 $r_2=2r_1$ 时，则：

$$L_{p_2}=L_{p_1}-20\lg \frac{2r_1}{r_1}=L_{p_1}-6$$

衰减量 $\Delta L=L_{p_1}-L_{p_2}=6\text{dB}$，即在自由声场中，距离每增加一倍，声压级衰减 6dB。

（2）线声源的扩散衰减

在自由声场中，对于无限长线声源，其声压级随距离的衰减由下式计算：

$$L_{p_2}=L_{p_1}-10\lg \frac{r_2}{r_1} \tag{2-10}$$

由上式看出，离开线声源的距离每增加一倍，声压级衰减 3dB。

对有限长线声源，可按下述方式简化：

设线状声源长为 l_0，在线声源垂直平分线上距声源 r 处的声级为 $L_p(r)$。

当 $r>l_0$ 且 $r_0>l_0$ 时，可近似简化为：

$$L_p(r)=L_p(r_0)-20\lg \frac{r}{r_0}$$

即在有限长线声源的远场，有限长线声源可当作点声源处理。

当 $r<l_0/3$ 且 $r_0<l_0/3$ 时，可近似简化为：

$$L_p(r)=L_p(r_0)-10\lg \frac{r}{r_0}$$

当 $l_0/3<r<l_0$ 且 $l_0/3<r_0<l_0$ 时，可近似简化为：

$$L_p(r)=L_p(r_0)-15\lg\frac{r}{r_0}$$

（3）面声源的扩散衰减

设面声源的边长分别为 a、b（$a<b$），设离开声源中心的距离为 r，其声压级随距离的衰减分不同情况考虑：

① 当 $r\leqslant\frac{a}{\pi}$时，衰减值为 0dB，即在面声源附近，距离变化时，声压级无变化；

② 当$\frac{a}{\pi}<r\leqslant\frac{b}{\pi}$时，则按线声源来处理，即距离增加一倍，声压级衰减 3dB；

③ 当 $r>\frac{b}{\pi}$时，则可按点声源来处理，即距离增加一倍，声压级衰减 6dB。

2.2.2.2 声波的吸收衰减

吸收衰减与介质的成分、温度、湿度等有关，此外还与声波的频率有关，频率越高，衰减越快。

由于空气吸收，声波每 100m 衰减的量如表 2-9 所示。

表 2-9 空气吸收引起噪声的衰减 dB/100m

频率/Hz	温度/℃	相对湿度			
		30%	50%	70%	90%
500	0	0.28	0.19	0.17	0.16
	10	0.22	0.18	0.16	0.15
	20	0.21	0.18	0.16	0.14
1000	0	0.96	0.55	0.42	0.38
	10	0.59	0.45	0.40	0.36
	20	0.51	0.42	0.38	0.34
2000	0	3.23	1.89	1.32	1.03
	10	1.96	1.17	0.97	0.89
	20	1.29	1.04	0.92	0.84
4000	0	7.70	6.34	4.45	3.43
	10	6.58	3.85	2.76	2.28
	20	4.12	2.65	2.31	2.14
8000	0	10.54	11.34	8.90	6.84
	10	12.71	7.73	5.47	4.30
	20	8.27	4.67	3.97	3.63

2.2.3 噪声测量

噪声测量是噪声监测、控制及噪声研究的重要手段。通过噪声测量，可了解噪声的污染程度、噪声源的状况和噪声的特征，确定控制噪声的措施，检验与评价噪声控制的效果。本部分主要介绍噪声测量的技术和原理，典型噪声测量仪器的使用，环境噪声、工业企业噪声等的测量方法。

2.2.3.1 声级计

声级计是一种基本的噪声测量仪器，按照一定的频率计权和时间计权测量声音的声压级和声级，它具有体积小、质量轻、操作简单、便于携带等特点，适用于测量工业企业噪声、城市交通噪声和机器噪声等。

声级计按用途可分为一般声级计、脉冲声级计、积分声级计等，按准确度可分为0型、Ⅰ型、Ⅱ型、Ⅲ型四种，不同类型声级计的精度及用途如表2-10所示。

表2-10 不同类型声级计的精度及用途

类型	精密级		普通级	
	0	Ⅰ	Ⅱ	Ⅲ
精度	±0.4dB	±0.7dB	±1.0dB	±1.5dB
用途	实验室标准仪器	声学研究	现场测量	监测、普查

（资料来源：李家华，1995）

精密声级计具有测量频带声压级的功能，精密声级计配有倍频程或1/3倍频程滤波器。《声环境质量标准》（GB 3096—2008）规定，用于城市区域环境噪声测量的仪器精度为Ⅱ型及Ⅱ型以上的积分平均声级计。

声级计由传声器、放大器、衰减器、计权网络、检波器和指示器等组成。

（1）传声器

也叫话筒，它是将声压转换成电压的声电换能器。在噪声测量中常使用的传声器有四种：晶体传声器、电动式传声器、电容传声器、驻极体传声器。传声器对整个声级计的动态范围和精确度影响甚大，因此，传声器必须具有频率范围宽、频率响应平直、动态范围大、失真小、体积小、灵敏度变化小、本底噪声低、稳定性好等特征。选用传声器时，要详细查阅其说明书，了解其性能指标，以满足测量要求。

（2）放大器

传声器把声音转换成电信号，此电信号一般是很微弱的，不足以在电表上得到指示。因此，需要把信号放大，包括输入放大和输出放大。一般对声级计中放大器的要求是：增益足够大且稳定，频率响应特性平直，有足够的动态范围，固有噪声低、耗电小。

（3）衰减器

声级计的量程范围较大，一般为23～130dB（A），但减波器和指示器不可能有这么宽的量程范围，这就需要设置衰减器。其功能是将接到的强信号给予衰减，以免放大器过载。它可以分为输入衰减器和输出衰减器，其作用为：保证高、低声级在电表上都有适当的指示，以减少误差；可使放大器保持一定的动态范围，高声级通过衰减后，其输入信号不因放大器过载而失真；保证一定的信噪比。

（4）计权网络

在噪声测量中，为了使声音的客观物理量和人耳听觉的主观感觉近似取得一致，声级计中设有A、B、C计权网络，并已标准化。各计权网络的频率响应如表2-11所示，各计权网络频率的响应如图2-1所示。

表 2-11　A、B、C 计权网络的频率响应

频率/Hz	A 计权/dB	B 计权/dB	C 计权/dB	频率/Hz	A 计权/dB	B 计权/dB	C 计权/dB
10	−70.4	−38.2	−14.3	500	−3.2	−0.3	−0.0
12.5	−63.4	−33.2	−11.2	630	−1.9	−0.1	−0.0
16	−56.7	−28.5	−8.5	800	−0.8	−0.0	−0.0
20	−50.5	−24.2	−6.2	1000	0	0	0
25	−44.7	−20.4	−4.4	1250	+0.6	−0.0	−0.0
31.5	−39.4	−17.1	−3.0	1600	+1.0	−0.0	−0.1
40	−34.6	−14.2	−2.0	2000	+1.2	−0.1	−0.2
50	−30.2	−11.6	−1.3	2500	+1.3	−0.2	−0.3
63	−26.2	−9.3	−0.8	3150	+1.2	−0.4	−0.5
80	−22.5	−7.4	−0.5	4000	+1.0	−0.7	−0.8
100	−19.1	−5.6	−0.3	5000	+0.5	−1.2	−1.3
125	−16.1	−4.2	−0.2	6300	−0.1	−1.9	−2.0
160	−13.4	−3.0	−0.1	8000	−1.1	−2.9	−3.0
200	−10.9	−2.0	−0.0	10000	−2.5	−4.3	−4.4
250	−8.6	−1.3	−0.0	12500	−4.8	−6.1	−6.2
315	−6.6	−0.8	−0.0	16000	−6.6	−8.4	−8.5
400	−4.8	−0.5	−0.0	20000	−9.3	−11.1	−11.2

（资料来源：肖洪亮，1998）

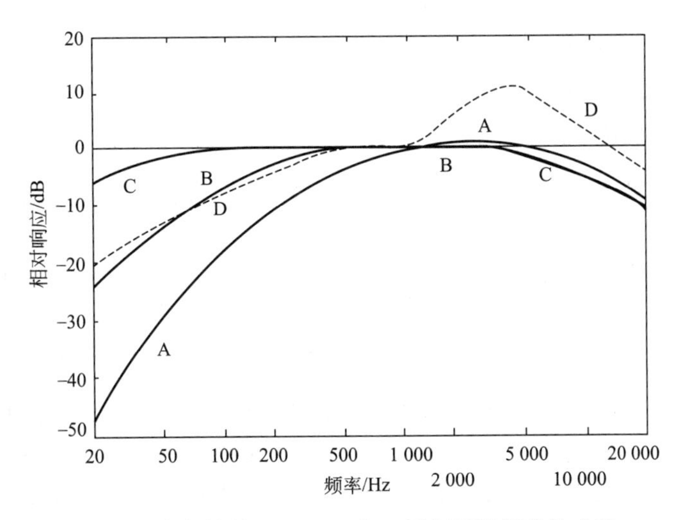

图 2-1　声级计的 A、B、C 和 D 计权网络频率的响应

（资料来源：肖洪亮，1998）

（5）检波器和指示器

检波器用来将放大器输出的交流信号检波（整流）成直流信号，以便在表头上获得适当的指示。为了测量不同的值，相应的有峰值、平均值和近似有效值检波电路，其中有效值（均方根值）使用较多。有时也测量信号的峰值和平均值，如测量冲击信号的幅度或考虑放大器是否会出现过载时，都需要测量峰值。

声级计的指示方式大部分采用电表指示，电表读数是按分贝刻度的；有些声级计采用数字显示，还可通过 BCD 码输出，使它能同其他分析处理仪器和电子计算机配合使用。

(6) 声级计的主要附件

防风罩：为了降低风对噪声测量的影响，需在传声器上罩防风罩，通常可降低风噪声 10～12dB。

鼻形锥：在高速气流中测量噪声可用鼻形锥。

延长电缆：测量仪器与测试人员相距较远，可用屏蔽电缆连接电容传声器和声级计。

(7) 声级计的校准

为了测量准确，声级计使用前后要进行校准。常使用活塞发生器、声级校准器或其他声压校准仪器进行校准。

2.2.3.2 环境噪声的测量方法

(1) 声功率的测量

声功率测量的方法有：混响室法、消声室法、现场法。

① 混响室法　混响室是一间体积较大（一般大于 $200m^3$）、墙的隔声和地面隔振都很好的特殊实验室，它的壁面坚实光滑，在测量的声音频率范围内，壁面的反射系数大于 0.98。混响室法是将声源放在混响室内进行测量的方法。

室内离声源 r 处的声压级为：

$$L_p = L_W + 10\lg\left(\frac{R_\theta}{4\pi r^2} + \frac{4}{R}\right) \tag{2-11}$$

式中　L_W——声源的声功率级；

R_θ——声源的指向性因数；

R——房间常数，$R=\frac{S\bar{\alpha}}{1-\bar{\alpha}}$；

S——混响室内各面的总面积；

$\bar{\alpha}$——平均吸声系数。

在混响室内离开声源一定的距离，即在混响场内，表征混响声的$\frac{4}{R}$将远大于表征直达声的$\frac{R_\theta}{4\pi r^2}$，于是近似有：$L_p = L_W + 10\lg\frac{4}{R}$。在混响场内各处的实际声压级不完全相等，所以取几个测点的声压级平均值，则被测声源的声功率级为：$L_W = \overline{L_p} - 10\lg\frac{4}{R}$

② 消声室法　消声室是内壁装有吸声材料，能吸收 98%以上的入射声能的实验室。室内主要是直达声，反射声极小。如果消声室的地面不铺设吸声面，而是坚实的反射面，则称为半消声室。消声室法是将声源放在消声室或半消声室内进行测量的方法。

$$L_W = \overline{L_p} + 10\lg S_0 \tag{2-12}$$

$$S_0 = \sum_{i=1}^{n} \Delta S_i$$

③ 现场法　测量结果的精度不及实验室测得的结果准确。

现场法与消声室法一样，设想一个包围声源的包络面，然后测量包络面各单元上的声压级，但在现场测量时有混响声，因此要对测量结果进行修正。

$$L_W = \overline{L_p} + 10\lg S_0 - K \tag{2-13}$$

式中　$\overline{L_p}$——平均声压级；

S_0——包络面的总面积；

K——修正值，$K=10\lg\left(1+\frac{4S_0}{R}\right)$。

当测点处的直达声与混响声相等时，$K=3$。为了减小 K 值，可适当缩小包络面，即将各测点移近声源；或者在房间四周放一些吸声材料，增加房间的吸声量。

比较法：在实验室内按规定的测点位置预先测定标准声源的声功率级。现场测量时，首先仍按上述规定的测点布置测量待测声源的声压级，然后将标准声源放在待测声源位置附近，停止待测声源；在相同测点再次测量标准声源的声压级，则可得待测声源的声功率级：

$$L_W=L_{WS}+(\overline{L_p}-\overline{L_{pS}}) \tag{2-14}$$

式中　L_{WS}——标准声源的声功率级；

$\overline{L_p}$——待测声源现场测量的平均声压级；

$\overline{L_{pS}}$——标准声源现场替代测量的平均声压级。

（2）工厂、车间噪声测量

工厂、车间噪声包括工业企业内部的噪声和工业企业对外界环境影响的噪声。内部噪声又分为生产环境噪声和机器设备噪声。

① 生产环境噪声测量　《工业企业噪声控制设计规范》（GB/T 50087—2013）规定生产车间及作业场所工人每天连续接触噪声 8h 的噪声限值为 90dB。

原则：测量时传声器应置于工作人员的耳朵附近，测量时工作人员应从岗位上暂时离开，以避免声波在工作人员头部引起的散射声使测量产生误差。

车间内部各点声级分布变化小于 3dB 时，可选 1～3 个测点；车间内部各点声级分布变化大于 3dB 时，则应按声级大小将车间分成若干区域，使每个区域内的声级差异小于 3dB，相邻两个区域的声级差异应大于或等于 3dB，并在每个区域选取 1～3 个测点。

② 机器设备噪声测量　为避免或减小环境的背景噪声和反射声的影响，使测点尽可能接近机器声源，应尽可能关闭其他运转设备，减少测量环境的反射面，增加吸声面积等。小型机器（外形尺寸小于 0.3m）测点距表面 0.3m；中型机器（外形尺寸在 0.3～1m）测点距表面 0.5m；大型机器（外形尺寸大于 1m）测点距表面 1m；特大型设备的测量或有危险性的设备，可根据具体情况选择较远位置为测点。测点数目可视机器大小和发声部位多少选 4 个、6 个、8 个等。测点高度以机器半高度为准或选择在机器轴水平线的水平面上，传声器对准机器表面，并在相应测点测量背景噪声。

对空气动力性的进、排气噪声，进气噪声测点应取在吸气口轴线上，距管口平面 0.5m 或 1m（或等于一个管口直径）处；排气噪声测点应取在排气口轴线 45°方向上或管口平面上，距管口中心 0.5m、1m 或 2m 处。

③ 厂界噪声测量　《工业企业厂界环境噪声排放标准》（GB 12348—2008）规定，测量应分别在昼间、夜间两个时段测量。夜间有频发、偶发噪声影响时同时测量最大声级。

一般情况下，测点选在工业企业厂界外 1m、高度 1.2m 以上距任一反射面距离不小于 1m 的位置。当厂界有围墙且周围有受影响的噪声敏感建筑物时，测点应选在厂界外 1m、高于围墙 0.5m 以上的位置。

气象条件：测量应在无雨雪、无雷电天气，风速在 5m/s 以下时进行。不得不在特殊气象条件下测量时，应采取必要措施保证测量的准确性，同时注明当时所采取的措施及气象情况。

测量仪器为精度Ⅱ级以上的声级计或环境噪声自动监测仪，其性能应符合《电声学　声级计　第2部分：型式评价试验》（GB/T 3785.2—2010）规定。用声级计测量，仪器动态特性为“慢”响应，采样时间间隔为5s；用环境噪声自动监测仪测量，仪器动态特性为“快”响应，采样时间间隔不大于1s。读取各代表性测点的A、C声级，对变动噪声应求等效连续声级L_{eq}和统计声级L_{10}、L_{50}、L_{90}。

2.2.4　噪声评价

2.2.4.1　目的和意义

防治环境污染，提出系统控制手段和防治技术对策，以达到改善声环境质量的目的。

2.2.4.2　工作程序和内容

在噪声源调查分析、背景噪声测量和敏感目标调查基础上，对建设项目产生的噪声影响，按照噪声传播声级衰减和叠加的计算方法，预测噪声影响范围、程序和影响人口情况，对照相应的标准，评价环境噪声影响，并提出相应的防治噪声的对策及措施的过程。

评价工作程序如图2-2所示。

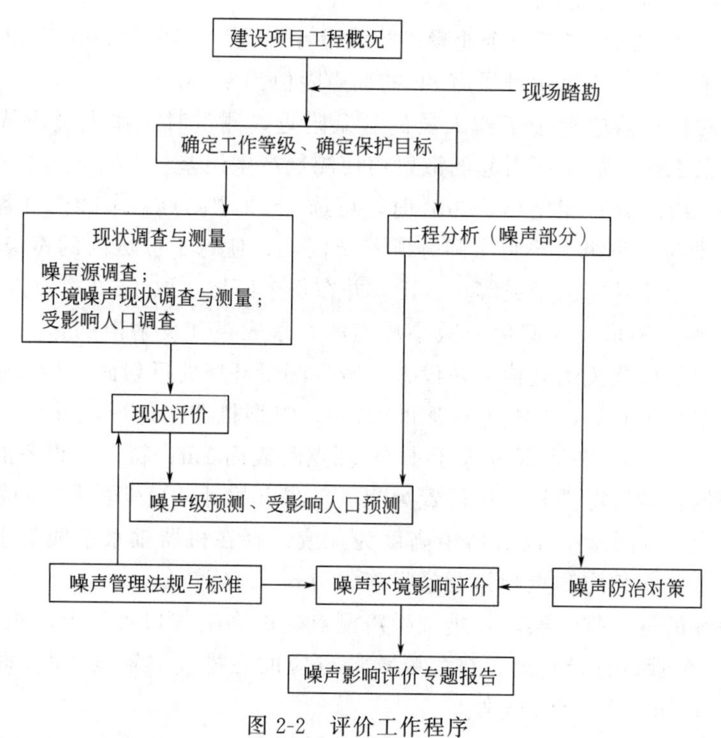

图2-2　评价工作程序

（1）评价工作方法等级划分依据

① 建设项目规模：按投资额划分为大、中、小型不同的等级，但在不同时期，大、中、小型分类的标准不同。

② 噪声源种类和数量：近年来采用“每公顷的A声功率级/声源数量”的方式来表达。

③ 环境敏感目标情况：要分析建设项目周边环境敏感目标的环境功能区划分标准、受影响人口数等。

④ 项目建设前后噪声级的变化程度：用建设项目运行期声环境影响预测值与该环境背景值来进行比较分析，确定声环境变化量大小。

（2）评价工作等级划分的基本原则

① 一级评价

a. 大中型建设项目，属于城镇规划内的建设工程，评价范围内或边界处附近有 0 类功能区域及需要特别安静的地区；

b. 项目建设前后声级显著增高［增量达 5～10dB（A）以上］或受影响的人口显著增多。

② 二级评价

a. 新建、改建、扩建的大中型项目，评价范围内或边界处附近有 1、2 类环境功能区；

b. 项目建设前后声级有明显增多［增量达 3～5dB（A）］或受影响的人口增加较多。

③ 三级评价

a. 处于三类功能区域及以上地区的中型建设项目，处于 1、2 类功能区的小型建设项目；

b. 项目建设前后声级增加很小［增量在 3dB（A）以内］或受影响的人口变化不大。

④ 对于处在非敏感区的小型建设项目，噪声评价只填写“环境影响报告表”中的相关内容。

⑤ 调整等级

a. 如固定声源布置较集中，且周围有环境敏感目标，评价等级可提高一级；

b. 噪声源数量较多，每公顷 A 声功率级较大且敏感点数量比较多时可提高一个等级；

c. 对于新出现的噪声源如高速铁路、磁悬浮轨道交通、大城市周边的国际机场等项目可提高一个等级。

（3）评价工作基本要求

① 一级评价的基本要求　环境噪声现状应实测；噪声预测要覆盖全部敏感目标，给出等声级图；给出项目建成后各档噪声级范围内受影响的人口分布、噪声超标范围和程度；对噪声级变化可能出现的几个阶段的情况（建设期，投产后的近期、中期、远期）应分别给出其噪声级；项目可能引起的非项目本身的环境噪声增高也应给予分析；对评价中提出的不同选址方案等对策所引起的声环境变化应进行定量分析；必须针对建设项目工程特点提出噪声防治对策，并进行经济技术可行性分析，给出最终降噪效果。

② 二级评价的基本要求　环境噪声现状以实测为主，可适当利用已有的噪声监测资料；噪声预测要给出等声级图并给出预测噪声级的误差范围；描述项目建成后各档噪声级范围内受影响的人口分布、噪声超标范围和程度；对噪声级变化可能出现的几个阶段，选择噪声级最高的阶段进行详细预测，并适当分析其他阶段的噪声级；必须针对建设项目工程特点提出噪声防治对策，并给出最终降噪效果。

③ 三级评价的基本要求　环境噪声现状调查可着重调查清楚现有噪声源的种类和数量，其噪声级数据可参考已有资料；预测以现有资料为主，对项目建成后噪声级分布做出分析，并给出受影响的范围和程度；要针对建设项目工程特点提出噪声防治对策，并给出效果分析。

2.2.4.3 评价范围

一般项目边界向外 200m 的评价范围可满足一级评价的要求，相应的二、三级评价范围可根据实际情况适当缩小。对于建设项目呈线状声源性质的情况：铁路、城市轨道交通、公路等项目两侧 200m 评价范围一般可满足一级评价要求，二、三级评价范围可根据实际情况适当缩小。机场评价项目：可根据飞行量计算到声压级为 70dB 的区域，一般主航道离跑道两端 15km、侧向各 2km 范围可满足一级评价范围要求，二、三级评价范围可适当缩小。

2.2.4.4 噪声的评价量

(1) 响度级、响度和等响曲线

为了定量地确定声音的轻或响的程度，通常采用响度级这一参量。当某一频率的纯音和 1000Hz 的纯音听起来同样响时，这时 1000Hz 纯音的声压级就定义为该待定声音的响度级，用 L_N 表示，单位“方”(phon)。

1000Hz 的纯音的响度级等于其声压级。响度级是表示声音响度的主观量，它把声压级和频率用一个单位统一起来。

响度级与声压级和频率的关系如表 2-12 所示。

表 2-12 响度级与声压级和频率的关系

声压级/dB	各频率下的响度级/phon											
	20Hz	40Hz	60Hz	100Hz	250Hz	500Hz	1000Hz	2000Hz	4000Hz	8000Hz	12000Hz	15000Hz
120	81.5	108.5	112.5	117.0	119.4	119.9	120.0	128.6	136.5	113.0	110.9	103.4
110	74.5	97.1	102.1	107.8	111.1	111.3	110.0	117.0	124.7	103.4	104.5	99.0
100	57.0	84.7	90.8	98.3	102.3	102.4	100.0	105.7	113.1	93.7	97.3	94.4
90	37.4	71.2	78.9	88.0	93.1	93.2	90.0	94.6	101.7	83.8	89.5	87.6
80	17.0	56.7	66.4	77.3	83.4	83.7	80.0	83.6	90.5	73.7	80.9	79.3
70	−5.8	41.2	53.1	66.1	73.2	74.0	70.0	72.6	79.5	63.5	71.7	69.4
60		24.7	39.2	54.4	62.6	63.9	60.0	62.3	68.7	53.0	61.7	58.0
50		7.1	24.6	47.1	51.5	53.5	50.0	52.0	58.5	42.4	51.7	45.0
40		−11.5	9.3	25.6	40.0	42.8	40.0	41.9	47.6	31.6	39.7	30.5
30			−6.6	16.0	28.0	31.8	30.0	31.9	37.4	20.7	27.7	14.4
20				2.2	15.5	20.5	20.0	22.2	27.4	9.5	14.9	−3.2
10				−12.1	2.6	8.9	10.0	12.4	17.5	−1.8	1.5	
0					−10.8	−3.0	0	3.3	7.9		−12.7	
−10								−5.9	−1.6			

响度级的方值，实质上仍是 1000Hz 声音声压级的分贝值。声音的响度级为 60 方不意味着比 30 方的响度高 1 倍，与主观感觉的轻响程度成正比的参量为响度。

响度：正常听者判断一个声音比响度级为 40 方参考声强响的倍数，规定响度级为 40 方时响度为 1 宋 (sone)。2 宋的声音比 1 宋的声音响，经实验证实，响度级每增加 10 方，响度增加 1 倍，响度与响度级的关系为：

$$L_N = 40 + 10\log_2 N \tag{2-15}$$

$$N = 2^{0.1(L_N - 40)} \tag{2-16}$$

等响曲线：对各个频率的声音进行试听比较，得出达到同样响度级时频率与声压级的关系曲线，通常称为等响曲线，如图 2-3 所示。最下面的一条曲线表示人耳刚能听到的声音，其响度级为零，零方等响曲线称为听阈曲线，最上面的曲线是人耳痛觉的界限，称为痛阈曲线。

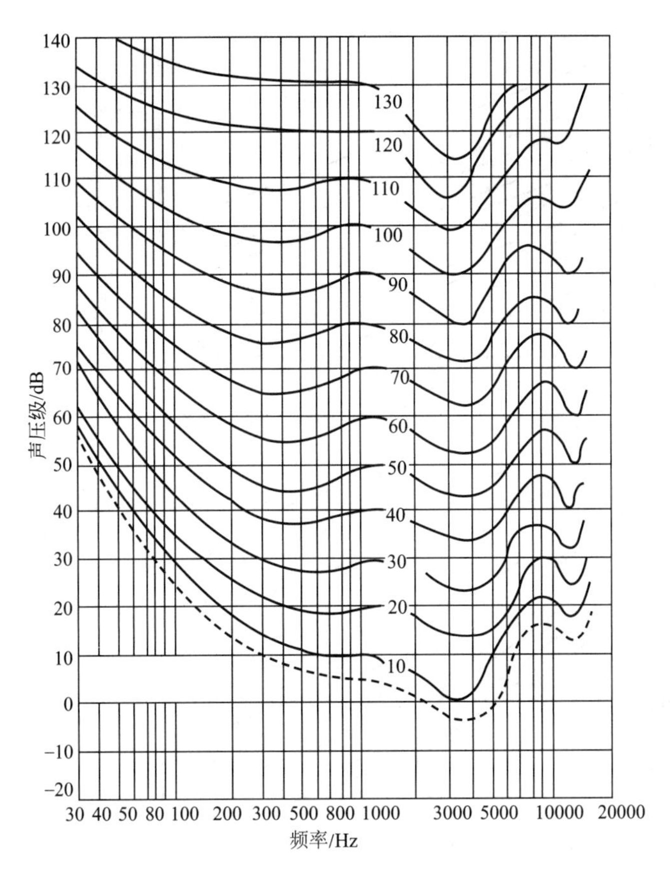

图 2-3 等响曲线

（资料来源：李家华，1995）

（2）斯蒂文斯响度

大多数实际声源产生的声波是宽频带噪声，并且不同的频率噪声之间还会产生掩蔽效应。斯蒂文斯等得出了等响度指数曲线，对宽带掩蔽效应考虑了计权因素，认为响度指数最大的频带贡献最大，其他频带由于最大响度指数频带声音的掩蔽，它们对总响度的贡献应乘上一个小于 1 的修正因子，这个修正因子和频带宽度的关系如表 2-13 所示，图 2-4 为斯蒂文斯等响度指数曲线。

表 2-13 计算斯蒂文斯响度时修正因子和频带宽度的关系

频带宽度	倍频带	1/2 倍频带	1/3 倍频带
修正因子	0.3	0.2	0.15

对复合噪声，响度计算方法为：

① 测出频带声压级。

② 查出各频带声压级对应的响度指数。

③ 找出响度指数中的最大值 S_m，将各频带响度指数总和中扣除最大值 S_m，再乘以相应带宽修正因子 F，最后与 S_m 相加即为复合噪声的响度 S。

$$S = S_m + F\left(\sum_{i=1}^{n} S_i - S_m\right) \tag{2-17}$$

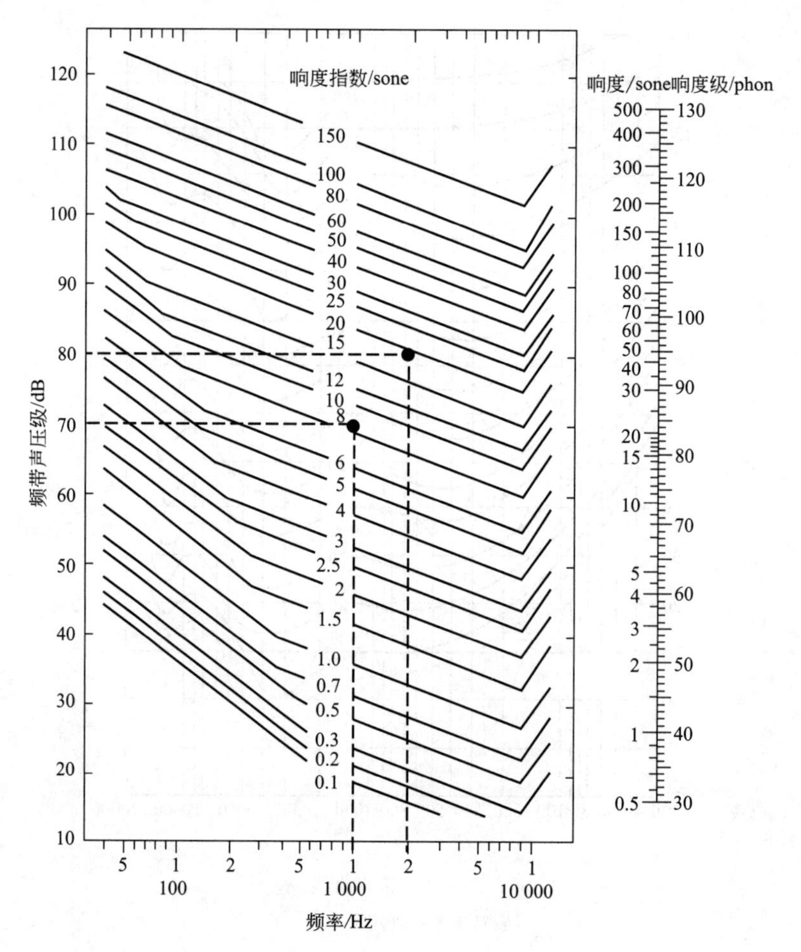

图 2-4 斯蒂文斯等响度指数曲线

（资料来源：李家华，1995）

④ 求出总响度值后，按下列计算得出响度级。

$$P=40+10\log_2 S \tag{2-18}$$

（3）等效连续 A 声级和昼夜等效 A 声级

对不稳定或断续噪声，如果其在一段时间内作用于人耳的能量与一稳定声音相同，那么稳定声音的 A 计权声级即为不稳定噪声在该时间段内的等效连续 A 声级，是声音对时间的平均效果，属于统计声级的一种，记为 L_{eq}。

$$L_{\mathrm{eq}}=10\lg\left(\frac{1}{T}\int_0^T 10^{0.1L_{\mathrm{A}}}\mathrm{d}t\right) \tag{2-19}$$

式中 L_{eq}——等效连续 A 声级，dB（A）；

T——噪声暴露时间；

L_{A}——在 T 时间内，A 声级变化的瞬时值，dB（A）。

当噪声的 A 声级测量值为非连续的离散值时，则：

$$L_{\mathrm{eq}}=10\lg\left[\frac{1}{\sum_i t_i}\sum(10^{0.1L_{\mathrm{A}i}}\times t_i)\right] \tag{2-20}$$

式中 $L_{\mathrm{A}i}$——第 i 个 A 声级，dB（A）；

t_i——第 i 个 A 声级所占用的时间。

同样的噪声在白天和夜间对人的影响是不一样的，而等效连续 A 声级评价量并不能反映人对噪声主观反应这一特点。为了考虑噪声对人们烦恼的增加，规定在夜间测得的所有声级均加上 10dB（A）作为修正值，再计算昼夜噪声能量的加权平均，即为昼夜等效 A 声级 L_{dn}，则：

$$L_{dn}=10\lg\left[\frac{t_d}{24}\times 10^{0.1\overline{L_d}}+\frac{t_n}{24}\times 10^{0.1(\overline{L_n}+10)}\right] \tag{2-21}$$

式中 t_d——白天的时间，h；

$\overline{L_d}$——白天的等效连续 A 声级的平均值，dB（A）；

t_n——夜间的时间，h；

$\overline{L_n}$——夜间的等效连续 A 声级的平均值，dB（A）。

（4）交通噪声指数 TNI

适用于城市道路交通噪声评价。公式定义如下：

$$\mathrm{TNI}=4(L_{10}-L_{90})+L_{90}-30 \tag{2-22}$$

从定义可知，交通噪声指数是以噪声起伏变化（$L_{10}-L_{90}$）为基础并考虑到背景噪声（L_{90}）的评价方法。它反映了噪声的起伏幅度对人的干扰。

TNI 评价量只适用于机动车辆噪声对周围环境干扰的评价，而且限于车流量较多及附近无固定声源的环境。对于车流量较少的环境，L_{10} 和 L_{90} 的差值较大，得到的 TNI 值也很大，使计算数值明显地夸大了噪声的干扰程度。

（5）计权等效连续感觉噪声级 L_{WECPN}

航空噪声评价考虑了一段监测时间内通过一固定点的飞行引起的总噪声级，同时也考虑了不同时间内飞行所造成的不同社会影响，用计权等效连续感觉噪声级来评价，记为 L_{WECPN}。

$$L_{WECPN}=\overline{L_{EPN}}+10\lg(N_1+3N_2+10N_3)-39.4 \tag{2-23}$$

式中 $\overline{L_{EPN}}$——N 次飞行的有效感觉噪声级的能量平均值，dB，有效感觉噪声级是在感觉噪声级 L_{pN} 的基础上，加上对持续时间和噪声中存在的可闻纯音或离散频率修正后的声级；

N_1——白天的飞行次数；

N_2——傍晚的飞行次数；

N_3——夜间的飞行次数。

三段时间的具体划分由当地人民政府决定。

2.2.5 噪声预测

2.2.5.1 预测的基础资料

（1）建设项目的声源资料

包括噪声源种类、数量、各声源的噪声级与发声持续时间、声源的空间位置、声源的作用时间段。

声源的种类和数量、各声源的发声持续时间及空间位置由设计单位提供或从工程设计书中获得。

（2）影响声传播的各种参量

包括当地常年的平均气温和平均湿度；预测范围内声波传播的遮挡物（如建筑物、围墙等，若声源位于室内还包括门窗）的位置（坐标）及长、宽、高数据；树林等分布情况，地面覆盖（如草地等）情况；风向、风速等。

2.2.5.2 **预测范围和预测点布置原则**

（1）预测范围

一般与噪声评价等级所规定的范围相同，也可稍大于评价范围。

（2）预测点布置原则

① 所有的环境噪声现状测量点都应作为预测点。

② 为了便于绘制等声级线图，可用网格法确定预测点。

2.3 吸声降噪技术

当室内声源向空间辐射声波时，接收者听到的不仅有从声源直接传来的直达声，还会有一次与多次反射形成的反射声，一次与多次反射声的叠加称为混响声。直达声和混响声叠加会增强接收者听到的噪声强度。如果用吸声材料或吸声结构装饰在房间内表面，房间的反射声就会被吸收掉，这种利用吸声材料和吸声结构吸收声能以降低室内噪声的方法称为吸声降噪，简称吸声；这种控制噪声的方法就是吸声技术。声波遇到壁面或其他障碍物时，一部分声能被反射，一部分声能被壁面或障碍物吸收转化为热能消耗，还有少部分声能透射到另一侧，如图 2-5 所示。

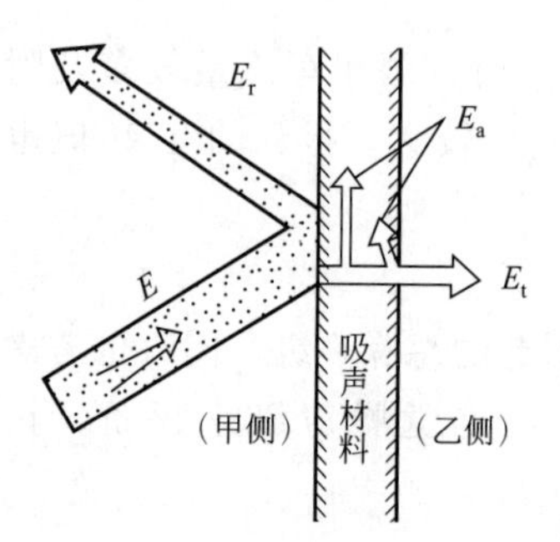

图 2-5 吸声示意图
（资料来源：肖洪亮，1998）

（1）吸声系数

一种材料或一种结构的吸声能力大小用吸声系数 α 表示，吸声系数 α 等于入射在墙面或材料表面上的入射声波被吸收（包括透射）的声能与入射声波的声能之比，即

$$\alpha=\frac{E-E_r}{E}=\frac{E_a+E_t}{E} \tag{2-24}$$

式中 E——入射声的总声能；

E_r——反射声的声能；

E_a——被材料吸收的声能；

E_t——透过材料的声能。

不同的材料，吸声系数不同。完全反射的材料，$\alpha=0$；完全吸收的材料，$\alpha=1$。一般材料的吸声系数介于 0～1 之间，吸声系数 α 越大，表明材料的吸声性能越好。

各种材料的吸声系数是频率的函数，因此频率不同的同一种材料，具有不同的吸声系数。在工程上，一般采用中心频率 125Hz、250Hz、500Hz、1000Hz、2000Hz、4000Hz 六个倍频程的吸声系数的算术平均值，来表示某种吸声材料的吸声频率特性。

鉴于入射角度对吸声系数有较大的影响，因此，规定了下列三种不同的吸声系数。

① 垂直入射吸声系数，又称驻波管法吸声系数，记作 α_0。这种吸声系数测量简便而且精确，但与实际应用情况不符，多用于材料性质的鉴定与研究。在消声器设计中也要用到它。

② 斜入射吸声系数，这种吸声系数几乎没有得到应用。

③ 无规入射吸声系数，又称混响室法吸声系数，记作 α_S，测量比较复杂，而且误差较大，但它与实际应用情况接近。在吸声减噪设计中一般采用无规入射吸声系数。

垂直入射吸声系数 α_0 与无规入射吸声系数 α_S 的换算如表 2-14 所示。

表 2-14 垂直入射吸声系数 α_0 与无规入射吸声系数 α_S 换算表 %

α_0	0	1	2	3	4	5	6	7	8	9
	α_S									
0	0	2	4	6	8	10	12	14	16	18
10	20	22	24	26	27	29	33	33	34	36
20	38	39	41	42	44	45	48	48	50	51
30	52	54	55	56	58	59	61	61	63	64
40	65	66	67	68	70	71	73	73	74	75
50	76	77	78	78	79	80	82	82	83	84
60	84	85	86	87	88	88	90	90	90	91
70	92	92	93	94	94	95	96	96	97	97
80	98	98	99	99	100	100	100	100	100	100
90	100	100	100	100	100	100	100	100	100	100

（资料来源：贺启环，2011）

例如，某材料的垂直入射吸声系数 $\alpha_0=0.28$，从表 2-14 中左侧 $\alpha_0=0.2$（20%）行与表中最上行中 $\alpha_0=0.08$（8%）列的交叉点得到 $\alpha_S=0.50$（即 50%）。

（2）吸声量

吸声系数反映单位面积吸声材料的吸声能力。材料实际吸收声能的多少，除了与材料的吸声系数有关外，还与材料表面积大小有关。

吸声材料的吸声量按下式计算：

$$A=\alpha S \tag{2-25}$$

式中 A——吸声量，m^2；

α——某频率声波的吸声系数；

S——吸声面积，m^2。

若房间中有敞开的窗，而且其边长远大于声波的波长，则入射到窗口中的声能几乎全部传到室外，不再有声能反射回来。这敞开的窗相当于吸声系数为 1 的吸声材料。房间中的其他物体如家具等也会吸收声能，而这些物体并不是房间壁面的一部分，因此房间总的吸声量的计算：

$$A=\sum\overline{\alpha}_i S_i+\sum A_i \tag{2-26}$$

式中，等号右边第一项为所有壁面吸声量的总和；第二项为室内各个物体吸声量的总和。

2.3.1 多孔吸声材料和共振吸声结构

2.3.1.1 多孔吸声材料

（1）多孔吸声材料的吸声原理

多孔吸声材料内部具有大量的微孔和间隙，孔隙间彼此贯通，通过表面与外界相通。当声波在微细通道内传播时，由于空气分子振动时在微孔内与孔壁摩擦，空气中的黏滞损失使声能变为热能而不断损耗。只有孔孔相连、对表面开口、孔隙深入材料内部使空气能够自由进入的多孔材料才能有效吸收声能，如图 2-6（a）所示。互不相通、也不通到表面的闭孔材料是不能有效吸收声能的，只能作为保温隔热材料，如图 2-6（b）所示。

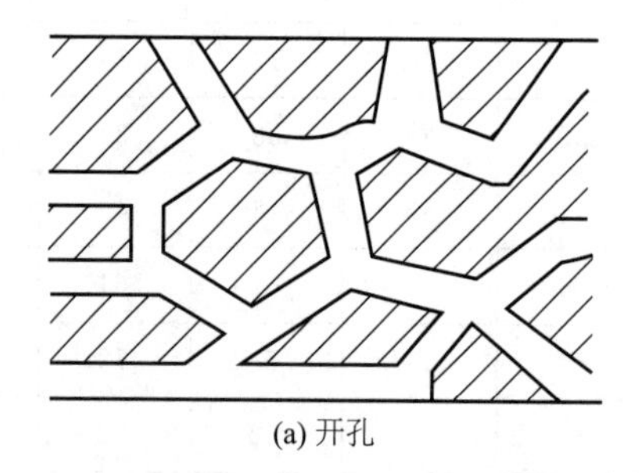

(a) 开孔

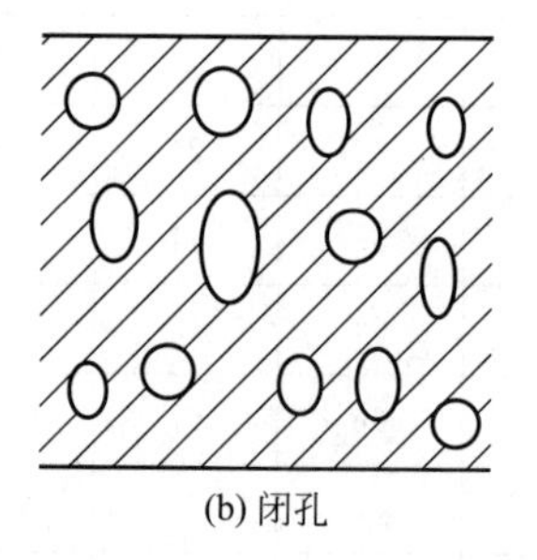

(b) 闭孔

图 2-6 多孔材料的构造

（资料来源：张林，2002）

（2）多孔性吸声材料的种类

多孔吸声材料主要有无机纤维吸声材料、有机纤维吸声材料、泡沫材料和建筑吸声材料等。

① 无机纤维吸声材料：主要有玻璃丝、玻璃棉、岩棉和矿渣棉及其制品。超细玻璃棉是最常用的吸声材料，具有不燃、容积密度小、防蛀、耐蚀、耐热、抗冻、隔热等优点。

② 有机纤维吸声材料：如棉麻织物及木制纤维制品等，这类材料是使用植物纤维来吸声的，具有价廉、吸声性能较好的特点。需要强调的是，使用有机纤维时，应注意防火、防蛀和受潮霉烂的问题，把纤维浸泡入硫酸铵肥田粉溶液之后晒干，可变得耐热，为防虫可洒入杀虫剂粉。

③ 泡沫材料：如泡沫塑料、泡沫玻璃等，由表面与内部皆有无数微孔的高分子材料制成。泡沫塑料包括脲醛泡沫塑料和氨基甲酸泡沫塑料等。这类材料的优点是容积密度小、热导率小、质软等；缺点是易老化、耐火性差。作为吸声材料使用较多的是软性聚氨酯泡沫塑料。

④ 建筑吸声材料：如膨胀珍珠岩、微孔吸声砖、泡沫混凝土等。这类材料具有保温、防潮、耐蚀、耐冻、耐高温等特点。

（3）影响多孔吸声材料吸声性能的因素

① 吸声材料厚度和吸声系数的关系　吸声材料的吸声系数，一般随着频率的增加而增大。在一定频率下，增加吸声材料的厚度，可以提高中低频的吸声效果。多孔吸声材料一般具有良好的高频吸声性能，不存在吸声上限频率。因此吸收高频声用较薄的吸声材料，而对低频声要求有较厚的吸声层。一般从理论上来讲，厚度取 1/4 波长时吸声效果最好，但不够经济；从工程应用上看，厚度取 1/10 或 1/15 波长，也能满足要求。通常多孔吸声材料厚度取 3～5cm 即可，为提高低中频吸声性能，厚度取 5～10cm，只有在特殊情况下取 10cm 以上，图 2-7 是不同厚度超细玻璃棉的吸声频率特性。

② 吸声材料密度对吸声系数的影响　一般多孔材料的密度增加时，材料内部的孔隙率相对降低，可以增加低频声吸声效果。在实际施工中，材料如果填充得密度过小，经过运输和振动，会导致密度不均，吸声效果差；但填充密度也不能过大，过大也会使吸声效果明显下降。在一定的条件下，每种材料的密度存在一个最佳值。例如，超细玻璃棉的密度为 $15\sim25\mathrm{kg/m^3}$；矿渣棉则为 $120\mathrm{kg/m^3}$，图 2-8 为不同密度超细玻璃棉的吸声频率特性。

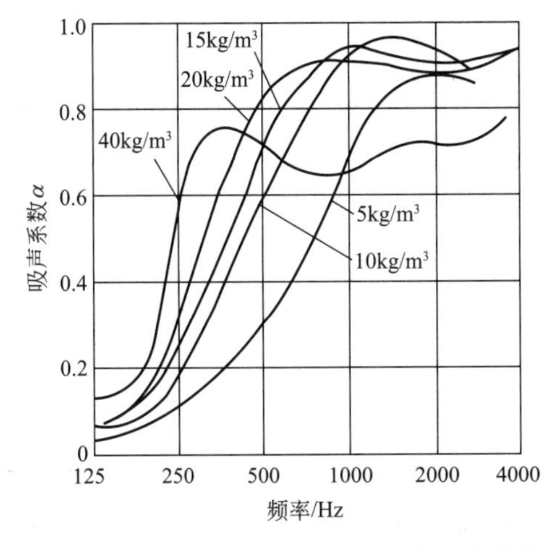

图 2-7　不同厚度超细玻璃棉的吸声频率特性
（资料来源：高红武，2003）

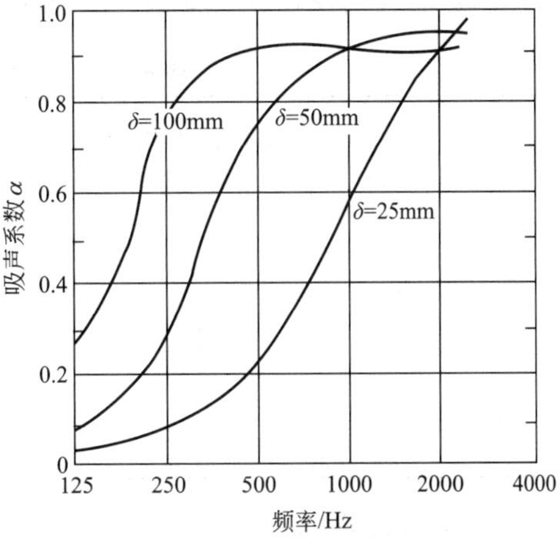

图 2-8　不同密度超细玻璃棉的吸声频率特性
（资料来源：高红武，2003）

③ 吸声材料背后空腔对吸声系数的影响　为了改善多孔吸声材料的低频吸声性能，常把多孔吸声材料布置在离刚性壁一段距离处，即在多孔材料后面留一段空气层，则它的吸声系数有所提高。

通常，空气层的厚度为 1/4 波长的奇数倍时，吸声系数最大；而为 1/2 波长的整数倍时，吸声系数最小。为了使普通噪声中较丰富的中频成分得到最大的吸收，建议多孔材料至刚性壁面的距离为 70～100mm，图 2-9 是空腔背后空气层厚度对多孔材料吸声性能的影响。

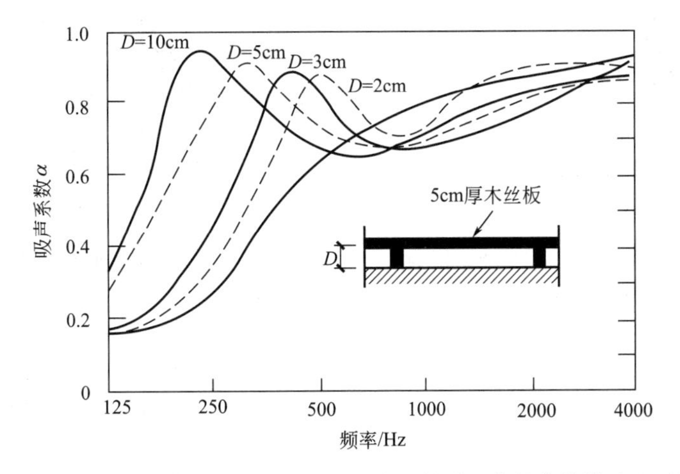

图 2-9　空腔背后空气层厚度对多孔材料吸声性能的影响
（资料来源：高红武，2003）

④ 温度对多孔材料吸声性能的影响　当温度升高时，吸声峰向高频移动，温度降低，则向低频移动。吸收峰值的移动是由于温度变化而引起的声速及声波波长的变化所致，同时，也因空气黏性变化导致流阻的改变。因此，在选用吸声材料时，不要超过材料的温度使用范围，否则会使材料在某些频率上的吸声效果降低或失效，图 2-10 是温度变化对多孔材料吸声性能的影响。

常用吸声材料的使用温度如表 2-15 所示。

表 2-15　常用吸声材料的使用温度　℃

材料名称	泡沫塑料	毛毡	玻璃纤维制品	普通超细玻璃棉	无碱超细玻璃棉	高硅氧玻璃棉	矿渣纤维制品	矿渣棉	铜丝棉	铁丝棉	微孔吸声砖	金属微穿孔板
最高使用温度	80	100	250～350	450～550	600～700	1000～1200	250～350	500～600	900	1100	900～1000	＞1000
最低使用温度	−35	−35	−35	−100	−100	−100	−35	−100				

⑤ 湿度对多孔材料吸声性能的影响　多孔材料的吸湿或吸水，不但能使吸声材料变质，而且能降低材料的孔隙率，使吸声性能下降，为此，可采用塑料薄膜护面，但应保持薄膜松弛，减少对吸声性能的影响，图 2-11 为吸水对多孔材料吸声性能的影响。

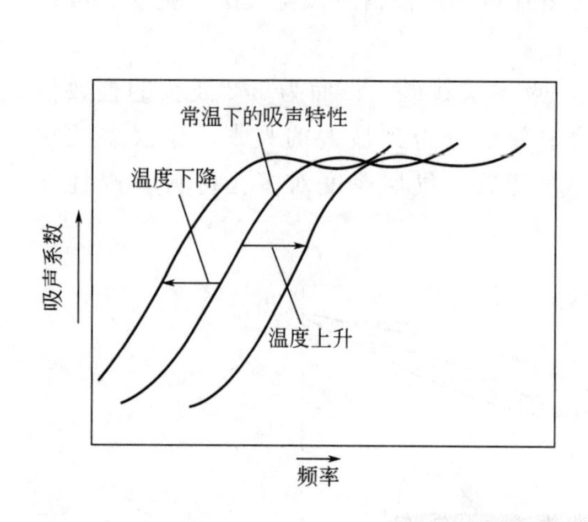

图 2-10　温度变化对多孔材料吸声性能的影响

（资料来源：顾强，2002）

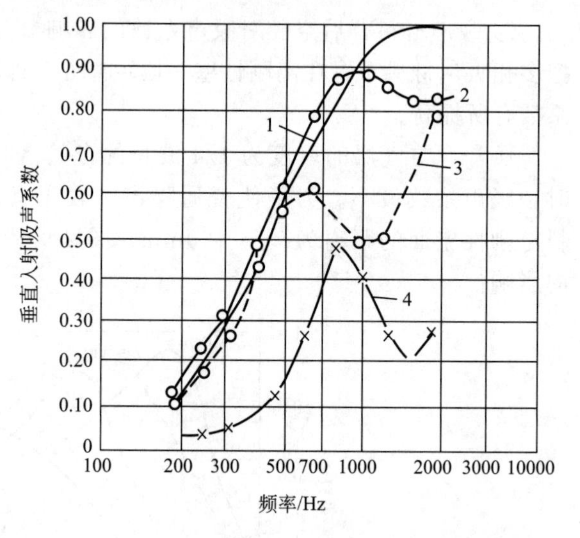

图 2-11　吸水对多孔材料吸声性能的影响

（玻璃棉板，厚 50mm，密度 $24kg/m^3$）

（资料来源：顾强，2002）

1—含水率为 0；2—含水率为 5%；

3—含水率为 20%；4—含水率为 50%

⑥ 高速气流对多孔材料吸声性能的影响　在高速气流下，吸声材料易被吹散，从而降低材料的吸声效果。

【例 2-5】 某房间两侧墙面积 $S_1=400m^2$（砖墙抹灰）；两端墙悬挂甘蔗纤维板面积 $S_2=150m^2$，厚度为 1.5cm；顶棚挂贴 5cm 厚的氨基甲酸泡沫塑料 $S_3=300m^2$；混凝土地面面积 $S_4=300m^2$，试求该房间的总吸声量和平均吸声系数。（取频率 1000Hz 进行计算，已知在此频率下，砖墙抹灰的 $\alpha_1=0.03$，混凝土地面 $\alpha_4=0.02$，甘蔗纤维板 $\alpha_2=0.42$，氨基甲酸泡沫塑料 $\alpha_3=0.71$）

【解】 由已知条件，则总的吸声量为：

$$A=\sum S_i\alpha_i=294(m^2)$$

$$\bar{\alpha}=\frac{A}{\sum S}=\frac{294}{1150}=0.256$$

⑦ 空气流阻对多孔材料吸声性能的影响　当声波引起空气振动时，微量空气在多孔材料的孔隙中通过，这时材料两面的静压（声压）差 Δp 与气流线速度之比定义为流阻 R_f：

$$R_f=\frac{\Delta p}{v} \tag{2-27}$$

式中　Δp——材料两面声压差，Pa；

v——通过材料孔隙的气流线速度，m/s。

当流阻接近空气的特性阻抗即 407Pa·s/m 时，就可获得较高的吸声系数，因此，一般希望吸声材料的流阻介于 100～1000Pa·s/m 之间，过高或过低流阻的材料，其吸声系数都不大。通常取适当的密度、厚度的玻璃棉与矿渣棉，就可取得较高的吸声系数。对于过低的流阻材料，则要求有较大的厚度；过高流阻的材料则希望薄一些。几种吸声材料的流阻如表 2-16 所示。

表 2-16　几种吸声材料的流阻

材料名称	流阻/(Pa·s/m)	材料名称	流阻/(Pa·s/m)
1.6cm 甘蔗板	3600	2.0cm 玻璃纤维($260kg/m^3$)	480
2.5cm 纤维板	1800	6.0cm 毛毡($350kg/m^3$)	3200

空气流阻反映了空气通过多孔材料时阻力的大小，反映了材料的透气性。

单位材料厚度的流阻称为流阻率（或比流阻）R_s，单位为 $Pa\cdot s/m^2$。

$$R_s=R_f/d \tag{2-28}$$

式中　d——材料的厚度，m。

当材料厚度不大时，比流阻越大，说明空气穿透量越小，吸声性能会下降；但若比流阻太大，声能因摩擦力、黏滞力而损耗的效率也将降低，吸声性能会下降。

当材料厚度充分大时，比流阻越小，吸声越大。所以，多孔材料存在一个最佳的流阻值，过高和过低的流阻值都无法使材料具有良好的吸声性能。一般 $R_f=100\sim1000Pa\cdot s/m$ 时吸声性能较好，比较接近空气的特性阻抗。

多孔材料的孔隙率和结构对吸声材料的吸声特性也有影响，但一般与流阻有很大的关联，它们的影响也综合反映在流阻上。

多孔材料中孔隙体积 V_0 与材料的总体积之比，称为孔隙率 q，即：

$$q=\frac{V_0}{V} \tag{2-29}$$

对于所有孔隙都是开通孔的吸声材料，孔隙率可按下式计算：

$$q=1-\frac{\rho_1}{\rho_2} \tag{2-30}$$

式中　ρ_1——吸声材料的密度，kg/m^3；

ρ_2——制造吸声材料物质的密度，kg/m^3。

一般多孔材料的孔隙率 q 在 70%以上，矿渣棉在 80%，玻璃棉在 95%以上。孔隙率可通过实际测量得到。

(4) 多孔材料的吸声结构

① 吸声板结构　吸声板结构是由多孔吸声材料与穿孔板组成的板状吸声结构。穿孔板的穿孔率一般大于 20%，否则会由于未穿孔部分面积过大造成入射声的反射，从而影响吸声性能。穿孔的形式以圆孔最为多见，也有槽缝及其他形状的。当板穿孔率不太高时，穿孔板孔内空气形成的声质量起主要作用，它与吸声层空间形成了共振吸声结构。

② 空间吸声体　吸声体是由框架、吸声材料和护面结构制成的，由于它可以悬挂在声场的空间，故有时也被称为空间吸声体。

空间吸声体的主要优点为：吸声系数高；空间吸声体可以靠近各个噪声源，根据声波的反射和绕射原理，它有两个或两个以上的面与声源接触。因此，平均吸声系数可达 1 以上。吸声体可设计成球体、圆锥体、圆柱体、折板、平板等形状。

2.3.1.2　共振吸声结构

它是指由于共振作用，在系统共振频率附近对入射声能具有较大的吸收作用的结构。常用的有穿孔板吸声结构、微穿孔板吸声结构等。

(1) 共振吸声结构的吸声原理

声源在声波的激励下，使物体发生振动，振动物体由于自身的内摩擦和与空气的摩擦，振动的能量变成热能损耗掉。因此，振动结构或物体都要消耗声能，从而降低噪声。结构或物体有各自的固有频率，当声波频率与它们的固有频率相同时，就会发生共振。这时，结构或物体的振动最强烈，振幅和振动速度都达到最大值，从而引起的能量损耗也最多，因此，吸声系数在共振频率处为最大。

(2) 薄膜与薄板共振吸声结构

皮革、人造革、塑料薄膜等材料具有不透气、柔软、受张拉时有弹性等特性。这些薄膜材料可与其背后封闭的空气形成共振系统，如图 2-12 所示。

共振频率由单位面积膜的质量、膜后空气层厚度及膜的张力大小决定。对不受张力或张力很小的膜，其共振系统频率按下式计算：

$$f_0=\frac{1}{2\pi}\sqrt{\frac{\rho_0 c^2}{M_0 L}}\approx\frac{600}{\sqrt{M_0 L}} \tag{2-31}$$

式中　ρ_0——空气密度；

c——空气中声速；

M_0——膜的单位面积质量，kg/m^2；

L——膜与刚性壁之间空气层的厚度，cm。

薄膜吸声结构的共振频率通常为 200～1000Hz，最大吸声系数为 0.3～0.4，一般把它

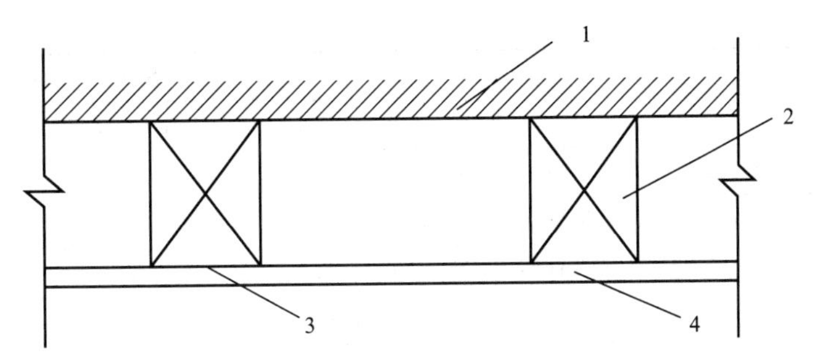

图 2-12 薄板共振吸声结构

（资料来源：顾强，2002）

1—墙体或天花板；2—龙骨；3—阻尼材料；4—薄板

作为中频范围的吸声材料。一般说来，在整个频率范围内吸声系数比没有多孔材料只有薄膜时普遍提高。把胶合板、硬质纤维板、石膏板、金属板等板材周边固定在框上，连同板后的封闭空气层，构成振动系统。这种结构的共振频率可用下式计算：

$$f_0=\frac{1}{2\pi}\sqrt{\frac{\rho_0 c^2}{M_0 L}+\frac{K}{M_0}} \tag{2-32}$$

式中 K——结构的刚度因素，$\mathrm{kg/(m^2 \cdot s^2)}$。

对于一般板材在一般构造条件下，$K=(1\sim3)\times10^6\mathrm{kg/(m^2 \cdot s^2)}$，当板的刚度因素 K 和空气层厚度 L 都较小时，式(2-32) 根号内第二项比第一项小得多，可以略去，这时的薄板结构可以看成薄膜结构。但是当 L 较大，超过 100cm 时，式(2-32) 根号内第一项比第二项小得多，共振频率就几乎与空气层厚度无关了。

K 与板的弹性、骨架构造、安装情况有关。对于边长为 a 和 b，厚度为 h 的矩形简支薄板：

$$K=\frac{Eh^2}{12(1-\sigma^2)}\left[\left(\frac{\pi}{a}\right)^2+\left(\frac{\pi}{b}\right)^2\right]^2 \tag{2-33}$$

式中 E——板材料的动态弹性模量，$\mathrm{N/m^2}$；

σ——泊松比。

常用的薄板共振吸声结构的板厚度取 3～6mm，空气层厚度取 30～100mm，共振吸声频率在 10～300Hz，吸声系数一般为 0.2～0.5，共振频率处的吸声系数大于 0.5。常用的薄板共振吸声结构的吸声系数如表 2-17 所示。

表 2-17 常用的薄板共振吸声结构的吸声系数

材料	构造	各频率的吸声系数					
		125Hz	250Hz	500Hz	1000Hz	2000Hz	4000Hz
三夹板	空气层厚 5cm，框架间距 45cm×45cm	0.21	0.73	0.21	0.19	0.08	0.12
三夹板	空气层厚 10cm，框架间距 45cm×45cm	0.59	0.38	0.18	0.05	0.04	0.08
五夹板	空气层厚 5cm，框架间距 45cm×45cm	0.08	0.52	0.17	0.06	0.10	0.12
五夹板	空气层厚 10cm，框架间距 45cm×45cm	0.41	0.30	0.14	0.05	0.10	0.16
刨花压轧板	板厚 1.5cm，空气层厚 5cm，框架间距 45cm×45cm	0.35	0.27	0.20	0.15	0.25	0.39
木丝板	板厚 3cm，空气层厚 5cm，框架间距 45cm×45cm	0.05	0.30	0.81	0.63	0.70	0.91

续表

材料	构造	各频率的吸声系数					
		125Hz	250Hz	500Hz	1000Hz	2000Hz	4000Hz
木丝板	板厚 1.5cm，空气层厚 10cm，框架间距 45cm×45cm	0.09	0.36	0.62	0.53	0.71	0.89
草纸板	板厚 2cm，空气层厚 5cm，框架间距 45cm×45cm	0.15	0.49	0.41	0.38	0.51	0.64
草纸板	板厚 2cm，空气层厚 10cm，框架间距 45cm×45cm	0.50	0.48	0.34	0.32	0.49	0.60
胶合板	空气层厚 5cm	0.28	0.22	0.17	0.09	0.10	0.11
胶合板	空气层厚 10cm	0.34	0.19	0.10	0.09	0.12	0.11

（资料来源：刘永坚，2003）

（3）穿孔板共振吸声结构

单腔共振吸声结构是一个中间封闭有一定体积的空腔，并通过一定深度的小孔和声场空间相连。当孔的深度 t 和孔径 d 比声波波长小得多时，孔中的空气柱的弹性形变很小，可以看作一个无形变的质量块（质点），而封闭的空腔的容积 V 比孔径大得多，随声波做弹性振动，起着空气弹簧的作用，于是整个系统被称为亥姆霍兹共振器。

当外界入射声波频率 f 和系统的固有频率 f_0 相等时，孔颈中的空气柱就由于共振而产生剧烈振动。在振动中，空气柱和孔颈侧壁摩擦而消耗声能，从而起到了吸声的效果。

单腔共振器的共振频率 f_0 可用下式计算：

$$f_0=\frac{c}{2\pi}\sqrt{\frac{S}{V(t+\delta)}} \tag{2-34}$$

式中 S——孔颈开口面积，m^2；

V——空腔容积，m^3；

t——孔颈深度，m；

δ——开口末端修正量，m。

因为颈部空气柱两端附近的空气也参加振动，所以对 t 加以修正，$t+\delta$ 为小孔有效颈长。对于直径为 d 的圆孔，$\delta=\pi d/4$。

亥姆霍兹共振器的特点是吸收低频噪声并且频率选择性强。因此，多用在有明显音调的低频噪声场合。在板材上，以一定的孔径和穿孔率打上孔，背后留有一定厚度的空气层，就成为穿孔板共振吸声结构。这种吸声结构实际上可以看作是由单腔共振吸声结构并联而成的。穿孔板吸声结构的共振频率是：

$$f_0=\frac{c}{2\pi}\sqrt{\frac{P}{L(t+\delta)}} \tag{2-35}$$

式中 P——穿孔率，即穿孔面积与总面积之比；

L——板后空气层厚度，m；

t——板厚，m；

δ——孔口末端修正量，m。

由以上两式可知，板的穿孔面积越大，吸声的频率越高；空腔越深或板越厚，吸声的频率越低。一般穿孔板吸声结构主要用于吸收低中频噪声的峰值。吸声系数为 0.4～0.7。穿孔板吸声结构的吸声频带较窄，通常仅几赫兹到二三百赫兹。

(4) 微穿孔板吸声结构

为使穿孔板结构在较宽的范围内能有效地吸声，必须在穿孔板背后填充大量的多孔材料或敷上声阻较高的纺织物，而如果把穿孔直径减小到 1mm 以下，则不需要多加多孔材料也可以使它的声阻增大，这就是微穿孔板。

在板厚度小于 1.0mm 薄板上穿以孔径小于 1.0mm 的微孔，穿孔率为 1%～5%，后部留有一定厚度的空气层。空气层内不填任何吸声材料。微穿孔板吸声结构是一种低声质量、高声阻的共振吸声结构，其性能介于多孔吸声材料和共振吸声结构之间。

(5) 薄塑盒式吸声体

也称无规共振吸声结构，是由改性的聚氯乙烯塑料薄片成型制成，外形像个塑料盒扣在塑料基片上。当声波入射时，盒体的各个表面受迫做弯曲振动，由于盒体各壁面尺寸不同，薄片将产生许多振动模式，这些模式取决于它的边界条件。在振动过程中，薄片自身的阻尼作用将部分声能转换为热能，从而起到了吸声的作用。

2.3.2 室内吸声降噪计算

室外声场为自由声场，室内声场为直达声场和混响声场。

2.3.2.1 扩散声场中的声能密度和声压级

(1) 直达声场

设点声源的声功率为 W，在距点源 r 处，直达声的声强为：

$$I_d=\frac{QW}{4\pi r^2} \tag{2-36}$$

式中 Q——指向性因子。

点声源在自由空间，$Q=1$。置于无穷大刚性平面上，则点声源发出的全部能量只向半自由场空间辐射，因此，同样距离处的声强为无限空间情况的 2 倍，$Q=2$。声源放置在两个刚性平面的交线上，全部声能只能向 1/4 空间辐射，$Q=4$。声源放置在三个刚性反射面的交角上，$Q=8$。

距点声源 r 处直达声的声压 p_d 及声能密度 D_d 为：

$$p_d^2=\rho c I_d=\frac{\rho c QW}{4\pi r^2} \tag{2-37}$$

$$D_d=\frac{p_d^2}{\rho c^2}=\frac{QW}{4\pi r^2 c} \tag{2-38}$$

声压级：

$$L_{p_d}=L_W+10\lg\frac{Q}{4\pi r^2} \tag{2-39}$$

(2) 混响声场

设混响声场是理想的扩散声场。在室内声场中，声波每相邻两次反射所经过的路程称为自由程。室内自由程的平均值称为平均自由程。

设在室内有一声源发射声波，声波以声线方式向各方向传播。一条声线在 1s 内要经过多次的壁面反射。由于声源是向各个方向发射声线的，各声线与壁面相碰的位置各不相同，在两次壁面反射之间经历的距离也各不相同，因此，我们需要用统计的方法算出声线在壁面上两次反射之间的平均距离——平均自由程。

以矩形空间为例来导出平均自由程公式。可以证明，对于球形与圆柱形空间也将得到相同的结果。这说明平均自由程公式与空间形状的关系不大，由此可以将矩形空间导得的结果推广到任何形状的空间。

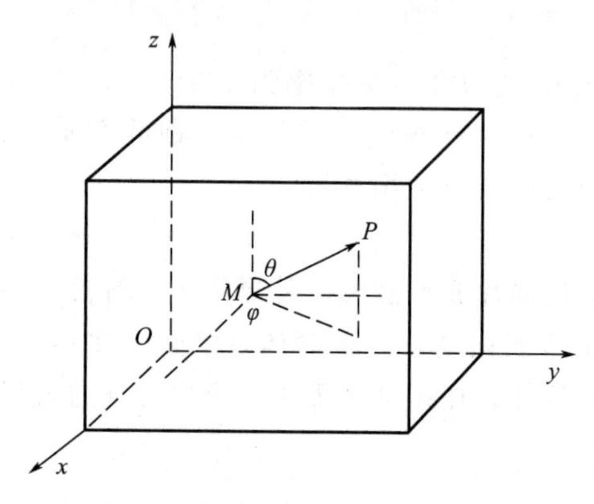

图 2-13　矩形空间中的平均自由程公式推导

如图 2-13，设矩形空间的长、宽、高各为 l_x、l_y、l_z，它们分别与坐标轴 x、y、z 相一致。假设在空间 M 处有一声源发出一根声线 MP，它与 z 轴呈 θ 角，而在 xy 面的投影线与 x 轴呈 φ 角。因为声线的运动速度为声速 c_0，所以对于任一对立的壁面，每秒钟声线的碰撞数应是声速 c_0 在这些壁面的垂直分量被它们之间的距离来除。声速 c_0 在 x，y，z 的分量分别为 $c_0\sin\theta\cos\varphi$、$c_0\sin\theta\sin\varphi$ 与 $c_0\cos\theta$，因此与这些轴的垂直壁面相对应的碰撞数应为（c_0/l_x）$\sin\theta\cos\varphi$、（c_0/l_y）$\sin\theta\sin\varphi$ 与（c_0/l_z）$\cos\theta$。

设声源 M 在 1s 内发射了 $4\pi n$ 条声线，其中 n 为单位立体角内的声线数。这样投入到（θ，φ）方向在立体角 $\mathrm{d}\Omega=\sin\theta\mathrm{d}\theta\mathrm{d}\varphi$ 的声线数应等于 $n\sin\theta\mathrm{d}\theta\mathrm{d}\varphi$，而每秒钟声线的碰撞总数显然应等于：

$$N=8\int_0^{\pi/2}\int_0^{\pi/2} n\left(\frac{c_0}{l_x}\sin\theta\cos\varphi+\frac{c_0}{l_y}\sin\theta\sin\varphi+\frac{c_0}{l_z}\cos\theta\right)\sin\theta\mathrm{d}\theta\mathrm{d}\varphi=n\pi c_0\frac{S}{V}$$

式中　S——室内壁面总面积，$S=2$（$l_xl_y+l_xl_z+l_yl_z$）；

V——房间的体积，$V=l_xl_yl_z$。

因为在 1s 内所有声线所通过的总距离为 $L=4\pi nc_0$，所以用它来除每秒的声线碰撞总数 N 就可得平均自由程：

$$\overline{L}=\frac{L}{N}=\frac{4\pi nc_0}{n\pi c_0\dfrac{S}{V}}=\frac{4V}{S}$$

从上式看到，平均自由程仅与房间的几何参数 S、V 有关，而与声源 M 的位置无关，这充分反映了平均自由程这一量具有统计规律的特性。

平均自由程为：

$$d=\frac{4V}{S} \tag{2-40}$$

声波传播一个自由程所需的时间 τ 为（设声速为 c）：

$$\tau=\frac{d}{c}=\frac{4V}{cS} \tag{2-41}$$

单位时间内平均反射次数 n 为：

$$n=\frac{1}{\tau}=\frac{cS}{4V} \tag{2-42}$$

设 $\overline{\alpha}$ 为各壁面平均吸声系数，则：　$\overline{\alpha}=\dfrac{\sum S_i\alpha_i}{\sum S_i}$

直达声是由声源未经反射直接传到接收点的声音，混响声的声功率为 W（$1-\overline{\alpha}$），设混响声能密度为 D_r，则总混响声能为 D_rV，每反射一次吸收 $D_rV\overline{\alpha}$，每秒反射 $\dfrac{cS}{4V}$ 次，则单位时间吸收的混响声能为 $D_r V\bar{\alpha}\dfrac{cS}{4V}$。当声源提供的混响声能与被吸收的混响声能相等时，达到稳态，即：

$$W(1-\bar{\alpha})=D_r V\bar{\alpha}\frac{cS}{4V} \tag{2-43}$$

$$D_r=\frac{4W(1-\bar{\alpha})}{cS\bar{\alpha}} \tag{2-44}$$

设 $R=\dfrac{S\bar{\alpha}}{1-\bar{\alpha}}$，房间常量，则：

$$D_r=\frac{4W}{cR} \tag{2-45}$$

混响声场中的声压：

$$P_r^2=\frac{4\rho cW}{R}=\rho c^2 D_r \tag{2-46}$$

声压级：

$$L_{P_r}=L_W+10\lg\frac{4}{R} \tag{2-47}$$

(3) 总声场

直达声场加混响声场，声能密度：

$$D=D_d+D_r=\frac{W}{c}\left(\frac{Q}{4\pi r^2}+\frac{4}{R}\right) \tag{2-48}$$

总声场的声压：

$$P^2=P_d{}^2+P_r{}^2=\rho cW\left(\frac{Q}{4\pi r^2}+\frac{4}{R}\right) \tag{2-49}$$

声压级：

$$L_P=L_W+10\lg\left(\frac{Q}{4\pi r^2}+\frac{4}{R}\right) \tag{2-50}$$

当房间的壁面为全反射时，$\bar{\alpha}=0$，$R=0$，为混响场。

当 $\bar{\alpha}=1$，R 无穷大，只有直达声，为自由声场。

(4) 混响半径

当声功率 W 为定值，声压级取决于 r、R。当受声点离声源很近时，$\dfrac{Q}{4\pi r^2}\gg\dfrac{4}{R}$，室内声场以直达声为主，混响声可忽略。当受声点离声源很远时，$\dfrac{Q}{4\pi r^2}\ll\dfrac{4}{R}$，以混响声为主，直达声可忽略。当 $\dfrac{Q}{4\pi r^2}=\dfrac{4}{R}$ 时，直达声与混响声相等，此时的 r_c 称为临界半径，$r_c=0.14\sqrt{QR}$。$Q=1$ 时，临界半径为混响半径。

2.3.2.2 室内声衰减和混响时间

(1) 室内声能的增长和衰减过程

声源开始向室内辐射声能时，声波在室内空间传播，当遇到壁面时，部分声能被吸收，部分被反射，在声波的继续传播中多次被吸收和反射，在空间就形成了一定的声能密度分布。随着声源不断供给能量，室内声能密度将随时间而增加，这就是室内声能的增长过程。可用下式表示：

$$D(t)=\frac{4W}{cA}(1-e^{-\frac{SA}{4V}t}) \tag{2-51}$$

在一定的声源声功率和室内条件下，随着时间的增加，室内瞬时声能密度将逐渐增大，当 $t=0$ 时，$D(t)=0$；当 $t\to\infty$时，$D(t)\to\frac{4W}{cA}$；这时，单位时间内被室内吸收的声能与声源供给声能密度相等，室内声能密度不再增加，处于稳定状态。事实上，只需经过 1～2s 的时间，声能密度的分布即接近于稳态。

当声场处于稳态时，若声源停止发声，室内受声点上的声能并不立即消失，而是有一个过程。首先是直达声消失，反射声则继续下去。每反射一次，声能被吸收一部分。因此，声能密度逐渐减弱，直至完全消失。这一过程称作混响过程或交响过程，用式(2-52) 表示。

$$D(t)=\frac{4W}{cA}e^{-\frac{SA}{4V}t} \tag{2-52}$$

（2）混响时间

把声能密度衰减到原来的百万分之一，即声压级衰减 60dB 所需的时间，定义为混响时间。

① Sabine 公式

$$T_{60}=\frac{0.161V}{A}=\frac{0.161V}{S\bar{\alpha}} \tag{2-53}$$

式中 V——房间容积，m^3；

A——室内总吸声量，m^2，$A=S\bar{\alpha}$

只有当室内平均吸声系数小于 0.2 时，计算结果才与实际情况比较接近。当平均吸声系数趋于 1 时，实际混响时间应趋于 0，但按以上公式却为一定值。

② Eyring 公式　假定室内为扩散声场，室内各表面的平均吸声系数为 $\bar{\alpha}$，设在时刻$t=0$ 时声源突然停止，这时室内的平均声能密度为 D_0，声波每反射一次，就有一部分能量被吸收。在经过第一次反射后，室内的平均能量密度为 $D_1=D_0(1-\bar{\alpha})$，经过 n 次反射后的能量即为 $D_n=D_0(1-\bar{\alpha})^n$，每秒的反射次数为$\frac{cS}{4V}$。因此，经过时间 t 后室内平均能量密度为：

$$D_t=D_0(1-\bar{\alpha})^{\frac{cS}{4V}t}$$

$$D_d=\frac{P_d^{\ 2}}{\rho c^2}$$

$$P^2=P_0^{\ 2}(1-\bar{\alpha})^{\frac{cS}{4V}t}$$

根据混响时间的定义，即声压级降低 60dB 所需的时间，从上式可求得：

$$\frac{P^2}{P_0^{\ 2}}=(1-\bar{\alpha})^{\frac{cS}{4V}t}$$

$$10\lg\frac{P^2}{P_0^{\ 2}}=10\lg(1-\bar{\alpha})^{\frac{cS}{4V}t}$$

$$-60=10\ \frac{cS}{4V}T_{60}\lg(1-\bar{\alpha})$$

$$T_{60}=\frac{24V}{-cS\lg(1-\overline{\alpha})}$$

$$T_{60}=\frac{24V}{-cS\times 0.434\ln(1-\overline{\alpha})}$$

$$=\frac{55.3V}{-cS\ln(1-\overline{\alpha})}$$

取 $c=344\text{m/s}$，则上式为：

$$T_{60}=\frac{0.161V}{-S\ln(1-\overline{\alpha})} \tag{2-54}$$

Eyring 公式只考虑了房间壁面的吸收作用，而实际上，当房间较大时，在传播过程中，空气也对声波有吸收作用，对于频率较高的声音（一般为 2000Hz 以上），空气的吸收相当大。这种吸收与频率、湿度、温度有关。

声强的衰减有 Eyring-Millington 公式：

$$I=I_0 e^{-mx}$$

式中　m——衰减系数。

t 秒传播了 x 的距离，即 $x=ct$，则声能密度为：

$$D_t=D_0(1-\overline{\alpha})^{\frac{cS}{4V}t}e^{-mct}$$

所以混响时间：

$$(1-\overline{\alpha})=e^{\ln(1-\overline{\alpha})}=e^{-\ln\left(\frac{1}{1-\overline{\alpha}}\right)}$$

$$D_t=D_0 e^{-\ln\left(\frac{1}{1-\overline{\alpha}}\right)\frac{cS}{4V}t}e^{-mct}$$

$$=D_0 e^{-\frac{c}{4V}\left[S\ln\left(\frac{1}{1-\overline{\alpha}}\right)+4mV\right]t}$$

$$10\lg\frac{D_t}{D_0}=\left[-\frac{c}{4V}\left(S\ln\frac{1}{1-\overline{\alpha}}+4mV\right)\right]T_{60}\times 10\lg e=-60$$

$$T_{60}=\frac{24}{c\lg e}\frac{V}{S\ln\left(\frac{1}{1-\overline{\alpha}}\right)+4mV}$$

$$T_{60}=\frac{0.161V}{-S\ln(1-\overline{\alpha})+4mV}$$

当 $\overline{\alpha}<0.2$ 时，则有：

$$T_{60}=\frac{0.161V}{S\overline{\alpha}+4mV} \tag{2-55}$$

2.3.2.3　吸声降噪量

对于室内噪声源，由于直达声和反射声的叠加，加强了室内噪声的强度。一般来说，体积较大，以刚性壁面为主的房间内，受声点上的声压级要比室外同一距离处高出 10～15dB。由于混响声的存在，需要在房间内壁饰以吸声材料或安装吸声结构，或在房间中悬挂一些空间吸声体，使其吸收掉部分混响声，则室内的噪声就会降低。这种利用吸声降低噪声的方法称为“吸声降噪”。

设 R_1、R_2 分别为室内设置吸声装置前后的房间常数，则距声源中心 r 处相应的声压级 L_{p_1}、L_{p_2} 分别为：

$$L_{p_1}=L_W+10\lg\left(\frac{Q}{4\pi r^2}+\frac{4}{R_1}\right)$$

$$L_{p_2}=L_W+10\lg\left(\frac{Q}{4\pi r^2}+\frac{4}{R_2}\right)$$

吸声前后的声压级之差，即吸声降噪量为：

$$\Delta L_p=L_{p_1}-L_{p_2}=10\lg\frac{\dfrac{Q}{4\pi r^2}+\dfrac{4}{R_1}}{\dfrac{Q}{4\pi r^2}+\dfrac{4}{R_2}} \tag{2-56}$$

当受声点离声源很近，即在混响半径以内的位置上，$\frac{Q}{4\pi r^2}$远大于$\frac{4}{R}$时，ΔL_p 的值很小，也就是说在靠近噪声源的地方，声压级的贡献以直达声为主，吸声装置只能降低混响声的声压级。

对于离声源较远的受声点，即处于混响半径以外的区域，如果$\frac{Q}{4\pi r^2}$远小于$\frac{4}{R}$，且吸声处理前后的面积不变的条件下，则有：

$$\begin{aligned}\Delta L_p&=10\lg\frac{R_2}{R_1}\\&=10\lg\frac{S\bar{\alpha}_2/(1-\bar{\alpha}_2)}{S\bar{\alpha}_1/(1-\bar{\alpha}_1)}\\&=10\lg\frac{(1-\bar{\alpha}_1)\bar{\alpha}_2}{(1-\bar{\alpha}_2)\bar{\alpha}_1}\end{aligned} \tag{2-57}$$

式(2-57) 适用于远离声源处的吸声降噪量的估算。对于一般的工厂厂房，都是砖及混凝土砌墙，水泥地面与天花板，吸声系数都很小，因此有 $\bar{\alpha}_1\bar{\alpha}_2$ 远小于 $\bar{\alpha}_1$ 或 $\bar{\alpha}_2$，则有：

$$\Delta L_p=10\lg\frac{\bar{\alpha}_2}{\bar{\alpha}_1} \tag{2-58}$$

一般的室内吸声降噪处理可用式(2-58) 计算。利用此式计算需要求取平均吸声系数，如果现场条件比较复杂，平均吸声系数的计算难以准确。

利用吸声系数与混响时间的关系，有：

$$\Delta L_p=10\lg\frac{T_1}{T_2} \tag{2-59}$$

T_1、T_2 分别为吸声处理前后的混响时间。

由于混响时间可以用专门的仪器测得，所以用混响时间计算吸声降噪量就免除了计算吸声系数的麻烦和不准确。

室内吸声状况与相应的降噪量如表 2-18 所示。

表 2-18　室内吸声状况与相应的降噪量

$\frac{\bar{\alpha}_2}{\bar{\alpha}_1}$或$\frac{T_1}{T_2}$	1	2	3	4	5	6	8	10	20	40
ΔL_p/dB	0	3	5	6	7	8	9	10	13	16

由表 2-18 可知，$\overline{\alpha}_2/\overline{\alpha}_1$ 增加 1 倍，混响声级降低 3dB，增加 10 倍，降低 10dB。这说明，只有在原来房间的平均吸声系数不大时，采用吸声处理才有明显效果。一般吸声处理法降低室内噪声不会超过 10～12dB，对于未经处理的车间，采用吸声处理后，平均降噪量达 5dB 是较为切实可行的。

2.3.3　室内吸声降噪设计

2.3.3.1　吸声降噪设计原则

① 尽量先对声源做处理，如改进设备、消声、加隔声罩、建隔声墙、建隔声间等，降低声源噪声辐射；

② 只有当房间平均吸声系数很小时，做吸声处理才能收到预期的降噪效果；

③ 房间吸声量在较高的基础上继续增加时，效果往往不尽人意，吸声量增加到一定量时要适可而止，否则将达不到所要的效果；

④ 对声源附近的接收者效果较差，而对远离声源的接收者效果较好，如果房间内有许多声源分散在各处，任何位置都在声源附近，吸声效果自然较差；

⑤ 预期降噪目标为 4～12dB，一般为 5～7dB，期望过高是不现实的；

⑥ 在选择吸声材料时，要考虑工艺要求和环境要求，如防火、防潮、防尘、防腐蚀、防止小孔堵塞等；

⑦ 在选择处理方式时，要考虑采光、通风、照明、装修、施工，注意施工、安装的方便及节省工料等。

2.3.3.2　吸声设计程序

① 求出待处理房间的噪声级和频谱，对现有车间可实测之，对设计中的车间，可由设备声功率谱及房间壁面情况进行推算；

② 确定室内噪声的减噪目标值，包括声级和频谱，这一目标可根据有关标准确定，也可由任务委托者提出；

③ 计算各频带噪声需要的减噪值；

④ 根据图 2-14 估算待处理房间的平均吸声系数，求出吸声处理需要增加的吸声量或平均吸声系数；

⑤ 选定吸声材料（或吸声结构）的种类、厚度、容重，求出吸声材料的吸声系数，确定吸声材料或结构的分布和安装方式。

2.3.3.3　吸声降噪应用实例

（1）冲床车间的吸声降噪

某厂冲床车间是钢筋混凝土砖石混合结构建筑，槽形混凝土板平顶，混凝土地面，墙面为水泥石灰粉刷砖墙。车间内装有 8～60t 冲床 40 余台，80t 和 160t 冲床各 1 台。经测定，车间内总声级达到 95dB（A），噪声频带较宽广，以 250～1000Hz 最突出，操作人员对噪声的反应强烈。邻近的建筑物内，因噪声过大使会议和电话通信难以正常进行。

冲床噪声的特点是断续脉冲声，车间内冲床台数较多，采用吸声处理降低混响声，可使操作人员每天的噪声暴露剂量大为减少，对邻近建筑物的干扰也会明显地改善。

车间内的中央一点（远离冲床）测定的冲床车间噪声频率特性如图 2-15 中曲线 A 所示。

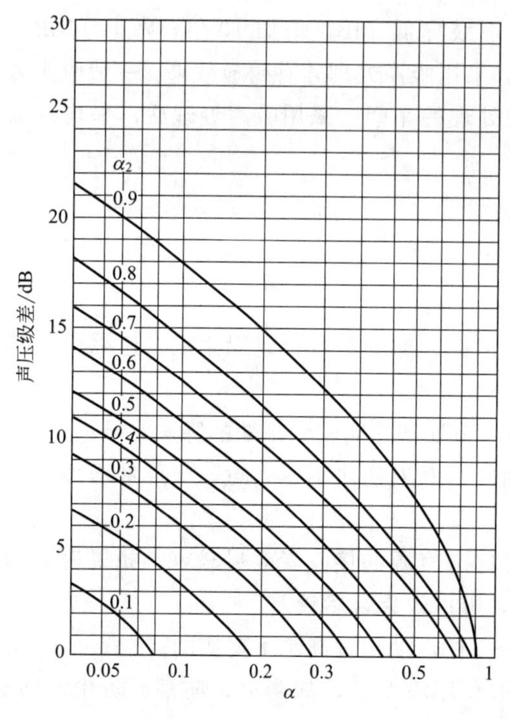

图 2-14　室内吸声处理后的降噪量简算图

（资料来源：顾强，2002）

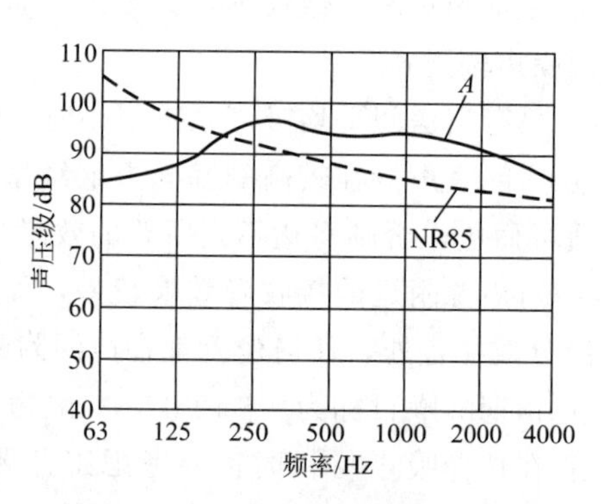

图 2-15　冲床车间噪声频率特性

（资料来源：高红武，2003）

由图 2-15 可知，200Hz 以上的频带噪声超过允许标准 NR85 曲线。吸声材料布置方式和结构如图 2-16 所示，采用穿孔板共振吸声结构，护面层为孔径 6mm、孔距 16mm、穿孔率 11%的穿孔硬质纤维板，内填 50mm 厚超细玻璃棉，外包棉花纸，容积密度 $20kg/m^3$，空腔厚度 0.5m。穿孔板共振吸声结构悬挂在平顶下，面积约 $510m^2$，周围侧墙采用软质木纤维板（半穿孔）吸声材料（粘贴在墙上），面积约 $170m^2$。经测量，穿孔板共振吸声结构的吸声峰值位于 500Hz 附近，与设计要求基本相符。

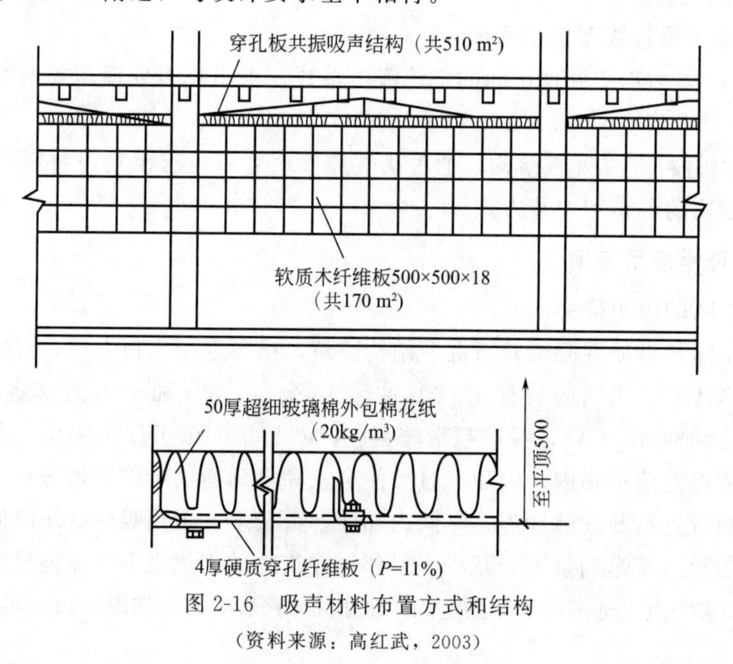

图 2-16　吸声材料布置方式和结构

（资料来源：高红武，2003）

由现场测定所得吸声处理前、后车间总吸声量 A_1、A_2，经计算，各频率噪声降低量列于表 2-19。总噪声降低量为 5dB，达到明显的效果。邻近的会议室基本能正常交谈和电话通信。

表 2-19 各频率噪声降低量

频率/Hz	250	500	1000	2000	4000
噪声降低量/dB	3	5.7	5	4	32

（资料来源：高红武，2003）

（2）禽蛋厂冷冻压缩机房的吸声降噪

① 概况　该冷冻压缩机房的尺寸为 11.8m（长）×9.8m（宽）×5.0m（高）。屋顶为钢筋混凝土预制板，壁面为砖墙水泥粉刷，两侧墙有大片玻璃窗，共计 $50m^2$，约占整个墙面面积的 43%。机房内安装有 6 台压缩机组，其中 2 台 8ASJ17 型，每台制冷量为 5.85×10^5kJ/h，转速 720r/min，3 台 S8-12.5 型和 1 台 4AV-12.5 型机组，每台制冷量为 34.5kJ/h，转速为 960r/min。压缩机组位置和噪声测点布置如图 2-17 所示。当 3 台机组（其中 1 台 8ASJ17 型和 2 台 S8-12.5 型）运转时，机房内平均噪声级为 88dB（A）。如果 6 台机组全部运转，预计机房内噪声级将达 91dB（A）。为了改善工人劳动条件，消除噪声对健康的影响，需要进行噪声治理。

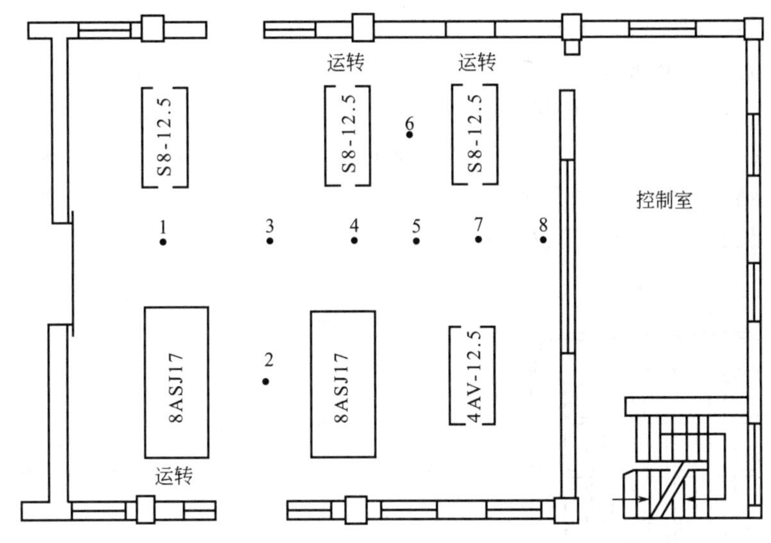

图 2-17　压缩机房内压缩机组位置和噪声测点布置

（资料来源：高红武，2003）

由于机组操作人员需要根据直接监听机器发出的噪声判断其运转是否正常，为此选择吸声降噪方法进行噪声治理。

②吸声材料和布置　选用的吸声材料为蜂窝复合吸声板，它由硬质纤维板、纸蜂窝、膨胀珍珠岩、玻璃纤维布及穿孔塑料片复合而成，厚度为 50mm，分单面复合吸声板和双面复合吸声板。蜂窝复合吸声板结构如图 2-18 所示。

该吸声材料具有较高的刚度，能承受一定的冲击，不易破坏，吸声效率高。

吸声材料布置在机房内四周墙面和平顶上。为了使吸声材料不因受碰撞而损坏，单面蜂窝复合板安装在台底以上的墙面上，材料后背离墙面留有 5cm 空气层，吸声材料面积为 $73m^2$，约占墙面面积的 32.7%。平顶为双面蜂窝复合吸声板浮云式吊顶，吸声板之间留有

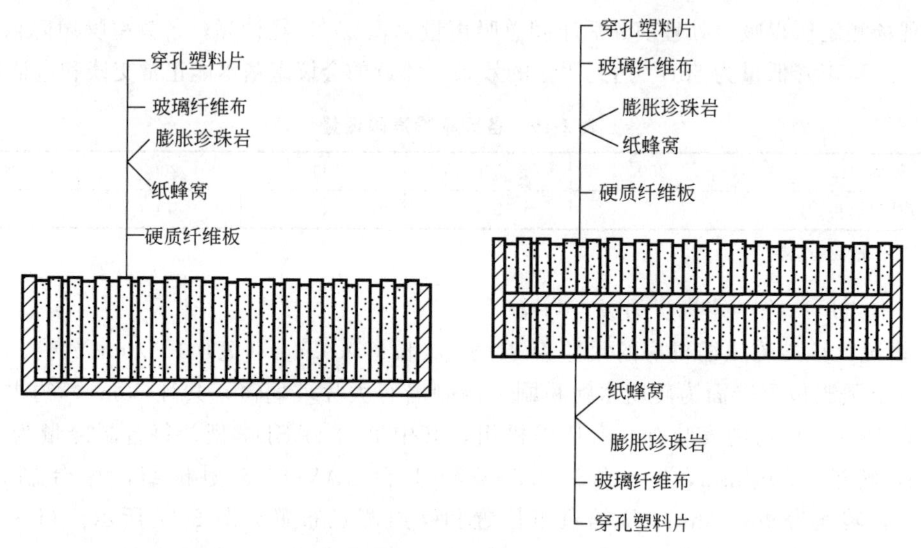

图 2-18 蜂窝复合吸声板结构

（资料来源：高红武，2003）

较大空间，使其上下两面均能起到吸声作用。材料面积为 $43m^2$，约占平顶面积的 41%。蜂窝复合吸声板结构如图 2-19 所示。

③ 降噪效果 吸声降噪处理后，机组运转情况和吸声处理前相同，在原来的噪声测点进行了声压级测量，机房内平均噪声级已降到 79.7dB（A）。吸声降噪前后机房内实测的平均声压级如图 2-20 所示。本工程吸声降噪效果明显，机房内的噪声已从 88dB（A）下降到 79.7dB（A），噪声级低于国家允许标准值［85dB（A）］。结果表明，低频的降噪量较小，中高频的降噪量较大，这与吸声材料的吸声特性是吻合的。

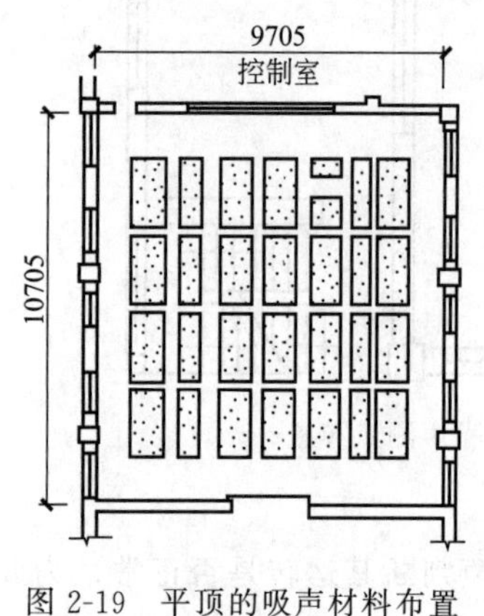

图 2-19 平顶的吸声材料布置

（资料来源：高红武，2003）

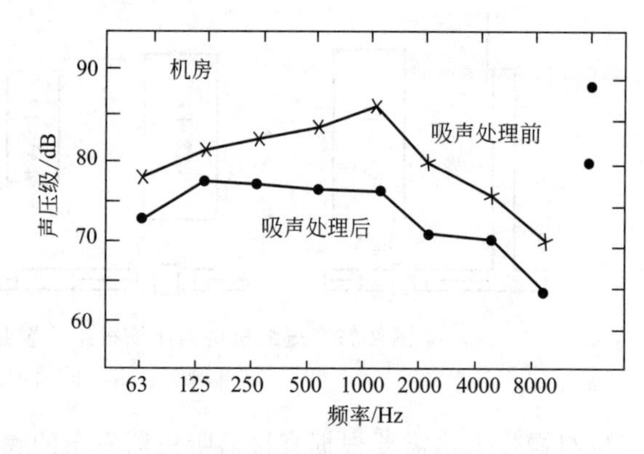

图 2-20 吸声降噪前后机房内实测的平均声压级

（资料来源：高红武，2003）

2.4 隔声降噪技术

隔声降噪技术是利用声能在传播途径中受到阻挡而不能直接通过的原理而发明的技术，有隔声墙、隔声间、隔声罩和隔声屏。

2.4.1 隔声降噪原理

（1）透声系数

透射声强与入射声强之比定义为透射系数，即：$\tau=\frac{I_t}{I_i}$，$\tau\in[0,1]$，τ 越小，表示隔声性能越好。

一般隔声结构的透射系数通常是指无规入射时各入射角透射系数的平均值。

（2）隔声量

定义：屏障物一面的入射声功率级与另一面的透射声功率级之差。

$$\mathrm{TL}=10\lg\frac{1}{\tau} \quad 或 \quad \mathrm{TL}=10\lg\frac{I_i}{I_t}=20\lg\frac{p_i}{p_t} \tag{2-60}$$

p_i、p_t 分别为入射声压和透射声压。

隔声量的单位为 dB，隔声量也叫作传声损失，记作 TL。

（3）平均隔声量

隔声量是频率的函数，同一隔声结构不同的频率具有不同的隔声量。在工程应用中，通常将中心频率为 125Hz、250Hz、500Hz、1000Hz、2000Hz、4000Hz 的 6 个倍频程的隔声量做算术平均，称为平均隔声量。

（4）插入损失

定义：离声源一定距离某处测得的隔声结构设置前的声功率级和设置后的声功率级之差，记为 IL。

$$\mathrm{IL}=L_{W_1}-L_{W_2} \tag{2-61}$$

插入损失通常在现场用来评价隔声罩、隔声屏等隔声结构的隔声效果。

隔声与吸声是两个完全不同的概念。吸声是依靠组成材料的多孔性、柔软性，使入射的声波在材料的细孔中，由摩擦转化为热能而将声能耗散掉。它要求吸声材料的表面上反射的声能越少越好。而隔声则是靠材料的密实性、坚实性，使声波在隔声结构上反射，它要求透过隔声结构的声能越小越好。因此，在工程实际应用中，绝不能把吸声与隔声混淆。

2.4.2 隔声结构与隔声性能

2.4.2.1 单层匀质密实墙的隔声

把板状或墙状的隔声构件称为隔板或隔墙。仅有一层隔板的称为单层墙；有两层或多层，层间有空气或其他材料的，称为双层墙或多层墙。

对于一般的固体材料，如砖墙、木板、钢板、玻璃等，隔声量可以写成：

$$\mathrm{TL}=20\lg\frac{\omega m}{2\rho_1 c_1} \tag{2-62}$$

式中 ω——声波的圆频率，$\omega=2\pi f$；

m——单位面积墙体的质量，$\mathrm{kg/m^2}$；

$\rho_1 c_1$——空气的特性阻抗，$\mathrm{kg/(m^2\cdot s)}$。

将 $\omega=2\pi f$，空气中的 $\rho_1 c_1=400$ 代入，则式(2-62) 可写成：

$$\mathrm{TL}=20\lg m+20\lg f-42.5 \tag{2-63}$$

以上为声波垂直入射的理论计算结果。当声波无规入射时，则应对所有入射角求平均，通过大量实验获取经验公式，隔声量为：

$$TL=18.5\lg mf-47.5 \tag{2-64}$$

实际上，无规入射声波对墙的入射角主要分布在0°～80°范围内，对此范围内的入射声波求平均，称为“场入射”隔声量，经计算近似为：

$$TL=20\lg mf-47.5 \tag{2-65}$$

质量定律表明，隔声量除和单位面积的墙体质量有关，还和声波的频率有关，实际中，往往需要估算单层墙对各频率的平均隔声量。把隔声量按主要的入射声频率（100～3200Hz）求平均，用平均隔声量 $\overline{TL}$ 表示，则：

$$\overline{TL}=13.5\lg m+14 \quad (m\leqslant 200\text{kg/m}^2)$$

$$\overline{TL}=16\lg m+8 \quad (m>200\text{kg/m}^2)$$

2.4.2.2 双层隔声结构

由质量定律可知，增加墙的厚度，从而可增加单位面积的质量，即可以增加隔声量；但依靠增加墙的厚度来提高隔声量是不经济的。如果把单层墙一分为二，做成双层墙，中间留有空气层，则墙的总重量没有变，但隔声量却比单层的提高了。

双层结构提高隔声能力的原因是空气层的作用。空气层可以看作与两层墙板相连的“弹簧”，声波入射到第一层墙透射到空气层时，空气层的弹性形变具有减振作用，传递给第二层墙的振动大为减弱，从而提高了墙体的总隔声量。

空气层作为弹性结构提高了双层结构的隔声性能，但这种双层墙体和空气层组成的弹性系统也存在不足。当入射声波的频率和构件的共振频率 f_0 一致时，就会产生共振，此时会使构件的隔声量大大降低；只有当入射声波的频率超过$\sqrt{2}f_0$ 的频率之后，双层结构的隔声效果才会明显。

（1）共振频率

双层结构发生共振，大大影响其隔声效果。双层结构的共振频率由下式计算：

$$f_0=\frac{c}{2\pi}\sqrt{\frac{\rho_0(m_1+m_2)}{m_1m_2D}}=\frac{c}{2\pi}\sqrt{\frac{\rho_0}{D}\left(\frac{1}{m_1}+\frac{1}{m_2}\right)} \tag{2-66}$$

式中 ρ_0——空气密度，kg/m^3；

D——空气层的厚度，m；

m_1，m_2——双层结构的面密度，kg/m^2。

（2）入射声波频率低于共振频率

当入射声波的频率低于共振频率时，隔声量为：

$$TL=10\lg\left(\frac{\omega m}{\rho_0 c}\right)^2 \tag{2-67}$$

式(2-67）表明，当入射声波的频率低于共振频率时，双层墙的隔声效果相当于把两个单层隔墙合并在一起，中间没有空气层一样。

（3）入射声波频率高于共振频率

当入射声波的频率高于共振频率时，隔声量为：

$$TL=10\lg\left[\left(\frac{\omega m}{2\rho_0 c}\right)^4(2kD)^2\right]=TL_1+TL_2+20\lg(2kD) \tag{2-68}$$

式(2-68）表明，当入射声波的频率高于共振频率时，双层墙的隔声效果相当于两个隔墙单独的隔声量之和再加上一个值。

在工程应用中，常用以下经验公式来估算双层结构的隔声量：

$$\mathrm{TL}=16\lg(m_1+m_2)+16\lg f-30+\Delta\mathrm{TL} \tag{2-69}$$

平均隔声量估算的经验公式为：

$$\overline{\mathrm{TL}}=16\lg(m_1+m_2)+8+\Delta\mathrm{TL}，\quad (m_1+m_2)>200\mathrm{kg/m^2}$$

$$\overline{\mathrm{TL}}=13.5\lg(m_1+m_2)+14+\Delta\mathrm{TL}，\quad (m_1+m_2)\leqslant 200\mathrm{kg/m^2}$$

式中　$\Delta\mathrm{TL}$——空气层的附加隔声量。

2.4.3　隔声间的降噪与设计

在吵闹的环境中建造一个具有良好的隔声性能的小房间，使工作人员有一安静的环境，或者将许多个强声源置于上述房间中，以保证周围环境的安静，这种由不同隔声构件组成的具有良好隔声性能的房间称作隔声间。

隔声间有封闭式与半封闭式之分，一般多用封闭式，如图 2-21 所示。隔声间除需要有足够隔声量的墙体外，还需设置具有一定隔声性能的门、窗或观察孔等。如果门、窗设计不好或孔隙漏声严重，都会大大影响隔声效果。

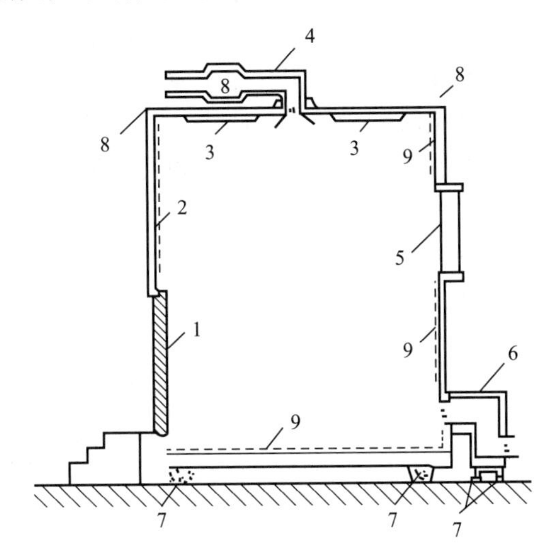

图 2-21　封闭式隔声间

（资料来源：肖洪亮，1998）

1—入口隔声门；2—隔声墙；3—照明器；4—排气管道（内衬吸声材料）和风扇；5—双层窗；6—吸声管道（内衬吸声材料）；7—隔振底座；8—接头的缝隙处理；9—内部吸声处理

2.4.3.1　具有门、窗的组合墙平均隔声量的计算

因门或窗的隔声量常比墙本身的小，因此，组合墙的隔声量往往比单纯墙低，组合墙的透声系数 $\bar{\tau}$ 为各组成部件的透声系数的平均值，称作平均透声系数，由式(2-70) 得出：

$$\bar{\tau}=\frac{\tau_1 S_1+\tau_2 S_2+\cdots+\tau_n S_n}{S_1+S_2\cdots+S_n}=\frac{\sum\tau_i S_i}{\sum S_i} \tag{2-70}$$

式中　τ_i——墙体第 i 种构件的透声系数；

S_i——墙体第 i 种构件的面积，$\mathrm{m^2}$。

则组合墙的隔声量为：

$$\overline{\mathrm{TL}}=10\lg\frac{1}{\bar{\tau}}$$

【例 2-6】 一组合墙体是由墙板、门和窗构成的，已知墙板的隔声量 $TL_1=50dB$，面积 $S_1=20m^2$；窗的隔声量 $TL_2=20dB$，面积 $S_2=2m^2$；门的隔声量 $TL_3=30dB$，面积 $S_3=3m^2$，求该组合墙的隔声量。

【解】 由已知得：

$$TL_1=50dB，则\ \tau_1=10^{-\frac{TL_1}{10}}=10^{-5}$$

$$TL_2=20dB，则\ \tau_2=10^{-\frac{TL_2}{10}}=10^{-2}$$

$$TL_3=30dB，则\ \tau_3=10^{-\frac{TL_3}{10}}=10^{-3}$$

则组合墙的隔声量为：

$$\overline{TL}=10\lg\frac{1}{\overline{\tau}}=10\lg\frac{\sum S_i}{\sum \tau_i S_i}=30.3(dB)$$

由例 2-6 计算可知，该组合墙的隔声量比墙板的隔声量小得多，造成隔声能力下降的原因主要是门、窗隔声量低，门窗的隔声量控制整个组合墙体的隔声量。若要提高该组合墙的隔声能力，就必须提高门、窗的隔声量，否则，墙板隔声量再大，总的隔声效果也不会好多少。因此，一般墙体的隔声量要比门、窗高出 10～15dB。比较合理的设计是按“等透射量”原理，即要求透过墙体的声能大致与透过门窗的声能相同，用式(2-71) 表示：

$$\tau_{墙}S_{墙}=\tau_{门}S_{门}=\tau_{窗}S_{窗} \tag{2-71}$$

式中 $\tau_{墙}$，$\tau_{门}$，$\tau_{窗}$——墙、门、窗的透声系数；

$S_{墙}$，$S_{门}$，$S_{窗}$——墙、门、窗构件的面积，m^2。

由式(2-71) 可得：

$$\tau_{墙}=\frac{\tau_{门}S_{门}}{S_{墙}}\quad 或\quad \tau_{墙}=\frac{\tau_{窗}S_{窗}}{S_{墙}}$$

则墙体的隔声量为：

$$TL_{墙}=TL_{门}+10\lg\frac{S_{墙}}{S_{门}}\quad 或\quad TL_{墙}=TL_{窗}+10\lg\frac{S_{墙}}{S_{窗}} \tag{2-72}$$

式中 $TL_{墙}$，$TL_{门}$，$TL_{窗}$——墙体、门、窗的隔声量，dB；

$S_{墙}$，$S_{门}$，$S_{窗}$——墙体、门、窗构件的面积，m^2。

利用“等透射量”原理，对上例进行合理设计，即可得到墙体的隔声量。

当考虑墙与窗时，墙的隔声量为：

$$TL_{墙}=TL_{门}+10\lg\frac{S_{墙}}{S_{门}}=30+10\lg\frac{20}{3}=28.2(dB)$$

当考虑墙与门时，墙的隔声量为：

$$TL_{墙}=TL_{窗}+10\lg\frac{S_{墙}}{S_{窗}}=20+10\lg\frac{20}{2}=30(dB)$$

综合考虑组合墙体上的门、窗，墙板的隔声量为 30dB 就可以了，如盲目提高墙板的隔声量，只会提高经济成本，隔声间总隔声量没有多大改变。

2.4.3.2 孔洞和缝隙对隔声的影响

由于声波的衍射作用，孔洞和缝隙会大大降低组合墙的隔声量。门窗的缝隙、各种管道的孔洞、隔声罩焊缝不严密的地方等都是透声较多之处，直接影响墙板等组合件的隔声量。在一般计算中，孔洞和缝隙的透声系数均可取为1。

【例 2-7】 某一墙体有足够大的隔声量，墙体上存在一个占墙面积1%的缝隙，试问该墙体的最大隔声量为多少？

【解】 对于孔隙透声系数取 $\tau_{孔}=1$；因墙有足够大的隔声量，墙的透声系数 $\tau_{墙}=0$。

具有孔洞、缝隙的墙体平均透声系数为：

$$\bar{\tau}=\frac{\tau_{孔}S_{孔}+\tau_{墙}S_{墙}}{S_{孔}+S_{墙}}=\frac{S_{孔}}{S_{墙}}=\frac{1}{100}$$

墙体的隔声量为：

$$\overline{TL}=10\lg\frac{1}{\bar{\tau}}=10\lg\frac{1}{10^{-2}}=20\ (dB)$$

此例中，如孔隙面积占墙体面积的1/10，则墙体的隔声量变为：

$$\overline{TL}=10\lg\frac{1}{\bar{\tau}}=10\lg\frac{1}{10^{-1}}=10\ (dB)$$

由此可见，孔洞或缝隙面积越大，对墙体的隔声量影响越大。

从上述讨论可以看出，孔隙能使隔声结构的隔声量显著下降，因此在隔声结构中，对结构的孔洞或缝隙必须进行密封处理。

2.4.3.3 隔声间的实际隔声量计算

隔声间的实际隔声量由式(2-73)计算：

$$TL_{实}=\overline{TL}+10\lg\frac{A}{S_{墙}} \tag{2-73}$$

式中 $TL_{实}$——隔声间的实际隔声量，dB；

$\overline{TL}$——各构件的平均隔声量，dB；

A——隔声间总吸声量，m^2；

$S_{墙}$——隔声墙的透声面积，m^2。

由式(2-73)可以看出，隔声间的实际隔声量不仅取决于各构件的平均隔声量，而且还取决于围护结构暴露在声场的面积大小及隔声间内的吸声情况。

【例 2-8】 某空压机站内建造隔声间作为控制室，隔声间的总面积为100m^2，与机房相邻的隔墙面积为 $S_{墙}=18m^2$，墙体的平均隔声量为 $\overline{TL}=50dB$，求当隔声间内平均吸声系数 $\bar{\alpha}=0.02$、0.2和0.4时，隔声间的实际隔声量各为多少？

【解】 (1) 当隔声间的吸声系数 $\bar{\alpha}=0.02$ 时，隔声间的实际隔声量为：

$$\begin{aligned}TL_{实}&=\overline{TL}+10\lg\frac{\bar{\alpha}S_{总}}{S_{墙}}\\&=50+10\lg\frac{0.02\times100}{18}\\&=50+(-9.54)\\&=40.46(dB)\end{aligned}$$

(2) 当隔声间的吸声系数 $\bar{\alpha}=0.2$ 时，隔声间的实际隔声量为：

$$\mathrm{TL}_{实}=\overline{\mathrm{TL}}+10\lg\frac{\bar{\alpha}S_{总}}{S_{墙}}$$

$$=50+10\lg\frac{0.2\times100}{18}$$

$$=50+0.46$$

$$=50.46(\mathrm{dB})$$

（3）当隔声间的吸声系数 $\bar{\alpha}=0.4$ 时，隔声间的实际隔声量为：

$$\mathrm{TL}_{实}=\overline{\mathrm{TL}}+10\lg\frac{\bar{\alpha}S_{总}}{S_{墙}}$$

$$=50+10\lg\frac{0.4\times100}{18}$$

$$=50+3.46$$

$$=53.46(\mathrm{dB})$$

由上述计算看出，隔声间内进行必要的吸声处理，对提高隔声间的实际隔声量有很大帮助。

2.4.3.4 隔声间的设计

（1）门窗的隔声和孔洞的处理

由于声波的衍射作用，孔洞和缝隙会大大降低组合墙的隔声量。门窗的缝隙、各种管道的孔洞、隔声罩焊接不严的地方等都是透声较多之处，直接影响墙板等组合件的隔声量。

门、窗的隔声能力取决于本身的面密度、构造和碰头缝密封程度。因通常门窗为轻型结构，故一般采用轻质双层或多层复合隔板制成，称为隔声门、隔声窗。图 2-22 为隔声门构造示意图，其隔声量为 30～40dB，其他构造的门的隔声量见表 2-20。隔声窗常采用双层或多层玻璃制作，玻璃板要紧紧地嵌在弹性垫衬中，以防止阻尼板面的振动，层间四周边框宜做吸声处理；相邻两层玻璃宜不平行布置，朝声源一侧的玻璃有一定倾角，以便减弱共振效应，并需选用不同厚度的玻璃以便错开吻合效应的频率，削弱吻合效应的影响，如图 2-23 所示。窗的隔声量见表 2-21。

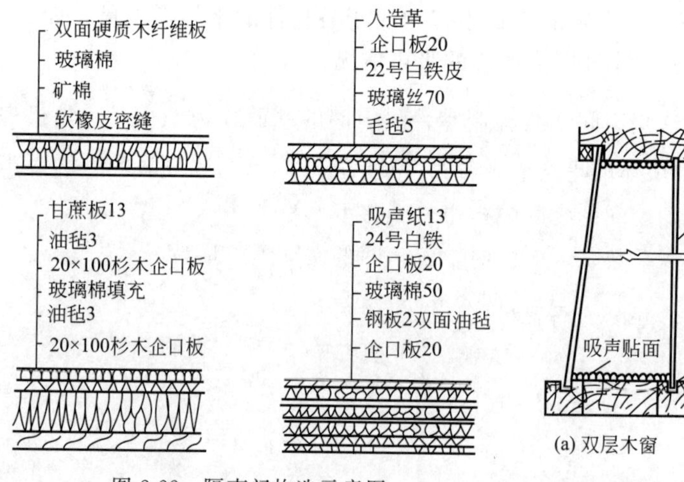

图 2-22 隔声门构造示意图

（资料来源：李家华，1995）

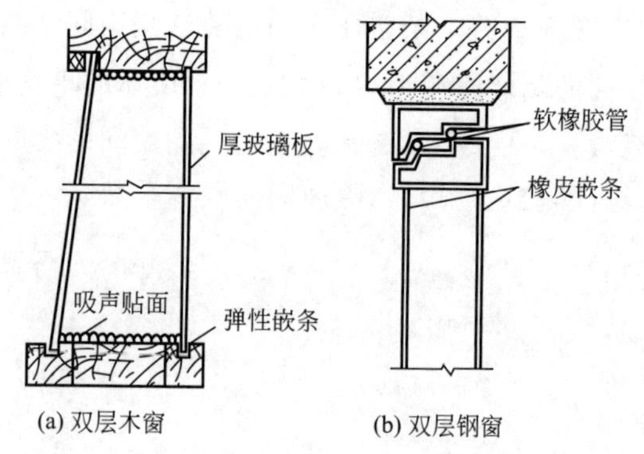

图 2-23 两种双层窗的构造形式

（资料来源：肖洪亮，1998）

表 2-20　门的隔声量　　dB

序号	构造/mm	倍频程中心频率/Hz						
		125	250	500	1000	2000	4000	平均
1	三合板门,扇厚 45	13.4	15	15.2	19.7	20.6	24.5	16.8
2	三合板门,扇厚 45,上开一个小观察孔,玻璃厚 3	13.6	17	17.7	21.7	22.2	27.7	18.8
3	重料木门,四周用橡皮和毛毡密封	30	30	29	25	26		27
4	分层木门	20	28.7	32.7	35	32.8	31	31
5	分层木门,但不密封	25	25	29	29.5	27	26.5	27
6	双层木板实拼门,板厚共 100	16.4	20.8	27.1	29.4	28.9		29
7	钢板门,厚 6	25.1	26.7	31.1	36.4	31.5		35

（资料来源：肖洪亮，1998）

表 2-21　窗的隔声量　　dB

序号	构造/mm	倍频程中心频率/Hz						
		125	250	500	1000	2000	4000	平均
1	单层玻璃窗:玻璃厚 3～6	20.7	20	23.5	26.4	22.9		22±2
2	单层固定窗:6.5 厚玻璃,四周用橡皮密封	17	27	30	34	38	32	29.7
3	单层固定窗:15 厚玻璃,四周用腻子密封	25	28	32	37	40	50	35.5
4	双层固定窗[见图 2-22(a)]	20	17	22	35	41	38	28.8
5	有一层玻璃双层窗[见图 2-22(b)]	28	31	29	41	47	49	35.5

（资料来源：肖洪亮，1998）

为了防止孔洞和缝隙透声，在保证门窗开启方便的前提下需尽量加以密封。门与门框的碰头缝可采取如图 2-24 所示等方法密封。嵌缝条宜选用柔软而富有弹性的材料，如软橡皮、海绵乳胶、泡沫塑料、毛毡等，切忌用实心硬橡皮条。隔声间的通风换气口应有消声装置。

在隔声要求很高的情况下，可采取双道隔声门及“声锁”的特殊处理方法。“声锁”又称声闸，即在两道门之间的门斗内布置吸声材料，使传入的噪声被吸收，如图 2-25 所示。这种措施使隔声能力可达到接近两道门的隔声量之和。

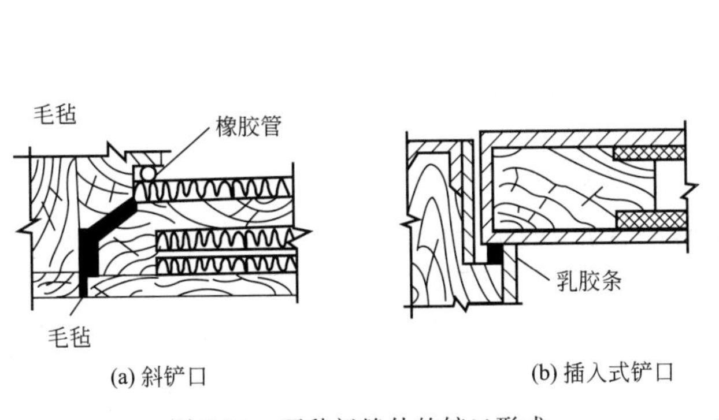

图 2-24　两种门缝外的铲口形式

（资料来源：肖洪亮，1998）

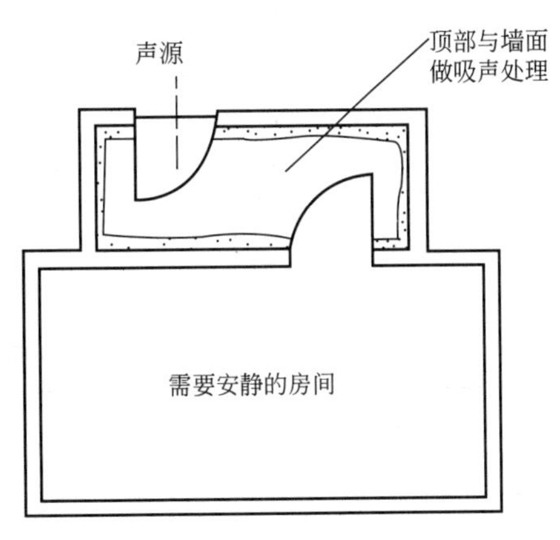

图 2-25　声锁示意图

（资料来源：王文奇，1985）

对于有多层玻璃的隔声窗，在安装时各层玻璃最好不要互相平行，以免引起共振。朝声源的一层玻璃可做成倾角（85°左右），使中间的空气层上下不一致，以利于消除低频共振。图 2-26 是双层玻璃隔声窗的安装示例，其平均隔声量在 45dB 左右。

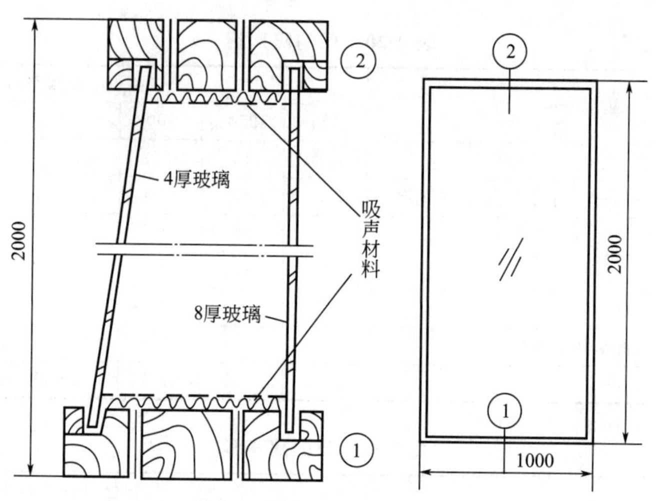

图 2-26 双层玻璃隔声窗的安装示例

(资料来源：王文奇，1985)

除上述措施外，为了获得高的隔声量，门窗应尽量少开，尺寸也应尽量小。有特别高的隔声要求时，可在两道门之间留出一定距离，并在过渡区周边壁面上衬贴吸声材料。

(2) 隔声间的应用实例

试在某高噪声车间建造一个隔声间，厂房内机房（噪声源）与隔声间的平面布置如图 2-27 所示。隔声间的条件为：隔声间外（点 1）实测噪声结果如表 2-22 所示；在面对机器设备的 $15m^2$ 墙上设置两个窗和一个门，窗的面积 $2m^2$，门的面积为 $2.05m^2$；隔声间内要求打电话和一般谈话不受隔声间外机房噪声干扰。

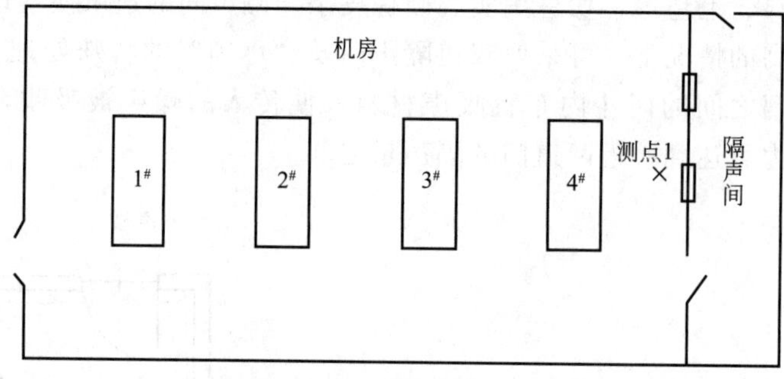

图 2-27 机房与隔声间的平面布置

(资料来源：王文奇，1985)

表 2-22 隔声间外（点 1）实测噪声结果

dB

序号	项目说明	倍频程中心频率/Hz							
		63	125	250	500	1000	2000	4000	8000
1	隔声间外声压级(点 1 测得)	96	96	90	93	98	101	100	95
2	隔声间内允许声压级(NR=60)	73	69	66	63	59	56	53	53
3	需要的声压级降低量	23	27	24	30	39	45	47	42
4	吸声处理后的吸声系数 α	0.34	0.41	0.38	0.54	0.83	0.92	0.75	0.71
5	隔声间内的吸声量 $A=\alpha S$ (S 为天花板面积，$S=18m^2$)	6.12	7.38	6.84	9.72	14.92	16.56	13.5	12.78

续表

序号	项目说明	倍频程中心频率/Hz							
		63	125	250	500	1000	2000	4000	8000
6	$A/S_{墙}$（$S_{墙}$ 为隔声面积）	0.41	0.49	0.46	0.65	1.00	1.10	0.90	0.85
7	$10\lg\frac{A}{S_{墙}}$	−3.87	−3.10	−3.37	−1.87	0	0.41	−0.45	−0.70
8	$TL=TL_{实}-10\lg\frac{A}{S_{墙}}$	27	30	27	32	39	45	47	43

（资料来源：王文奇，1985）

此隔声间的设计程序如下：第一步，确定隔声间所需要的实际隔声量；第二步，确定隔声间内的吸声量；第三步，计算修正项 $10\lg\frac{A}{S_{墙}}$；第四步，计算隔墙所应具有的倍频程传声损失；第五步，选用墙体与门窗结构。

某动力厂一车间内，有水泵、减温减压阀门、风扇磨、风机等设备 10 多台，厂房内噪声级高达 98dB（A）。值班工人 8h 暴露在这种噪声环境下，身体健康受到危害。经过分析研究，确定采取隔声间技术措施。但限于厂房布置条件，不便用砖木建造，于是便使用钢板创造一台可移动的隔声间，外形尺寸为 4m×3m×2m，全貌如图 2-28 所示。

隔声间的壳壁是两层 2.5mm 厚的钢板，中间填夹 30mm 厚的玻璃棉。在隔声间内表面上衬贴 50mm 厚的玻璃棉做吸声层，壳壁结构如图 2-29 所示。

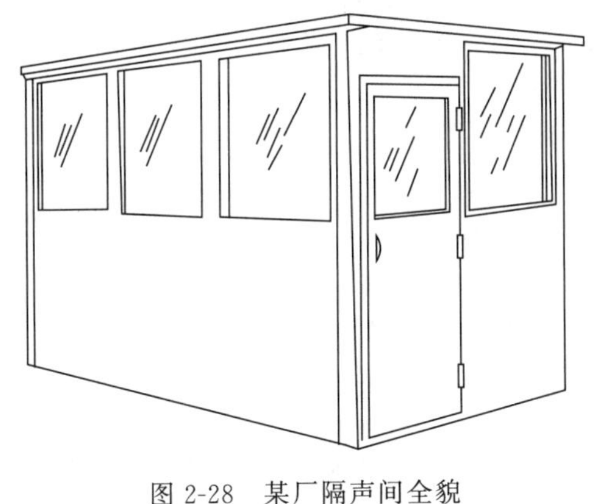

图 2-28 某厂隔声间全貌

（资料来源：王文奇，1985）

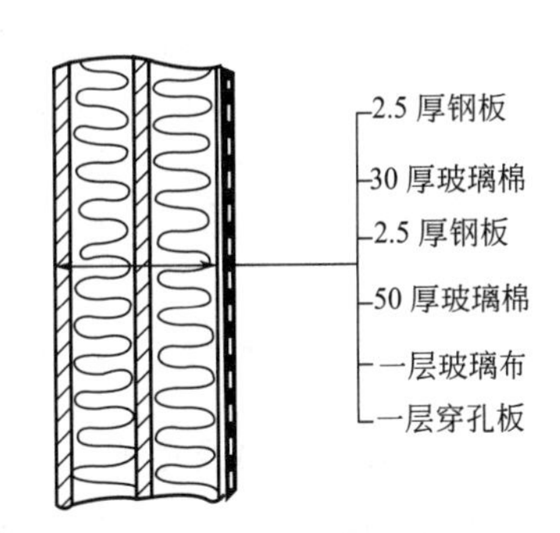

图 2-29 隔声间的壳壁构造

（资料来源：王文奇，1985）

隔声间的门采用 2mm 的钢板做面板，中间的间隔为 68mm，填充超细玻璃棉密度为 $80kg/m^3$，门的构造见图 2-30，门框用宽 74mm、厚 3mm 的钢板制作，并做成由里向外 30° 的倾斜。

2.4.4 隔声罩的降噪与设计

隔声间适用于噪声源分散、单独控制噪声源有困难的场合。

在工矿企业，常见一些噪声源比较集中或仅有个别噪声源如空压机、柴油机、电动机、风机等情况，此时可将噪声源封闭在一个罩子里，使噪声很少传出去，消除或减少噪声对环境的干扰。这种噪声控制装置称为隔声罩，其基本构造如图 2-31 所示。

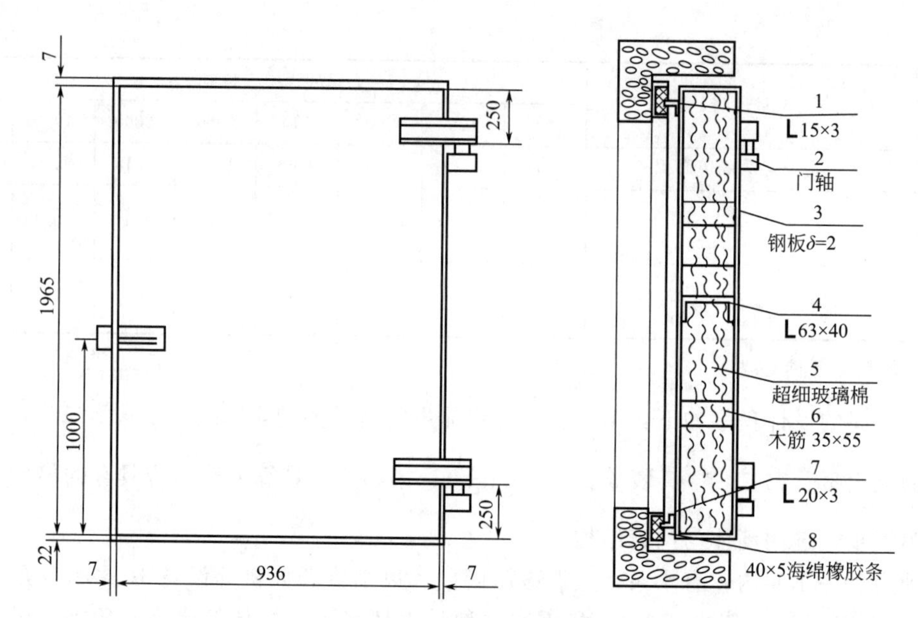

图 2-30　隔声间的门的构造

（资料来源：王文奇，1985）

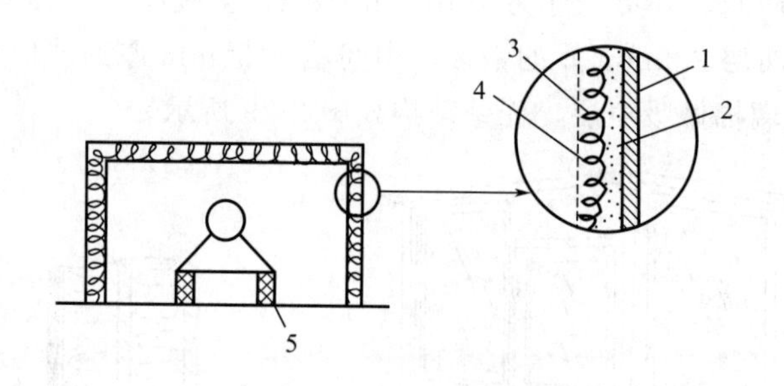

图 2-31　隔声罩基本构造

（资料来源：肖洪亮，1998）

1—金属板外壳；2—阻尼涂层；3—吸声材料；4—穿孔护面板；5—减振器

2.4.4.1　隔声罩的选材及型式

隔声罩的罩壁是由罩板、阻尼涂料和吸声层构成的。它的隔声性能基本还是遵循“质量定律”的，要取得较高的隔声效果，隔声材料同样应该选择厚、重、实的，厚度增加 1 倍，隔声量可增加 4～6dB。但为了便于搬运、操作、检修和拆装，以及经济方面的因素，隔声罩通常使用薄金属板、木板、纤维板等轻质材料做成。但这些材料轻、共振频率高，使得隔声性能显著下降。因此，当隔声罩板采用薄金属板时，必须涂覆相当于罩板 2～3 倍厚度的阻尼层，以便改善共振区和吻合效应的隔声性能。

隔声罩包括全封闭、局部封闭和消声箱式隔声罩。全封闭隔声罩是不设开口的密封隔声罩，用来隔绝体积小、散热问题要求不高的机械设备。局部封闭隔声罩是设有开口或者局部无罩板的隔声罩，罩内仍存在混响声场，一般应用在大型设备的局部发生部件上，或者用来隔绝发热严重的机电设备。在隔声罩进、排气口安装消声器，这类装置属于消声隔声箱，多用来消除发热严重的风机噪声。

2.4.4.2 隔声罩的实际隔声量计算

对于某种材质本身就有的隔声量，这是隔声罩的理论隔声量，但它不等于实际隔声量。因为声源未加隔声罩时，它辐射的噪声是四面八方的，也正是在这种条件下，得到了理论隔声量；当声源加装封闭隔声罩后，声源发出的噪声在罩内多次反射，因此大大增加了罩内的声能密度，因此隔声罩的实际隔声量可由式(2-74) 计算：

$$TL_{实}=TL+10\lg\overline{\alpha} \tag{2-74}$$

式中 $TL_{实}$——隔声罩的实际隔声量，dB；

TL——罩板材料（结构）的理论隔声量，dB；

$\overline{\alpha}$——隔声罩内表面的平均吸声系数。

式(2-74) 适用全封闭隔声罩，也可近似计算局部封闭隔声罩及隔声箱的实际隔声量。如果隔声罩内壁的吸声系数太小，对隔声罩的实际隔声量会影响极大。

【例 2-9】 用 2mm 厚的钢板制作隔声罩，已知钢板的隔声量 TL=29dB，钢板的平均吸声系数 $\overline{\alpha}=0.01$。为提高隔声罩的隔声效果，在罩内铺一层超细玻璃棉，用玻璃布加铁丝网护面，使其平均吸声系数提高到 0.65，求铺设吸声材料后，隔声罩的实际隔声量提高了多少？

【解】 (1) 罩内未做吸声处理时，隔声量为：

$$\begin{aligned}TL_{实1}&=TL+10\lg\overline{\alpha}\\&=29+10\lg0.01\\&=9(dB)\end{aligned}$$

(2) 罩内做吸声处理后，隔声量为：

$$\begin{aligned}TL_{实2}&=TL+10\lg\overline{\alpha}\\&=29+10\lg0.65\\&=29-1.87\\&=27(dB)\end{aligned}$$

(3) 罩内加衬吸声材料的实际隔声量比未做吸声处理提高的声量：

$$TL_{实2}-TL_{实1}=27-9=18(dB)$$

由此看出，隔声罩内壁进行了吸声处理与未做吸声处理的实际隔声效果相差很大，所以，必须在罩内衬以吸声材料，以吸收罩内的混响声。

2.4.4.3 隔声罩的设计

对某些机器设备，若安装整体隔声罩，会给检修、操作和维护带来不便。为了克服这些缺点，可把隔声罩设计成由若干块隔声构件组成的拼装结构，即所谓的装卸式隔声罩。这种隔声罩根据检修和维护的需要，能局部或整体地进行拆卸，待检修或维护完毕，再恢复组装上。装卸式隔声罩是用若干块具有足够隔声能力的基本构件及用于管道、电缆、转动轴搭接的特殊部件组成的，图 2-32 是装卸式隔声罩的组装示意图。

某厂 GS-3000 型电磁振动试验台，噪声达 108dB（A）。为了消除该设备的噪声危害，安装了如图 2-33 所示的隔声罩，罩内容积为 2.8m×2.4m×2.2m，其上留有一个门和一个窗。整个隔声罩是由 15 块隔声构件组成的，各部件之间用穿钉和吊扣连接，在各部件的搭接部位采用如图 2-34 的结构，可减少缝隙漏声。

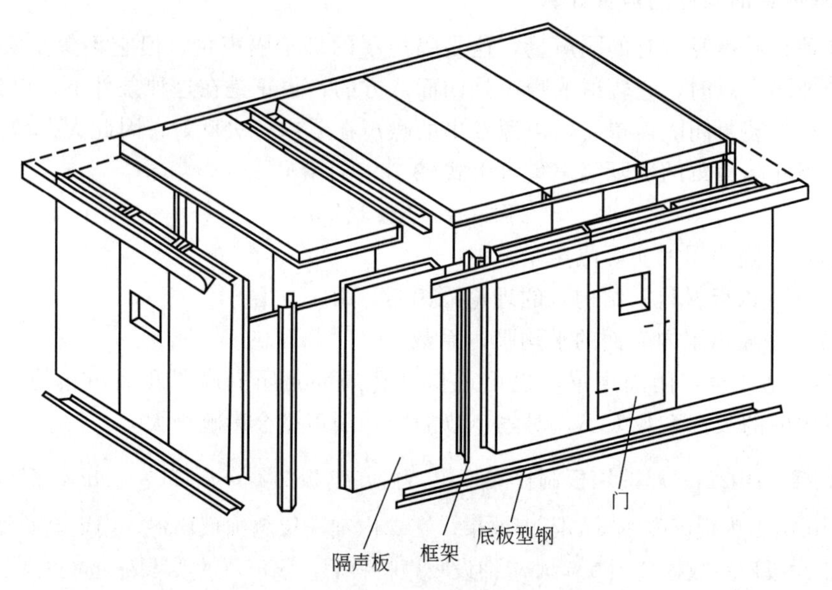

图 2-32　装卸式隔声罩的组装示意图

（资料来源：王文奇，1985）

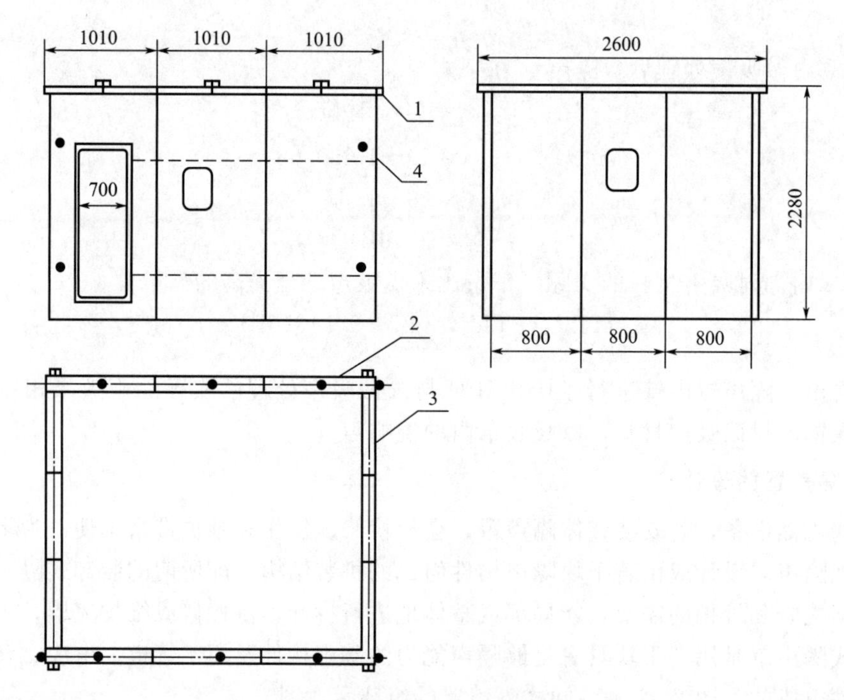

图 2-33　某振动台的隔声罩结构图

（资料来源：王文奇，1985）

1—上顶盖 2600×1010×80（共 3 块）；2—前后壁 2200×1000×80（共 6 块）；

3—左右壁 2200×800×80（共 6 块）；4—连接螺杆 M16（共 16 根）

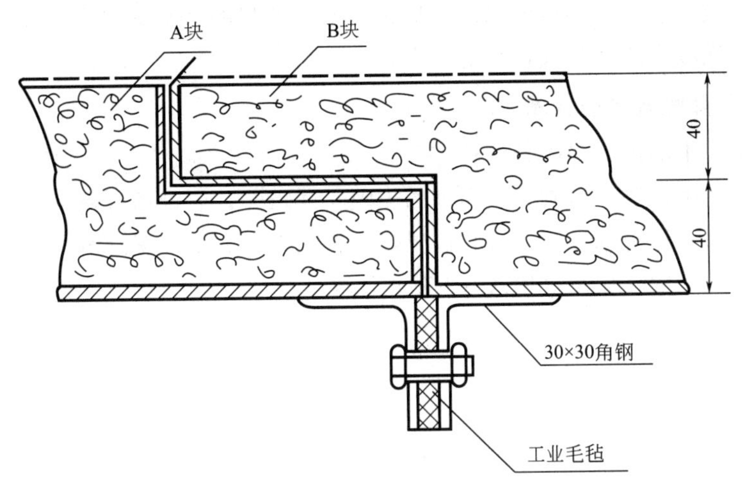

图 2-34　各构件间搭接结构

（资料来源：王文奇，1985）

为了满足通风散热的需要，隔声罩上接有通风管道。隔声罩与管道的相接部位是隔声的薄弱环节，罩体与管道之间的缝隙过大，会漏声；罩体与管壁直接接触，管道的振动会传给罩体，影响隔声效果。为了解决这个问题，采用图 2-35 所示的处理方法，在交接处用一段比通风管道直径略大一些的吸声衬里消声管道，把通风管包起来。吸声衬里管段的长度 l 取缝隙宽度 δ 的 15 倍，这样处理既可避免通风管道与罩体有刚性连接，又可防止接缝处漏声。

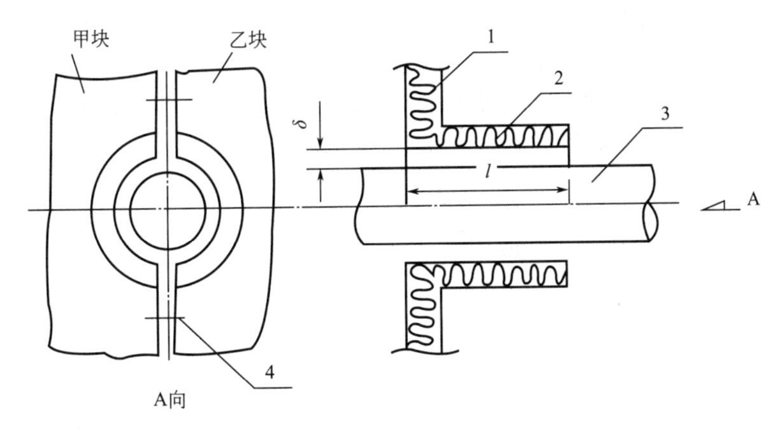

图 2-35　隔声罩与管道相接处的处理方法

（资料来源：王文奇，1985）

1—罩壁；2—吸声衬里；3—管道；4—连接件（吊扣或螺栓）

2.4.5　隔声屏的降噪与设计

在某些场合，由于操作、维护、散热或有吊车作业等原因，不宜采用像隔声罩那样全封闭性的隔声结构，宜将隔声屏放在噪声源和接收点之间，以阻挡声源向接收点直接辐射声的传播。隔声屏是用隔声结构做成的，并在朝向声源一侧设置了高效吸声处理的屏障。

2.4.5.1　隔声屏的降噪原理

声波在传播中遇到障碍物产生衍射（绕射）现象，使声波产生“声影区”，同时，声波绕射必然产生衰减，这就是隔声屏隔声的原理。对于高频噪声，因波长较短，绕射能力差，隔声效果显著；低频声波波长长，绕射能力强。

2.4.5.2 隔声屏降噪效果的计算

（1）自由声场中隔声屏降噪量的计算

当在自由声场中设置一道有一定高度的无限长屏障时，假设透过隔声屏障本身的声音忽略不计，相对于同一噪声源、同一接收位置，设置隔声屏和不设置隔声屏两次测量到的声压级的差值，即隔声屏的降噪量可用式（2-75）计算：

$$\Delta L=20\lg\left[\frac{\sqrt{2\pi N}}{\mathrm{th}\sqrt{2\pi N}}\right]+5 \tag{2-75}$$

$$N=\frac{2}{\lambda}(A+B-d) \tag{2-76}$$

式中 ΔL——隔声屏的噪声衰减量，dB；

N——越过屏障顶端衍射的菲涅尔数，它是描述声波传播中绕射性能的一个量；

λ——声波波长，m；

A——噪声源到隔声屏顶端的距离，m；

B——接收点到隔声屏顶端的距离，m；

d——声源到接收点的直线距离，m。

当 $N\geqslant1$ 时，双曲正切函数 $\mathrm{th}\sqrt{2\pi N}$ 的值很快便趋于 1，此时 $\Delta L=10\lg N+13$，隔声屏在实用上的最大隔声量为 24dB。

（2）非自由声场中隔声屏降噪量的计算

当隔声屏位于室内时，隔声屏的实际降噪效果受室内的声源指向性因素和室内吸声情况的影响。室内隔声屏的降噪效果可由式（2-77）近似计算：

$$\Delta L=10\lg\left[\frac{\dfrac{\eta Q}{4\pi\alpha^2}+\dfrac{4K_1K_2}{S(1-K_1K_2)}}{\dfrac{Q}{4\pi d^2}+\dfrac{4}{S_0\overline{\alpha_0}}}\right]+5 \tag{2-77}$$

$$K_1=\frac{S}{S+S_1\alpha_1} \tag{2-78}$$

$$K_2=\frac{S}{S+S_2\alpha_2} \tag{2-79}$$

式中 ΔL——隔声屏的噪声衰减量，dB；

Q——声源的指向性因数；

d——声源到接收点的直线距离，m；

$S_0\overline{\alpha_0}$——设置隔声屏前室内的总吸声量，m^2；

S_0——室内总表面积，m^2；

$\overline{\alpha_0}$——室内表面平均吸声系数；

S——隔声屏边缘与墙壁、平顶之间敞开部分的面积，m^2；

η——隔声屏衍射系数，$\eta=\sum\dfrac{1}{3+20N_i}$；

N_i——隔声屏第 N_i 个边缘的菲涅尔数，$N_i=\frac{2\delta_i}{\lambda}=\frac{2}{\lambda}(A_i+B_i-d)$；

δ_i——声源与接收者之间，经隔声屏第 i 个边缘的绕射距离与原来直线距离之间的行程差，m；

$S_1\alpha_1$——隔声屏放置后声源一侧的吸声量，m^2；

$S_2\alpha_2$——隔声屏设置后接收者一侧的吸声量，m^2。

【例 2-10】 在某公路一侧设置一道隔声屏，该隔声屏高 10m，其他尺寸如图 2-36 所示，试计算隔声屏在 63Hz、125Hz、250Hz、500Hz、1000Hz、2000Hz、4000Hz、8000Hz 上的隔声量。

【解】

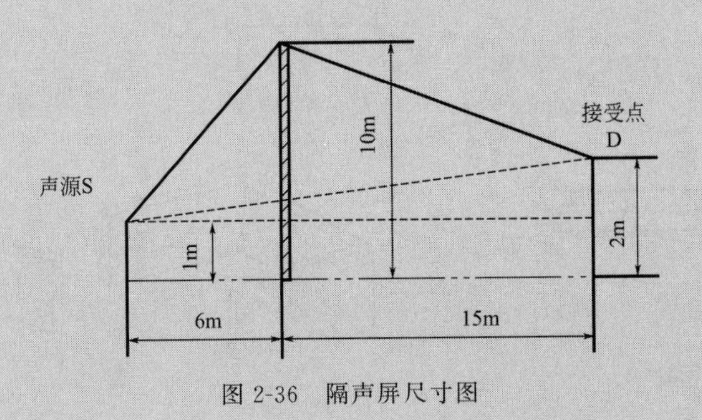

图 2-36 隔声屏尺寸图

由图 2-36 分析计算，得

$$A=\sqrt{6^2+9^2}=10.8(\text{m})$$

$$B=\sqrt{15^2+8^2}=17(\text{m})$$

$$d=\sqrt{21^2+1^2}=21(\text{m})$$

计算菲涅尔数，得

$$\begin{aligned}N_i&=\frac{2\delta_i}{\lambda}=\frac{2}{\lambda}(A_i+B_i-d)\\&=\frac{2f}{c}(10.8+17-21)=\frac{2f}{344}\times 6.8\\&=0.0395f\end{aligned}$$

由公式可求得隔声屏在不同频率下的隔声效果，见表 2-23。

表 2-23 隔声屏在不同频率下的隔声效果

频率/Hz	63	125	250	500	1000	2000	4000	8000
N 值	2.5	4.9	9.8	19.7	39.5	79	158	316
隔声量/dB	16	18	22	23	24	24	24	24

2.4.5.3 隔声屏的设计

隔声屏的设计要点及注意事项。在设计隔声屏时，须注意以下几点：

① 隔声屏本身须有足够的隔声量。其隔声量最少应比插入损失高出约 10dB，故一般使

用砖、混凝土或钢板、铝板、塑料板、木板等轻质多层复合结构，前者多用于室外，后者多用于室内，以便拆卸与移动。

② 使用隔声屏，必须配合吸声处理，尤其是在混响声明显的场合，其结构如图 2-37 所示。

③ 隔声屏主要用于控制直达声。为了有效地防止噪声的发散，其形式有二边形、三边形、遮檐式等，如图 2-38 所示。其中带遮檐的多边形隔声屏效果尤为明显。

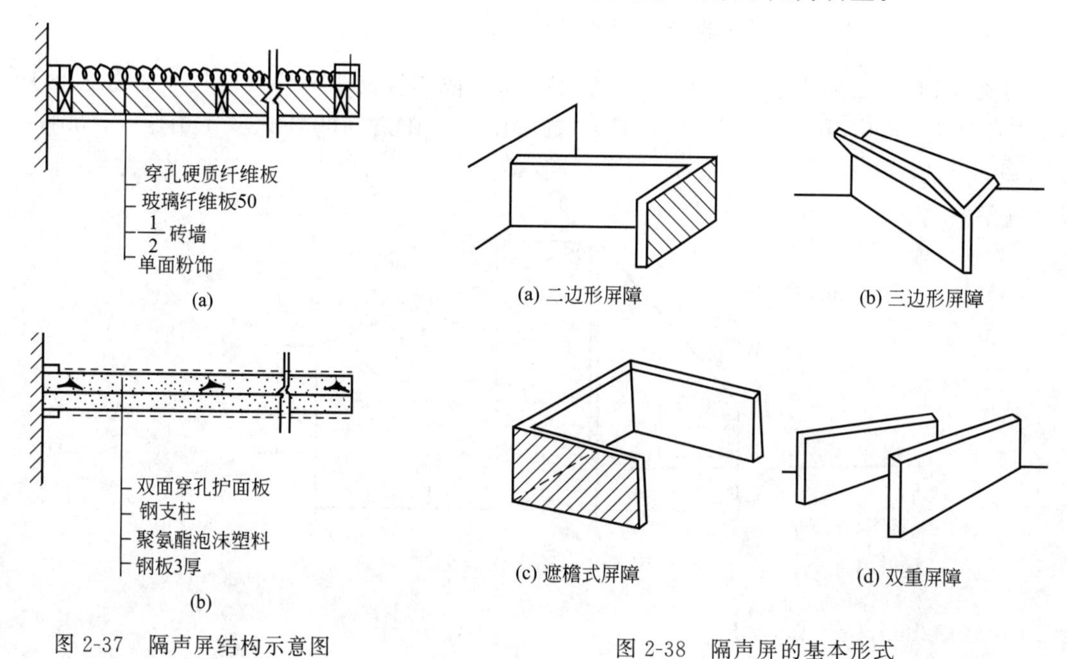

图 2-37 隔声屏结构示意图
（资料来源：肖洪亮，1998）

图 2-38 隔声屏的基本形式

④ 在隔声屏上开设观察窗，以便于观察机器设备的运行情况。隔声屏可做成固定式与移动式两类，后者可装上扫地橡皮，以减少漏声。

⑤ 为了便于人或设备等的通行，在隔声要求不是太高时，可用人造革等密实的软材料护面，中间夹以多孔吸声材料制成隔声帘悬挂起来。

下面介绍一个应用隔声屏治理噪声的实例：某厂的减压站的高压阀门噪声特别强烈，尤以高频突出，尖叫刺耳，严重影响了整个厂房里的工人的健康和正常的通信联系。为了便于巡回检查，该厂决定采取隔声屏的降噪措施。

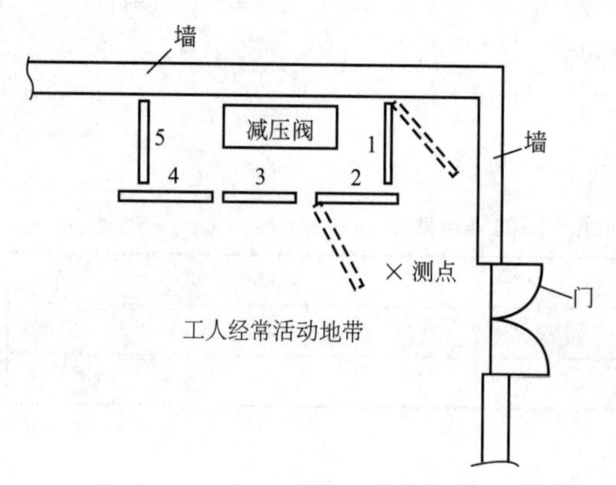

图 2-39 隔声屏放置示意图（虚线表示隔声屏移开位置）
（资料来源：王文奇，1985）

在辐射强噪声的减压阀旁设置了 5 块高 2m、宽 1m 的隔声屏，用隔声屏将阀门与人活动的场所隔开，图 2-39 是隔声屏放置示意图。

该项措施实施后，在现场进行了实测。测点选在距减压阀 3m 远的工人生产生活的地方，距地面 1.5m，分别测量放置隔声屏与移走隔声屏的噪声级，以二者之差作为降噪效果。放置隔声屏后，工人生产生活区域的噪声降到 82dB（A），符合国家《工业企业噪声卫生标准》的规定要求。

2.5 消声降噪技术

2.5.1 消声降噪原理

消声器是一种既能允许气流顺利通过，又能有效阻止或减弱声能向外传播的装置。消声器只能用来降低空气动力设备的进排气口噪声或沿管道传播的噪声，而不能降低空气动力设备本身所辐射的噪声。

消声器主要分为两大类型：阻性消声器和抗性消声器，另外还有阻抗复合式消声器。

阻性消声器是利用装置在管道内的吸声材料或吸声结构的吸声作用，使沿管道传播的噪声不断被吸收而起到消声的作用。

抗性消声器是利用管道中声学性能突变处的声反射作用，例如管道截面突然扩张或收缩或旁接共振回路等，使沿管道传播的一部分噪声在突变处向声源反射回去不通过消声器而起到消声的作用。

2.5.2 消声器的分类及性能评价

2.5.2.1 消声器的分类

根据消声器的消声原理和结构的差异，分为阻性消声器、抗性消声器、阻抗复合式消声器、微穿孔板消声器、扩散式消声器；按所配用的设备来分，则有空压机消声器、轴流风机消声器、内燃机消声器、混流风机消声器、凿岩机消声器、罗茨风机消声器、空调新风机组消声器和锅炉蒸汽放空消声器等。

阻性消声器是一种能量吸收性消声器，通过在气流通过的路径上固定多孔吸声材料，利用多孔吸声材料对声波的摩擦和阻尼作用将声能转化为热能，从而达到消声的目的。阻性消声器适用于消除中、高频的噪声，消声频带范围较宽，对低频噪声的消声效果较差，因此，常使用阻性消声器控制风机类进排气噪声等。

抗性消声器依靠管道截面的突变或旁接共振腔等在声传播过程中引起阻抗的改变而产生声能的反射、干涉，从而降低由消声器向外辐射的声能，达到消声的目的，主要适合于消除低、中频率的窄带噪声，对宽带高频率噪声则效果较差。因此，抗性消声器常用来消除内燃机排气噪声等。

鉴于阻性消声器和抗性消声器各自的特点，可将它们组合成阻抗复合型消声器，以同时得到高、中、低频率范围内的消声效果，如微穿孔板消声器就是典型的阻抗复合型消声器，其优点是耐高温、耐腐蚀、阻力小等，缺点是加工复杂、造价高。

2.5.2.2 对消声器的基本要求

性能良好的消声器必须满足以下基本要求：

① 足够的消声量，尤其在噪声突出的频带范围内具有良好的消声性能。

② 良好的空气动力性能。一般来说，阻力损失大，相应的气动设备的功率损失也大，所以要求消声器安装后的阻力损失越小越好；基本上不降低风量，保证气流通畅；在高速气流工况下工作的消声器，应尽可能避免产生气流再生噪声。

③ 空间位置合理，构造简单，便于制作安装和维修且能保持长期性能稳定。

2.5.3 阻性消声器的设计

利用声波在多孔性吸声材料中传播时，因摩擦将声能转化为热能而散发掉，从而达到消声的目的。

阻性消声器一般分为直管式、片式、折板式、声流式、蜂窝式、迷宫式和弯头式等。

2.5.3.1 阻性消声器消声量的计算

阻性消声器的消声量与吸声材料性能、通道截面周长、通道横截面面积、消声器的有效长度有关。

A. N. 别洛夫由一维理论推导出长度为 l 的消声器的消声量 ΔL 为：

$$\Delta L=\varphi(\alpha_0)\frac{P}{S}l \tag{2-80}$$

式中 ΔL——消声器的消声量，dB；

$\varphi(\alpha_0)$——与材料吸声系数 α_0 有关的消声系数，dB；

P——通道截面周长，m；

S——通道横截面面积，m^2；

l——消声器的有效长度，m。

消声系数 $\varphi(\alpha_0)$ 与材料的吸声系数 α_0 的换算关系，如表 2-24 所示。

表 2-24 消声系数 $\varphi(\alpha_0)$ 与材料的吸声系数 α_0 的换算关系

α_0	0.05	0.10	0.15	0.20	0.25	0.30	0.35	0.40	0.45	0.50	0.55	0.60～1.00
$\varphi(\alpha_0)$	0.05	0.11	0.17	0.24	0.31	0.39	0.47	0.55	0.64	0.75	0.86	1～1.5

（资料来源：肖洪亮，1998）

2.5.3.2 不同形式的阻性消声器的特点

（1）直管式阻性消声器

单通道直管式阻性消声器是最基本、最常用的消声器，它结构简单，气流直接通过，阻力损失小，适用流量小的管道及设备的进、排气口的消声，图 2-40 是直管式阻性消声器。

（2）片式阻性消声器

对于气流流量较大的管或设备的进、排气口，需要通道截面积大的消声器。为防止高频失效，通常将直管式阻性消声器的通道分成若干个小通道，设计成片式消声器，图 2-41 是片式阻性消声器。

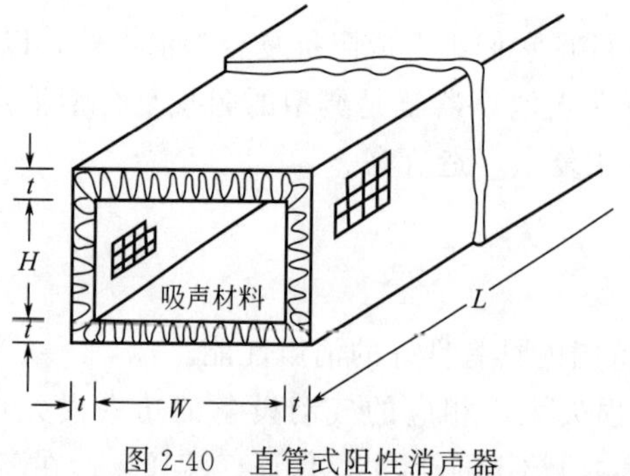

图 2-40 直管式阻性消声器

（资料来源：高红武，2003）

L—消声通道的长；W—消声通道的宽；H—消声通道的高；t—管壁厚

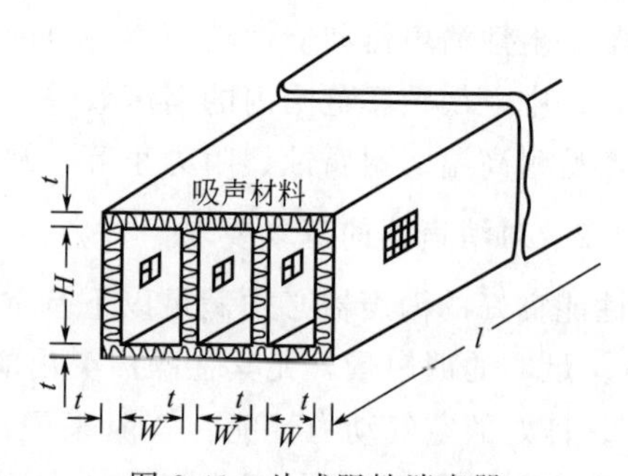

图 2-41 片式阻性消声器

（资料来源：高红武，2003）

L—消声通道的长；W—消声通道的宽；H—消声通道的高；t—管壁厚

(3) 折板式阻性消声器

折板式阻性消声器是由片式阻性消声器演变而来的，为了改善中、高频的消声性能，把直板改成折板。这样，可以增加声波在消声器通道内的反射次数，即增加声波与吸声材料的接触机会，改善程度取决于板的折角大小。折角以不大于20°为宜，如折角过大，流体阻力增大，破坏消声器的空气动力性能，图2-42是折板式阻性消声器。

(4) 声流式阻性消声器

声流式阻性消声器是由折板式阻性消声器改进的，它是把吸声片制成正弦波或流线型。当声波通过吸声片时，改善低、中频消声性能。它使气流通过流畅，阻力较小，消声量比相同尺寸的片式阻性消声器要高一些，图2-43是声流式阻性消声器。

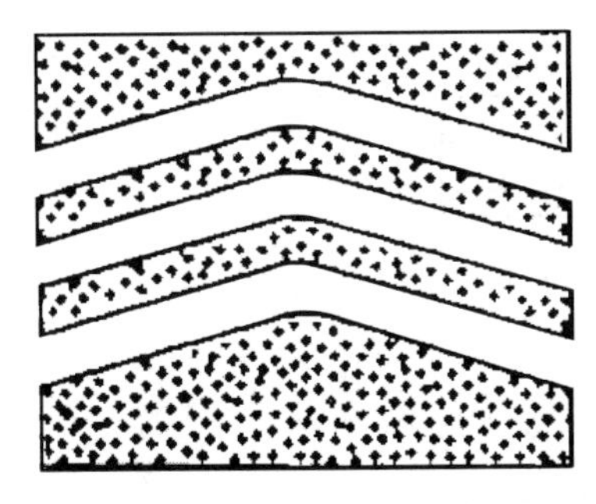

图2-42　折板式阻性消声器

(资料来源：张林，2002)

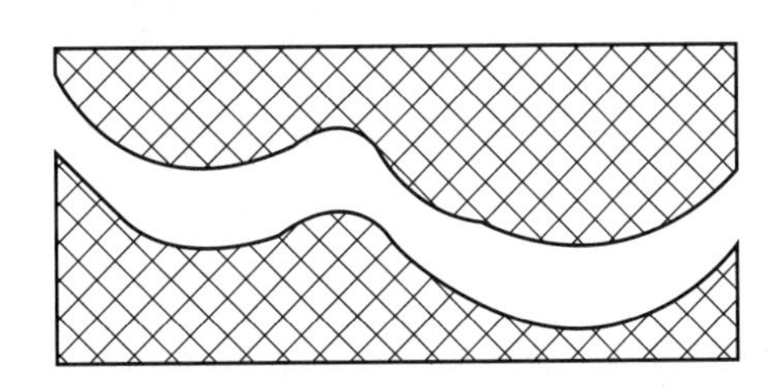

图2-43　声流式阻性消声器

(资料来源：张林，2002)

(5) 蜂窝式阻性消声器

蜂窝式阻性消声器是由几个直管式阻性消声器并联组成的，因每个小管消声器是互相并联的，每个小管的消声量就代表整个消声器的消声量，每个小管通道，对于圆管，直径不大于200mm为宜；方管截面不要超过200mm×200mm。这种消声器高频消声效果好，但阻力损失比较大，构造相对复杂，一般适用于风量较大、低流速的场合，图2-44是蜂窝式阻性消声器。

(6) 迷宫式阻性消声器

迷宫式阻性消声器也称室式消声器或箱式消声器。这种消声器由吸声砖砌成，在空调通风的管道中较常见。此消声器使声波多次来回反射，消声量大，但阻力损失大，气流速度不宜过大，应控制在5m/s以内，图2-45是迷宫式阻性消声器。

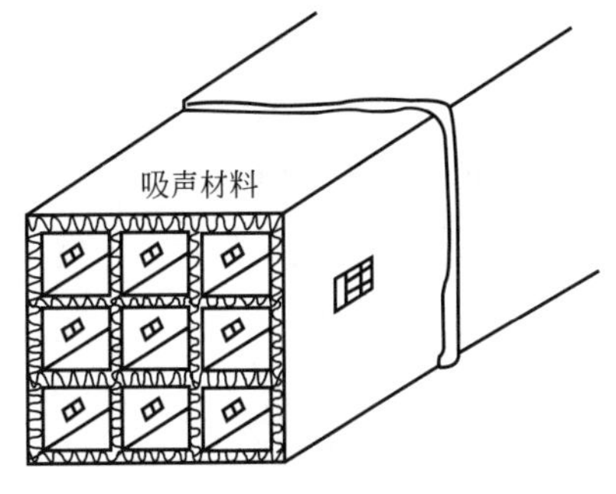

图2-44　蜂窝式阻性消声器

(资料来源：张林，2002)

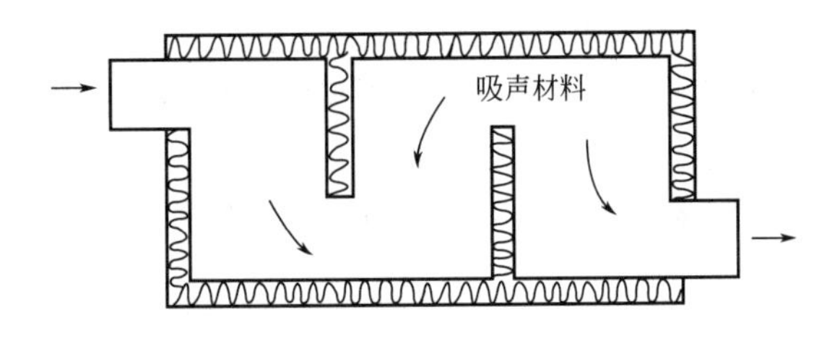

图2-45　迷宫式阻性消声器

(资料来源：张林，2002)

（7）弯头式阻性消声器

弯头式阻性消声器是在管道内衬贴吸声材料构成的。弯头式阻性消声器在低频段消声效果差，在高频段消声效果好，图 2-46 是弯头式阻性消声器。

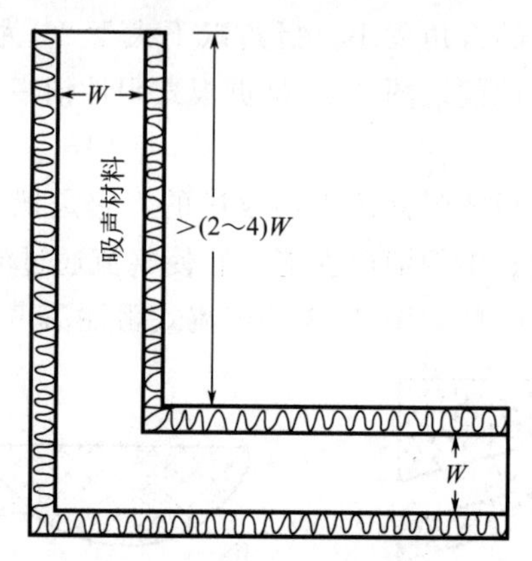

图 2-46 弯头式阻性消声器

（资料来源：张林，2002）

在管道内衬贴吸声材料的直角弯头吸声量的估算值如表 2-25 所示。

表 2-25 直角弯头吸声量的估算值

d/λ	0.1	0.2	0.3	0.4	0.5	0.6	0.8	1.0	1.5	2	3	4	5	6	8	10
无规则入射/dB	0	0.5	3.5	7.0	9.5	10.5	10.5	10.5	10	10	10	10	10	10	10	10
平面波入射/dB	0	0.5	3.5	7.0	9.5	10.5	11.5	12	13	13	14	16	18	19	19	20

2.5.3.3 高频失效问题

阻性消声器实际消声量的大小与噪声的频率有关。声波的频率越高，传播的方向性越强。对于一定截面积的气流通道，当入射声波的频率高到一定程度时，由于方向性很强而形成“声束”状传播，很少接触贴附在管壁的吸声材料，消声量明显下降。产生这一现象对应的声波频率称为上限失效频率 $f_{失}$，$f_{失}$ 可用下列经验公式计算：

$$f_{失}=1.85\frac{c}{D} \tag{2-81}$$

式中 c——声速，m/s；

D——消声器通道的当量直径，m。

其中圆形管道取直径，矩形管道取边长平均值，其他可取面积的开方值。

当频率高于失效频率时，每增高一个倍频带，其消声量约下降 1/3，这个高于失效频率的某一频率的消声量可用式（2-82）估算：

$$\Delta L'=\frac{3-N}{3}\Delta L \tag{2-82}$$

式中 $\Delta L'$——高于失效频率的某倍频带的消声量，dB；

ΔL——失效频率处的消声量，dB；

N——高于失效频率的倍频程频带数。

由于高频失效，在设计消声器时，对于小风量的细管道，其消声器可以设计成单通道直管式，而对风量较大的粗管道，就必须采用多通道形式。在设计中，通常采取在消声器通道中加装吸声片或采用其他结构形式。当消声器通道管径小于300mm时，可设计成直管式单通道；当管径介于300～500mm之间时，可在通道中加一片吸声层；当管径大于500mm时，消声器可设计成片式、蜂窝式、折板式、声流式和迷宫式等。

2.5.3.4 气流对阻性消声器声学性能的影响

气流速度对阻性消声器消声性能的影响主要表现在两方面：一是气流的存在会引起声传播规律的变化；二是气流在消声器内产生一种附加噪声——再生噪声。

(1) 气流对声传播规律的影响

声波在阻性管道内传播，气流方向与声波方向一致时，使声波衰减系数变小，反之，声波衰减系数变大。影响衰减系数的最主要因素是马赫数 $M=v/c$，即气流速度 v 与声速 c 的比值。

理论分析得出，有气流时的消声系数的近似公式为：

$$\varphi'(\alpha_N)=\frac{1}{(1+M)^2}\varphi(\alpha_N) \tag{2-83}$$

式中，气流速度大小与方向的不同，导致气流对消声器性能的影响程度也不同。当流速高时，马赫数 M 值越大，气流对消声性能的影响就越大；当气流方向与声传播方向一致时，M 值为正，式(2-83)的消声系数 $\varphi'(\alpha_N)$ 将变小；当气流方向与声传播方向相反时，M 值为负，$\varphi'(\alpha_N)$ 将变大。这就是说，顺流与逆流相比，逆流对消声有利。

(2) 气流再生噪声的影响

气流在管道中传播时会产生“再生噪声”。一方面是消声器结构在气流冲击下产生振动而辐射噪声，其克服的方法主要是增加消声器的结构强度，以防止产生低频共振。

另一方面是当气流速度较大时，粗糙的管壁、消声器结构的边缘、管道截面积的变化等，都会引起“湍流噪声”。如果以A声级评价，气流再生噪声的A声级大致可用式(2-84)表示：

$$L_A=A+60\lg v \tag{2-84}$$

式中 v——气流速度；

A——常数，与管衬结构特别是表面结构有关。

2.5.3.5 阻性消声器的设计

(1) 合理选择消声器的结构形式

阻性消声器宜消除中、高频噪声。为防止高频失效，当消声器的通道截面直径小于300mm时，采用单管直通道；当通道截面直径为300～500mm之间时，在管中设置吸声层、吸声芯，如图2-47所示；当通道截面直径大于500mm时，可采用片式、蜂窝式及其他形式。

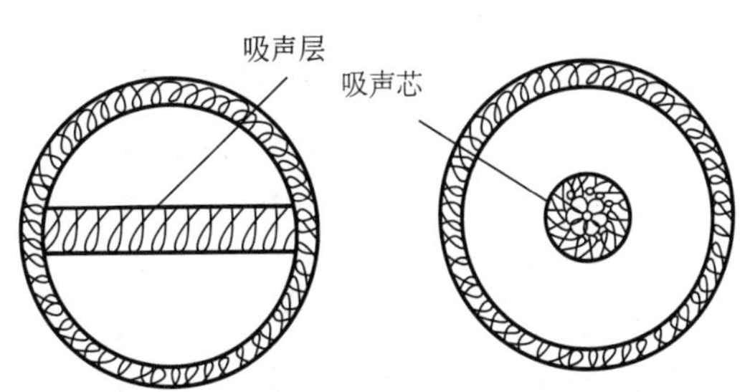

图2-47 通道中加一吸声层(或吸声芯)的消声器
(资料来源：高红武，2003)

(2) 合理确定消声器的长度

增加消声器的有效长度，可以提高消声量。这要根据噪声源声级的大小和现场减噪的要求确定。一般风机、电机的消声器长度为1～3m，特殊情况时4～6m。

（3）合理使用吸声材料

阻性消声器是由吸声材料制成的，吸声材料的性能决定消声器的消声频率特性和消声量。除考虑吸声性能外，还要考虑在特殊环境下，如高温、潮湿和腐蚀等方面的问题。

（4）合理选择吸声材料的护面结构

阻性消声器的吸声材料是在气流流动下工作的，所以吸声材料要用牢固的护面结构固定，如用玻璃布、穿孔板或铁丝网等，如果护面结构不合理，吸声材料会被气流吹跑或者使护面结构产生振动，导致消声器性能的下降。护面结构的形式取决于消声器通道内的气流速度。

（5）验算效果

根据“高频失效”和气流再生噪声的影响，验算消声效果。

下面举一个消声器设计实例。

【例2-11】 某厂L_{GA}-40/5000型鼓风机，风量为$40m^3/min$，风机进气管口直径为Φ200mm。在进口3m处测的噪声频谱如表2-26所列，试设计一个阻性消声器以消除风机进气口噪声。

表2-26　L_{GA}-40/5000型鼓风机进气消声设计一览表

序号	参数	频率/Hz							
		63	125	250	500	1000	2000	4000	8000
1	倍频带声压级/dB	109	112	104	115	116	108	104	94
2	降噪要求(NR90)	107	100	95	92	90	87	86	84
3	消声器应有的消声量/dB	2	12	19	23	26	21	18	10
4	消声器周长与截面积比$\frac{P}{S}$	20	20	20	20	20	20	20	20
5	所用材料的吸声系数α	0.30	0.52	0.78	0.86	0.85	0.83	0.80	0.78
6	消声系数$\varphi(\alpha_0)$0.45	0.4	0.7	1.1	1.3	1.3	1.2	1.2	1.1
7	消声器所需长度/m	0.25	0.86	0.86	0.89	1.00	0.88	0.75	0.45
8	气流再生噪声的功率级/dB	116	110	104	98	92	86	80	74
9	气流再生噪声级(消声器口外3m)	95	89	83	77	71	65	59	53

（资料来源：王文奇，1985）

【解】 第一步，确定所需要的消声量，根据该风机进气口噪声和降低噪声的要求，确定所需要的消声量，如表2-26第4行所列。

第二步，确定消声器的形式，根据该风机的风量和管径，可选定直管阻性消声器形式。消声器的截面周长与截面积之比，如表2-26第5行所列。

第三步，选用吸声材料和设计吸声层，根据使用的环境，吸声材料可选用超细玻璃棉。根据噪声频谱是低频突出的特点，吸声层厚度取150mm，填充密度为$25kg/m^3$。根据气流速度，吸声层护面采用一层玻璃布加一层穿孔板，这种吸声结构的吸声系数如表2-26第6行所列，消声系数$\varphi(\alpha_0)$如表2-26第7行所列。

第四步，计算消声器的长度，根据公式（2-80）可计算各频带所需要的消声器长度。消声器的设计长度应按其中最大值考虑。这里应取$l=1$m。

根据上述计算，消声器的设计方案如图2-48所示。

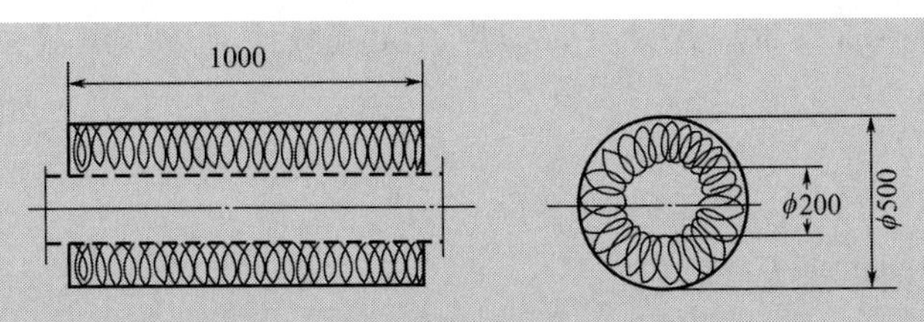

图 2-48 阻性消声器的设计方案

（资料来源：王文奇，1985）

第五步，验算，通过对高频失效与气流再生噪声影响验算，证明此方案可行。

2.5.4 抗性消声器的设计

抗性消声器与阻性消声器不同，它不使用吸声材料，而是依靠管道截面的突变或旁接共振腔等在声传播过程中引起阻抗的改变或产生声能的反射、干涉，从而降低由消声器向外辐射的声能，达到消声的目的。抗性消声器具有良好的中、低频消声特性，而且能在高温、高速、脉动气流条件下工作，适用于汽车、拖拉机、空压机等进、排气口管道的消声。

2.5.4.1 扩张室消声器

扩张室消声器又称膨胀室消声器，它是由管和室组成的。它是利用管道截面的扩张、收缩引起声反射和干涉消声的。

（1）扩张室消声器的消声性能

单节扩张室消声器的消声量：

$$\Delta L = 10\lg\left[1+\frac{1}{4}\left(m-\frac{1}{m}\right)^2\sin^2 kl\right] \tag{2-85}$$

式中 ΔL——消声量，dB；

m——抗性消声器的扩张比，$m=\frac{S_2}{S_1}$；

S_2，S_1——扩张管和收缩管的截面面积；

k——波数，$k=\frac{2\pi}{\lambda}$；

l——扩张室的长度。

当正弦函数 $\sin^2 kl=1$ 时，消声量最大，此时，kl 等于$\frac{\pi}{2}$的奇数倍，即 $kl=(2n+1)\frac{\pi}{2}$，$(n=0,1,2,\cdots)$；由 $k=\frac{2\pi}{\lambda}$，即 $l=\frac{(2n+1)\lambda}{4}$时，消声量最大。当 $\sin^2 kl=0$ 时，消声量等于零，此时，kl 等于$\frac{\pi}{2}$的偶数倍，即 $kl=2n\frac{\pi}{2}$，$(n=0,1,2,\cdots)$；由 $k=\frac{2\pi}{\lambda}$，即 $l=\frac{n\lambda}{2}$时，消声量等于零。

$\sin^2 kl$ 是周期函数，所以 ΔL 和 kl 与频率 f 的关系也是周期性的。

将波数 $k=\frac{2\pi}{\lambda}=\frac{2\pi f}{c}$代入 $kl=(2n+1)\frac{\pi}{2}$中，可以导出消声量达最大值时的相应频率：

$$f_{\max}=(2n+1)\frac{c}{4l} \tag{2-86}$$

当 $kl=n\pi$，即 $l=n\lambda/2$ 时，$\Delta L=0$，即声波无衰减地通过消声器。此时，消声器等于零的频率：

$$f_{\min}=\frac{n}{2l}c \tag{2-87}$$

单节扩张室最大消声量为：

$$\Delta L_{\max}=10\lg\left[1+\frac{1}{4}\left(m-\frac{1}{m}\right)^2\right] \tag{2-88}$$

消声量的大小取决于扩张比 m，通常 $m>1$。当 $m>5$ 时，最大消声量可由式（2-89）近似计算：

$$\Delta L_{\max}=20\lg\frac{m}{2}=20\lg m-6 \tag{2-89}$$

最大消声量与扩张比的关系如表 2-27 所示。

表 2-27　最大消声量与扩张比的关系

m	1	2	3	4	5	6	7	8	9	10
TL_{max}/dB	0	1.9	4.4	6.5	8.5	9.8	11.1	12.2	13.2	14.1
m	11	12	13	14	15	16	17	18	19	20
TL_{max}/dB	15.6	15.6	16.2	16.9	17.5	18.1	18.6	19.1	19.5	20.0

（资料来源：肖洪亮，1998）

在实际工程中，一般取 $9<m<16$，最大不超过 20，最小不小于 5。

（2）上下截止频率

扩张室消声器的消声量随扩张比 m 的增大而增大。但当 m 增大到一定数值后，波长很短的高频声波以窄束形式从扩张室中央穿过，与阻性消声器一样，扩张室消声器同样存在着高频失效，使消声量急剧下降。

扩张室消声器有效消声的上限截止频率可用下式计算：

$$f_{上}=1.22\frac{c}{\overline{D}} \tag{2-90}$$

式中　c——声速，m/s；

$\overline{D}$——扩张室的当量直径，m。

扩张室的截面积越大，消声上限截止频率越低，即消声器的有效消声频率范围越窄。因此，扩张比不能盲目地选择太大，要兼顾消声量和消声频率两个方面。

扩张室消声器的有效频率范围还存在一个下限截止频率。在低频范围内，当声波波长远大于扩张室的长度时，扩张室可看作一个集中声学元件构成的声振系统。

当入射声波的频率和这个系统的固有频率 f_0 相近时，消声器非但不能起消声作用，反而会引起声音的放大。只有在大于$\sqrt{2}f_0$ 的频率范围，消声器才有消声作用。

扩张室构成的声振系统的固有频率 f_0 为：

$$f_0=\frac{c}{2\pi}\sqrt{\frac{S_1}{Vl_1}} \tag{2-91}$$

式中　S_1——扩张室的截面积；

l_1——扩张室的长度；

V——扩张室的体积。

所以，扩张室消声器的下限截止频率为：

$$f=\sqrt{2}f_0=\frac{c}{\pi}\sqrt{\frac{S_1}{2Vl_1}} \tag{2-92}$$

2.5.4.2 共振式消声器

共振式消声器也是一种抗性消声器。它是在气流通道的管壁上开若干个小孔，与管外一个密闭的空腔组成。

(1) 消声原理

该消声器的消声原理是小孔和空腔组成一个弹性振动系统，管壁孔颈中的空气柱类似活塞，它具有一定的质量。当声波传至颈口时，在声压作用下，空气柱做往复运动，便与孔壁产生摩擦，使声能转变成热能而耗散掉。当外来的声波频率与消声器弹性系统的固有频率相同时，便发生共振。在共振频率及其附近，空气振动速度达到最大值。同时，消耗的声能最多，消声量最大。

(2) 消声量的计算

当声波的波长大于共振腔的长、宽、高（或深度）最大尺寸的3倍时，共振腔消声器的固有频率可由式（2-93）计算：

$$f_r=\frac{c}{2\pi}\sqrt{\frac{G}{V}} \tag{2-93}$$

式中　f_r——共振腔消声器的固有频率，Hz；

c——声速，m/s；

V——共振腔的容积，m^3；

G——传导率，它是一个具有长度量纲的物理量。

对于圆孔，其G值为：

$$G=\frac{S_0}{t+0.8d}=\frac{\pi d^2}{4(t+0.8d)} \tag{2-94}$$

式中　S_0——孔颈截面积，m^2；

d——小孔直径，m；

t——小孔颈长，m。

工程上应用的共振消声器很少是开一个孔的，而是由多个孔组成。此时要注意各孔间要有足够的距离，当孔心距为小孔直径的5倍以上时，各孔间的声辐射可互不干涉，此时总的传导率等于各个孔的传导率之和，即$G_{总}=nG$（n为孔数）。如忽略共振腔声阻的影响，单腔共振消声器对频率为f的声波的消声量为：

$$\Delta L=10\lg\left[1+\frac{K^2}{(f/f_r-f_r/f)^2}\right] \tag{2-95}$$

$$K=\frac{\sqrt{GV}}{2S} \tag{2-96}$$

式中　ΔL——消声量，dB；

S——气流通道的截面积，m^2；

V——空腔体积，m^3；

G——传导率，m；

f——外来声波的频率，Hz；

f_r——共振腔消声器的固有频率，Hz。

当 $f=f_r$ 时，系统发生共振，ΔL 将变得很大。K 值是共振消声器设计中的重要参量。在实际工程中，噪声源为连续的宽带噪声，常需要计算某一频带内的消声量。

对倍频带：$\Delta L=10\lg(1+2K^2)$

对 1/3 倍频带：$\Delta L=10\lg(1+19K^2)$

共振腔消声频率较窄，要克服这一缺点，工程上常把具有不同共振频率的几节共振消声器串联。这样，可以在较宽的频带范围内获得较大的消声量，多节共振腔消声器串联，总的消声量可近似等于各个共振腔消声器消声量的和。

2.5.4.3 抗性消声器的设计

（1）扩张室消声器的设计

扩张室消声器可采取如下程序进行设计：

① 根据需要的消声频率特性，合理地分布最大消声频率。

② 根据需要的消声量，确定扩张比 m，设计扩张室各部分截面尺寸。

③ 验算所设计的扩张室消声器的上下截止频率是否在所需要消声的频率范围之外。

下面举一个设计实例。

【例 2-12】 某厂柴油机进气噪声在 125Hz 有一峰值。已知进气口管径为 ϕ150mm，气流速度 $v=10$m/s，管长 3m。试设计一个扩张室消声器装在进气口上，要求在 125Hz 有 12dB 的消声值。

【解】 根据题意，扩张室的最大消声频率分布在 125Hz，由此确定扩张室的长度，当 $n=0$ 时，$l=\frac{c}{4f_{max}}=\frac{340}{4\times125}=0.68$（m）。

根据要求的消声值，确定扩张比 m。查得，扩张比可近似选定为 $m=12$。

已知进气口管径为 ϕ150mm，相应的截面 $S_1=\frac{\pi d_1^2}{4}=0.0177$（$m^2$）。

扩张室的截面 $S_2=mS_1=12\times0.0177=0.212$（$m^2$）。

扩张室的直径 $D=\sqrt{\frac{4S_2}{\pi}}=\sqrt{\frac{4\times0.212}{\pi}}=0.520$（m）$=520$（mm）。

由上述计算，可画出该扩张室消声器的方案，如图 2-49 所示。

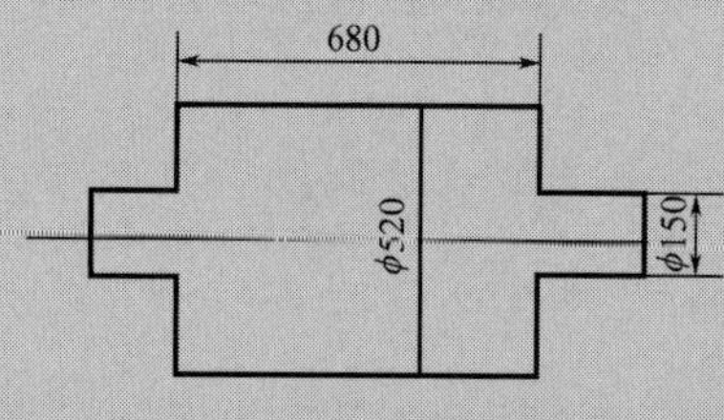

图 2-49 扩张室消声器的设计示例

（资料来源：王文奇，1985）

验算有气流时的消声值和截止频率，由表查得，当气流速度 $v=10$m/s 时，此消声器的等效扩张比 $m_e=9$，计算消声量为 13.3dB，消声量尚能满足要求。

经验算，该消声器的上限截止频率 $f_上$ 为 798Hz，下限截止频率 $f_下$ 为 44Hz，所要消声的峰值频率为 125Hz，在 $f_上$ 和 $f_下$ 之间，因此该设计方案符合条件要求。

(2) 共振式消声器的设计

共振式消声器可采取如下程序进行设计：

① 根据降噪要求，确定共振频率和频带的消声量，而后求出相应的 K 值。

② 根据求出的 K 值，确定体积 V 和传导率 G。

③ 设计消声器的具体结构尺寸，包括共振消声器的几何尺寸、穿孔位置和高频失效问题。

下面举一个设计实例。

【例 2-13】 在管径为 ϕ100mm 的通道上设计一个共振式消声器，使其在中心频率为 125Hz 的倍频带上有 15dB 的消声量。

【解】 根据题意求得 $K=3.13\approx4$，$V=27000\text{cm}^3$，

设计一个与原管道同心的同轴式共振消声器，其内径为 ϕ100mm，外径为 ϕ400mm，则共振腔所需长度为：

$$l=\frac{V}{\pi/4(d_2-d_1)^2}=\frac{27000}{\pi/4\times(40-10)^2}=38(\text{cm})$$

$$G=\left(\frac{2\pi\times125}{34000}\right)^2\times27000=14.4(\text{cm})$$

选用管壁厚 $t=0.2$cm，孔径 $d=0.5$cm，得：

$$n=\frac{G(t+0.8d)}{4/\pi\times d^2}=\frac{14.4\times(0.2+0.8\times0.5)}{4/\pi\times(0.5)^2}=44(\text{个})$$

因此，所设计的共振式消声器为内壁 2mm、开 ϕ5mm 的孔共 44 个，在共振腔中部均匀排列，如图 2-50 所示。

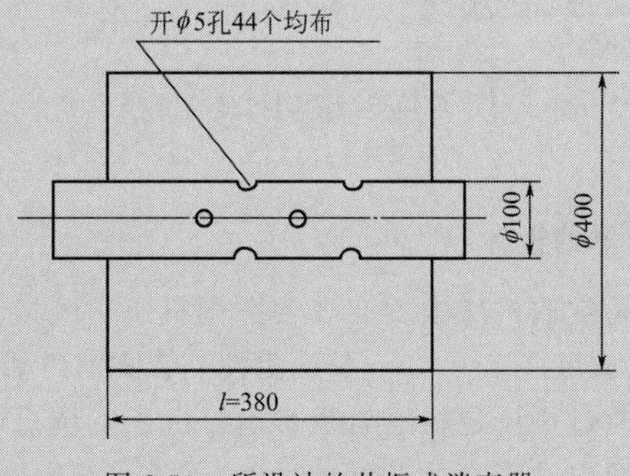

图 2-50 所设计的共振式消声器

（资料来源：王文奇，1985）

经验算，该消声器的上限截止频率 $f_{上}$ 为 1037Hz，f_r 为 125Hz，中心频率为 125Hz 的倍频带所包括的频率范围为 90～180Hz，即在所需消声的频率范围内不会出现高频失效问题；共振频率的波长 λ_r 为 272cm，$\lambda_r/3$ 为 91cm，所设计的共振式消声器各部分尺寸都小于共振波长的 1/3，符合平面波和集总常数的条件，因此该设计方案符合条件要求。

2.5.5 阻抗复合式消声器的设计

2.5.5.1 阻抗复合式消声器介绍

阻性消声器对中、高频噪声消声效果好，而抗性消声器适用于消除低、中频噪声。在工农业生产中碰到的噪声多是宽频带的，低、中、高频各频段的声压级均较高。因此

在实际消声中，常常将阻性消声器和抗性消声器通过适当的结构复合起来，即为阻抗复合式消声器。

常用的阻抗复合式消声器有阻性-扩张室复合式消声器、阻性-共振腔复合式消声器以及阻性-扩张室-共振腔复合式消声器等，图 2-51 为各种类型的阻抗复合式消声器。

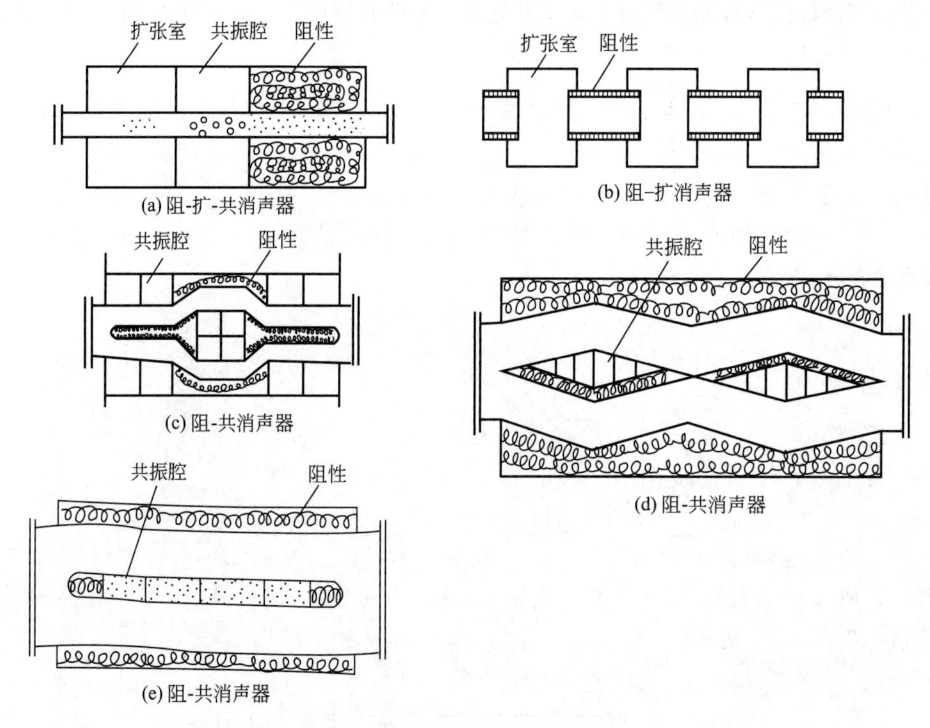

图 2-51　各种类型的阻抗复合式消声器

（资料来源：高红武，2003）

2.5.5.2　阻抗复合式消声器的设计

某公司 100 级超净车间空调机房内安装 3 台空调机组，风量 $80000m^2/(h \cdot 台)$，风压 580Pa，原送风管上仅设计安装一节 0.99m 长的阻性列管式消声器，经静压室及高效过滤器后送入车间内，而回风则通过格栅地板通至机房内。由于空调机组噪声偏离及消声设施不足，使超净车间建成后车间内噪声高达 73dB（A），且在 125～250Hz 出现明显噪声峰值，给人以难受之感，也不符合洁净空调噪声不高于 65dB（A）的设计标准。重新设计一个大型复合式消声箱，并在回风通道上装设通长消声百叶等措施。该箱综合了阻性、共振性两种消声原理；消声百叶长 16m、高 1.6m，有效消声长度为 0.4m，图 2-52 为主要消声装置示意图。

2.5.6　微穿孔板消声器的设计

2.5.6.1　消声原理

微穿孔板消声器是一种高声阻、低声质量的吸声元件。由理论分析可知，声阻与穿孔板上的孔径成反比。与一般穿孔板相比，由于孔很小，声阻就大很多，从而提高了结构的吸声系数。

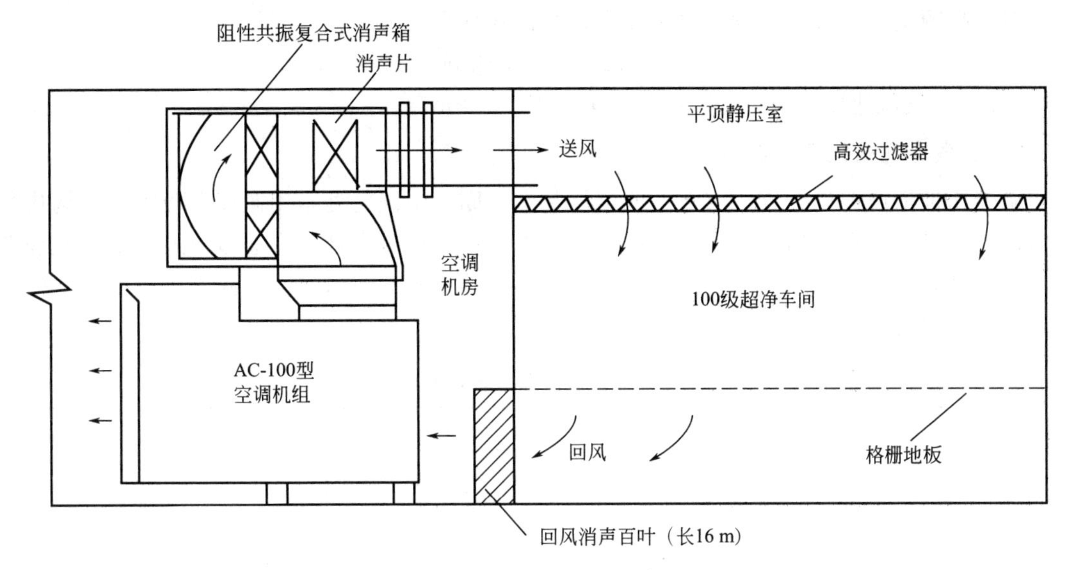

图 2-52　主要消声装置示意图

（资料来源：高红武，2003）

2.5.6.2　消声量的计算

微穿孔板消声器的最简单形式是单层管式消声器，这是一种共振式吸声结构。

对于低频声，当声波波长大于共振腔（空腔）尺寸时，其消声量可以用共振消声器的计算公式计算，即：

$$\Delta L = 10\lg\left[1+\frac{a+0.25}{a^2+b^2(f_r/f-f/f_r)^2}\right] \tag{2-97}$$

$$a = rS$$

$$b = \frac{Sc}{2\pi f_r V}$$

$$f_r = \frac{c}{2\pi}\sqrt{\frac{P}{t'D}} \tag{2-98}$$

$$t' = t+0.8d+\frac{1}{3}PD$$

式中　r——相对声阻；

S——通道截面积，m^2；

V——板后空腔体积，m^3；

c——空气中声速，m/s；

f——入射声波的频率，Hz；

f_r——微穿孔板的共振频率，Hz；

t——微穿孔板厚度，mm；

P——穿孔率；

D——板后空腔深度，mm；

d——穿孔直径，mm。

对于中频消声，其消声量可以应用阻性消声器消声公式进行计算。

对于高频消声，其消声量可以用如下经验公式计算：

$$TL=75-34\lg v \tag{2-99}$$

式中　v——气流速度，m/s，其适应范围为20～120m/s。

2.5.6.3　微穿孔板消声器的设计

微穿孔板消声器设计方法与阻性消声器基本相同，不同之处是用微穿孔板吸声结构代替了阻性吸声材料。在结构形式上，如果要求阻损小，一般可设计成直通道形式；如果允许有些阻损，可采用声流式或多室式。当采用双层吸声结构时，前后空腔的深度可以按不同的吸声频带，参照表2-28原则确定。

表2-28　空腔深度设计原则

频率/Hz	空腔厚度/mm
125～250	150～200
500～1000	80～120
2000～4000	30～50

（资料来源：李家华，1995）

片式消声器是由一排平行的矩形消声器组成的，它的每一个通道相当于一个矩形消声器，这种消声器的结构不复杂，中、高频消声效果较好，阻力也不太大。图2-53为一典型片式微穿孔板消声器示意图，图中所用单位均为mm。

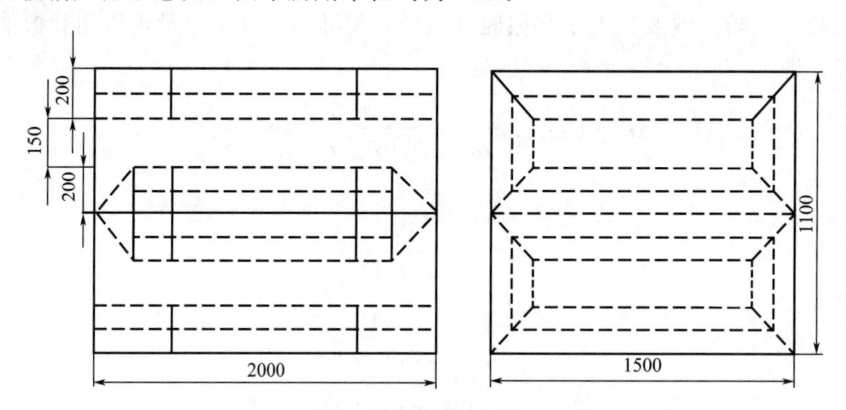

图2-53　典型片式微穿孔板消声器示意图

（资料来源：张晓杰，2007）

因为单层微穿孔板结构的消声器消声量较低，应用还不多，因此，图中使用的是双层微穿孔板结构，假设选用的微穿孔板结构参数为：$d_1=d_2=0.8$mm，$t_1=t_2=0.8$mm，$\sigma_1=\sigma_2=3\%$，按照图中尺寸选择空腔距离，计算得到的吸声系数如表2-29所示。

表2-29　双层微穿孔板消声器的消声性能

	倍频带/Hz					
中心频率	125	250	500	1000	2000	4000
吸声系数	0.11	0.35	0.56	0.73	0.24	0.08
$\varphi(\alpha_0)$	0.12	0.47	0.87	1.2	0.31	0.08
消声量/dB	3.2	12.5	23.2	32	8.3	2.1

（资料来源：张晓杰，2007）

2.6 消声降噪工程应用

2.6.1 通风空调消声器及其设计

通风空调消声器是在噪声控制工程中重要的、应用广泛的消声器，其消声设计主要包括风机声源的噪声计算或测量，通风空调管路系统噪声自然衰减的计算，气流噪声的计算，消声器的选用、设计与计算等。

通风空调系统的消声设计程序是：

① 选用风机，计算该风机噪声的比声功率级，计算风机的声功率级，计算风机倍频程声功率级；或者实测该风机的声功率级和倍频程声功率级。

② 设计通风空调的管道系统，计算通风空调的管道系统各部分的噪声自然衰减量。

③ 计算通风空调的管道系统各部分的气流再生噪声值。

④ 由第一步计算或实测的该风机的声功率级和倍频程声功率级，逐段减去通风空调的管道系统各部分的噪声自然衰减量，加上管道系统各部分的气流再生噪声值。最后计算出房间内接收点处的噪声声压级。

⑤ 选择确定房间内接收点处的噪声允许噪声标准。

⑥ 由房间内接收点处的各频带噪声声压级减去房间内接收点处的噪声允许噪声标准值，即可得到在该通风空调系统设置的消声器的消声量。

⑦ 根据该消声器所需要的消声量设计或者选用适用的消声器。

以下介绍几种常用的消声器系列。

T701-6 型阻抗复合式消声器系列，由两节或三节串联的扩张室式消声器同内管的阻性片式消声器并联而成。T701-6 型阻抗复合式消声器，在较宽的频带具有良好的消声效果，压力损失低，适用风量范围大，规格品种多。随着新材料的不断开发，T701-6 型阻抗复合式消声器又得到不断的改进。例如，用离心玻璃棉代替超细玻璃棉，在吸声层上覆加金属穿孔板，用轻钢龙骨代替木龙骨等。T701-6 型阻抗复合式消声器有两种有效长度，即 1.6m 和 0.9m，便于组合安装和运输。T701-6 型阻抗复合式消声器中有不同长度的 2 节或 3 节抗性扩张室串联内接并合理地插入内管，以改善消声频宽。用阻性消声片覆盖抗性内管的不连续性，可改善消声性能和空气动力性能。T701-6 型阻抗复合式消声器结构示意图如图 2-54 所示。

ZP100 型消声器系列，在 T701-6 型阻抗复合式消声器系列的基础上，华东建筑设计研究院研制了 ZP100 型消声器系列，1997 年被批准入选《国家建筑标准设计图集》。ZP100 型消声器系列共有 49 种规格，按照通风空调管道标准规格对应分级。在风速 5～10m/s 的条件下，适用风量为 720～90000m^3/h。ZP100 型消声器单节有效长度 1m 的倍频程频带消声量，A 声级消声量为 15dB(A)。ZP100 型消声器的空气动力性能如下：在风速 5～10m/s 的条件下，压力损失为 14～55Pa，阻力系数为 0.9。ZP100、ZP200、ZP300 型消声器系列广泛地应用于各类通风空调噪声控制工程中，可以有效降低空气动力噪声，气流阻力小，系列规格齐全，与标准风管配套好，特别适用于各类民用建筑的通风空调消声。ZP100 型消声器结构示意图如图 2-55 所示。

美国 IAC 公司 LFS 型消声器系列，美国 IAC 公司研发制造的 IAC 消声器系列，在美国

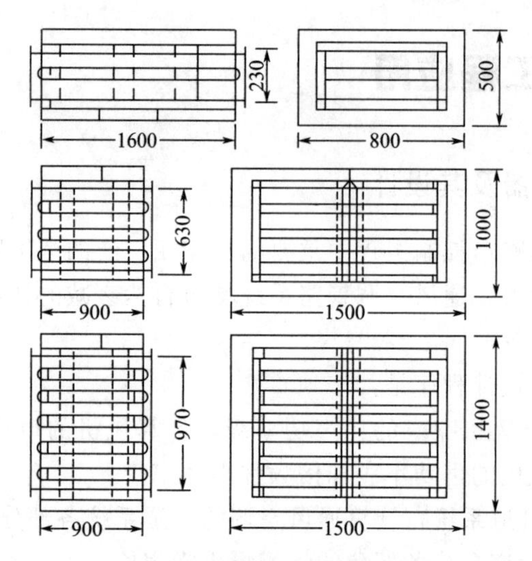

图 2-54　T701-6 型阻抗复合式消声器结构示意图

（资料来源：方丹群，2013）

和世界上得到广泛的应用。其中，广泛用于各类通风空调系统的 LFS 型消声器系列为矩形阻性厚片式，共有四种长度（0.9m、1.5m、2.1m、3.0m）各 17 种不同规格，并按照风速和风量分级。LFS 型消声器系列有良好的消声效果，0.9m 单节消声器中高频消声量高达 15～50dB。LFS 型消声器结构示意图如图 2-56 所示。

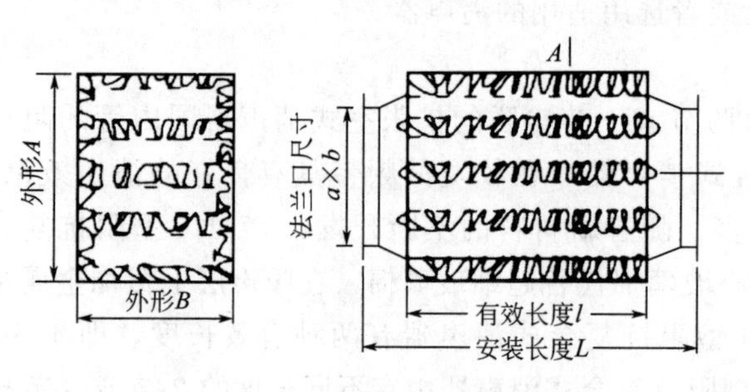

图 2-55　ZP100 型消声器结构示意图

（资料来源：方丹群，2013）

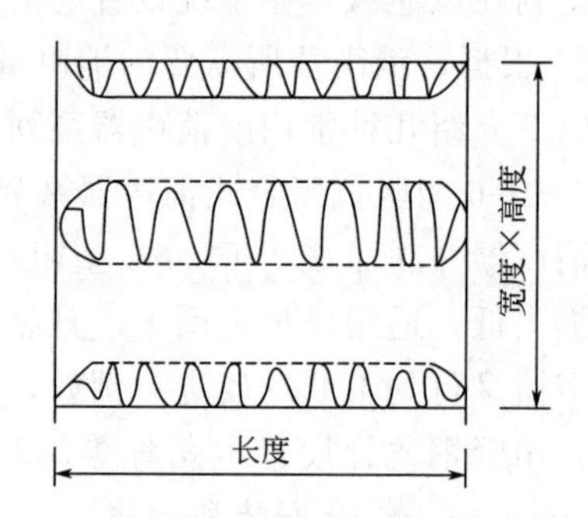

图 2-56　LFS　型消声器结构示意图

（资料来源：方丹群，2013）

2.6.2　汽车消声器及其设计

汽车消声器是一种特殊类型的消声器，对汽车消声器设计要求是：

① 具有良好的声学性能，即要求消声器具有较好的消声频率特性，在所需要的消声频率范围内有足够大的消声量，尽量避免气流再生噪声。

② 具有良好的空气动力性能，要求消声器的气流阻力损失尽量小，做到装上消声器后所增加的阻力损失不影响汽车的工作效率，并保证进排气通畅。

③ 尽量不增加汽车排气背压，不降低发动机有效功率，不增加汽车油耗。

④ 在结构性能上，要求消声器体积小，结构简单，坚固耐用，便于安装，经济实用，外形尺寸与整车协调。

⑤ 耐高温、耐气流冲击、耐油污侵蚀，使用寿命长。

现代汽车多采用抗性消声器，其内部结构形式虽然多种多样，但其基本元件为扩张室、共振腔，再加上一些弯折、穿孔筛网等。部分汽车消声器的内部结构示意图如图 2-57 所示。

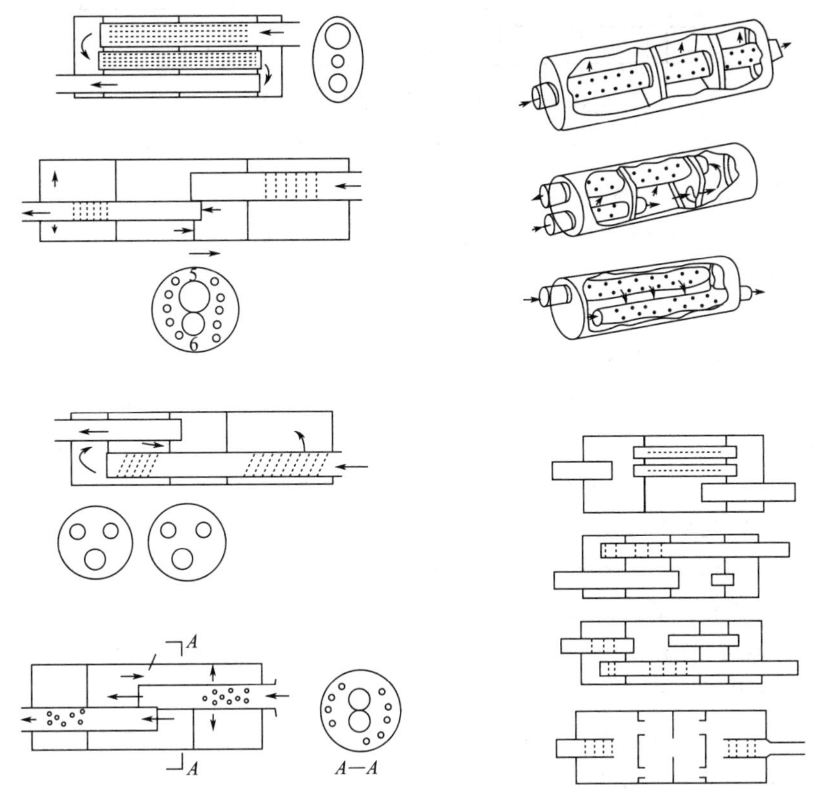

图 2-57　部分汽车消声器的内部结构示意图

（资料来源：方丹群，2013）

某 SUV 车用消声器结构优化设计：某 SUV 车原消声器结构示意图如图 2-58 所示。对原消声器进行性能分析，得到如下结论：①消声量仅 18dB（A），车辆达不到通过噪声指标；②功率损失达到 7%；③消声器表面辐射噪声严重。

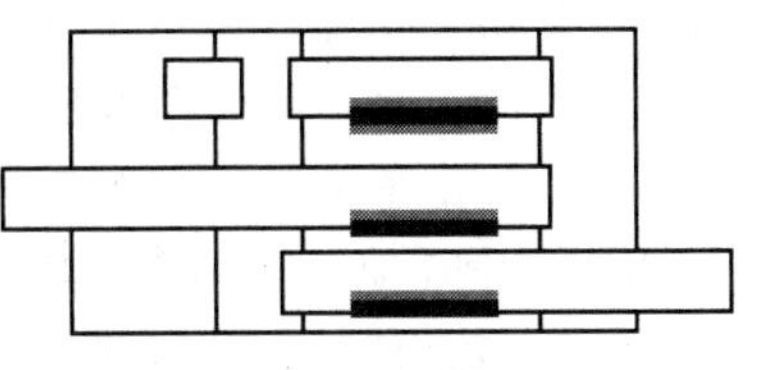

图 2-58　原消声器结构示意图

（资料来源：方丹群，2013）

针对以上原消声器存在的问题，综合考虑消声量和排气背压，重新设计的消声器结构示意图如图 2-59 所示。新设计的消声器结构中包括直颈锥管（球台形收缩段、直颈管和锥形扩散管），这种结构有别于锥形扩散管。应用锥管消声元件优化消声器结构后，消声器的消声效果大幅提高，插入损失高于 28dB（A），而其排气背压则小于或与原消声器相当；与此同时为了提高消声器消声量，在底盘空间允许的情况下也增大了消声器的容积及重量。

复习思考题

1. 为什么要引入级的概念来表示噪声的大小？
2. 噪声污染的特点包括什么？
3. 什么是环境噪声污染？

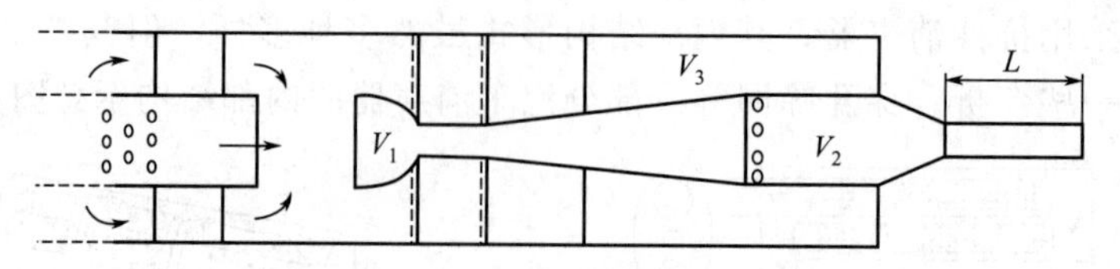

图 2-59 新设计消声器结构示意图

（资料来源：方丹群，2013）

4. 噪声的来源有哪些？噪声的危害有哪些？

5. 若声源的待测声压分别为 2×10^{-5}Pa、1Pa、12.5Pa，分别求其相应的声压级。

6. 若不同声源噪声的声功率级分别为 0dB、20dB、50dB、100dB，试求其对应的声功率。

7. 若不同声源的声功率分别为 0.1W 和 1W，其声功率级分别为多少？

8. 表示噪声指向特性的参量有哪些？

9. 某机器运转时的声功率级可达 135dB，人耳允许的声压级为 95dB，试求人应站在机器多远处才能满足要求？假设机器为点声源。

10. 某企业球磨机房工人一个工作日（8h）暴露于噪声 85dB(A) 计 3h，95dB(A) 计 2h，75dB(A) 计 45min，其余时间均为 80dB(A)。试求球磨机房的等效连续 A 声级。

11. 有一房间其长、宽、高分别为 12m、8m、4m，四面墙的吸声系数均为 0.21，地面和天花板的吸声系数均为 0.12，在地面中央处放置一声功率级为 90dB 的声源，求距声源 2m 处的声压级是多少分贝。

12. 一管式阻性消声器，由穿孔率≥40%的穿孔钢板覆盖，有效通道截面直径 300mm，消声器长 1.2m，计算 500Hz 频率下的消声量。已知 $\varphi(\alpha_0)=0.70$。

13. 设计一隔声间作为风机房的控制室，隔声间的总面积为 $90m^2$，与风机房相邻的隔墙的面积为 $15m^2$，隔墙墙体的平均隔声量为 40dB，隔声间内平均吸声系数为 0.03。若要隔声间的实际隔声量达到 42.6dB 和 45.6dB，则需要对隔声间进行吸声处理，请给出吸声处理后的隔声间对应的平均吸声系数分别是多少才能符合要求。隔声间吸声处理后的隔声量分别比处理前增加了多少分贝？

14. 某车间容积 $1000m^3$，车间内表面积 $1200m^2$，在地面中央放置一噪声源，其声功率为 0.10W，经过测定，该车间的 500Hz 混响时间为 2s，问该车间的房间常数是多少？在上述条件下，离声源 3m 处的声压级为多少分贝？

15. 如果声波的波长小于墙壁上缝隙的尺寸则可以认为声波全部透过缝隙。假设墙具有足够大的隔声量，问面积为 2.1%的缝隙的该墙的隔声量最大为多少分贝。

3 振动污染控制工程

【内容提要】

本章介绍了简单隔振（积极隔振和消极隔振）、复合隔振、多自由度系统隔振原理，隔振设计的一般步骤，常见隔振器的种类，阻尼减振原理，阻尼材料的阻尼机理，阻尼结构的种类以及自由阻尼结构、约束阻尼结构、垫高阻尼结构的阻尼原理，主动隔振作动器的种类及异同，主动隔振工程应用实例分析。

3.1 振动简介

振动是指力学系统的位移、速度或加速度往复经过极大值和极小值的变化。任何物理量，当其平衡位置围绕平均值或基准值做从大到小又从小到大的周期性往复运动时，则可称该物理量在振动。

常见的振动现象包括：生命如心脏搏动、耳膜和声带的振动；物理现象如声、光、热等；工程技术领域如桥梁和建筑物在阵风或地震激励下的振动，飞机和船舶在航行中的振动，机床和刀具在加工时的振动，各种动力机械的振动及控制系统中的自激振动等。

振动超过一定的界限，对人的生活和工作环境形成干扰，或使机器、设备和仪表不能正常工作的现象，就变成了振动污染。振动污染对人体生理、心理、工作效率及构筑物都具有不良影响，因而控制振动污染非常必要。振动污染具有以下几个特点：

① 主观性：是一种危害人体健康的感觉公害。

② 局部性：仅涉及振动源邻近的地区。

③ 瞬时性：是瞬时性能量污染，在环境中无残余污染物，不积累。振源停止，振动污染即消失。

3.2 隔振原理及隔振设计

3.2.1 隔振原理

3.2.1.1 简单隔振

隔振包括积极隔振和消极隔振两类。积极隔振用来减小振动设备传入基础的扰动力，使振动源的振动扰动不能传播出去；消极隔振利用弹性装置减小来自基础的扰动位移，使需要防振的仪器设备不受影响。积极隔振如图 3-1 所示，消极隔振如图 3-2 所示。

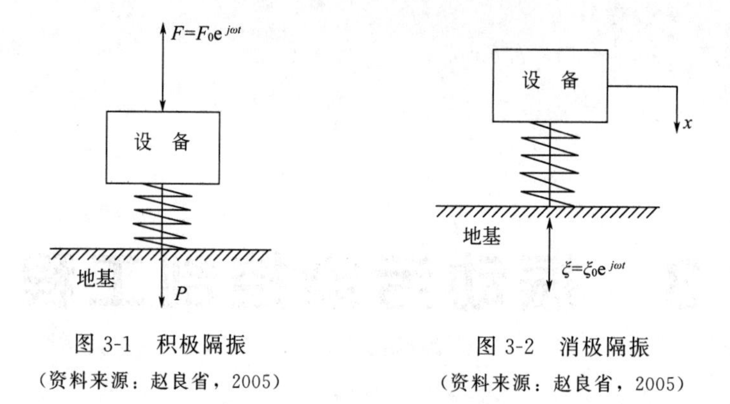

图 3-1　积极隔振
（资料来源：赵良省，2005）

图 3-2　消极隔振
（资料来源：赵良省，2005）

积极隔振的振动传递系数定义为力传递系数：

$$T_{\mathrm{f}}=|P/F| \tag{3-1}$$

消极隔振的振动传递系数定义为位移传递系数：

$$T_{\mathrm{d}}=|x/\xi| \tag{3-2}$$

图 3-1 所示的积极隔振系统，假设用于隔振的弹簧刚度为 K，设备质量为 M，系统的阻尼为 C，其受到的扰动力为 $F_0\mathrm{e}^{j\omega t}$，则有如下运动方程：

$$M\ddot{x}+C\dot{x}+Kx=F_0\mathrm{e}^{j\omega t} \tag{3-3}$$

由上述运动方程可知，系统的共振角频率为 $\omega_0=\sqrt{K/M}$，设归一化无量纲频率 $z=\omega/\omega_0$，阻尼比 $\zeta=C/(2\sqrt{KM})$，则上述运动方程的振动位移幅度为：

$$x_0=\left|\frac{F_0}{K}\frac{1}{(1-z^2+2j\zeta z)}\right| \tag{3-4}$$

扰动力是通过弹簧 K 传到基础上去的。由牛顿第三定律，基础上受到的扰动 $P=C\dot{x}+Kx$，代入式（3-4）得其幅度为：

$$P_0=|j\omega Cx_0+Kx_0| \tag{3-5}$$

将式（3-4）和式（3-5）代入式（3-1）得振动传递系数：

$$T_{\mathrm{f}}=\left|\frac{P_0}{F_0}\right|=\left|\frac{1}{K}\frac{j\omega C+K}{(1-z^2+2j\zeta z)}\right|=\left|\frac{\frac{j\omega C}{K}+1}{1-z^2+2j\zeta z}\right| \tag{3-6}$$

进一步化简得：

$$T_{\mathrm{f}}=\left|\frac{1+2j\zeta z}{(1-z^2+2j\zeta z)}\right|=\left|\frac{\sqrt{1+(2\zeta z)^2}}{\sqrt{(1-z^2)^2+(2\zeta z)^2}}\right| \tag{3-7}$$

当振动扰动频率在整个系统共振频率附近时（$z=\omega/\omega_0\approx1$），力传递系数可能大于 1。此时，隔振系统不但没有起到隔振作用，而且有可能放大扰动力，使更大的扰动力传到基础上去，放大的程度大小取决于系统的阻尼。

在振动扰动频率远大于整个系统共振频率时（$z=\omega/\omega_0\gg1$），力传递系数小于 1。此时，系统才有隔振作用。即振动扰动频率大于整个系统共振频率越多，则力传递系数越小，隔振效果越好。

因此，在阻尼比一定的情况下，在振动扰动频率远小于整个系统共振频率时（$z=\omega/\omega_0\ll1$），力传递系数为 1。此时，扰动力完全传递到基础上去，系统没有隔振作用。因此，频率很低的扰动一般很难对其进行隔振控制。

隔振的基本原理就是通过加入弹性元件（减小系统刚度 K）或增大系统质量 M 来降低系统的共振频率（$\omega_0=\sqrt{K/M}$），使其远小于扰动频率，从而降低力传递系数。对消极隔振系统，则是降低其位移传递系数。当振动扰动频率远小于整个系统共振频率时，阻尼的作用不明显。当扰动频率在系统共振频率附近时，增大阻尼能有效地防止共振现象，防止隔振系统放大扰动力的传递。

3.2.1.2 复合隔振

复合隔振系统是指将设备和基础之间的简单弹性元件换成一个弹性系统，例如一个“弹簧-质量块-弹簧”系统。通过设计该弹性系统中的各元件的量，使隔振系统的振动传递率正比于 $1/f^4$（单层弹簧隔振系统的振动传递率正比于 $1/f^2$）。

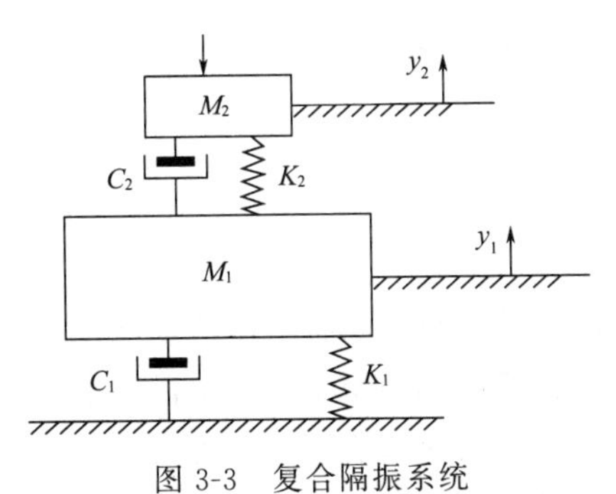

图 3-3 复合隔振系统

在图 3-3 所示的复合隔振系统中，M_2 是振动机器，引入阻尼器件 C_1 和 C_2，弹簧 K_1 和 K_2，中间质量块 M_1 来减少 M_2 所产生的扰动力向基础的传递。该复合隔振系统的力传递率定义为：

$$T_f=|P/F| \tag{3-8}$$

其中 P 为传入到基础的力，大小为：

$$P=C_1\dot{y}_1+K_1y_1 \tag{3-9}$$

对中间质量块 M_1 和振动机器 M_2，相应的运动方程分别为：

$$\begin{aligned} M_1\ddot{y}_1+C_1\dot{y}_1+C_2(\dot{y}_1-\dot{y}_2)+K_1y_1+K_2(y_1-y_2)=0 \\ M_2\ddot{y}_2+C_2(\dot{y}_2-\dot{y}_1)+K_2(y_2-y_1)=F\mathrm{e}^{j\omega t} \end{aligned} \tag{3-10}$$

通过上述方程可解出中间质量块 M_1 的位移为：

$$Y_1=\frac{(K_2+j\omega C_2)F}{(K_1+K_2-\omega^2M_1+j\omega C_1+j\omega C_2)(K_2-\omega^2M_2+j\omega C_2)-(K_2+j\omega C_2)^2} \tag{3-11}$$

代入式（3-8）和式（3-9）得该复合隔振系统的力传递率：

$$T_f=|(K_1+\omega C_1)(K_2+\omega C_2)/[(K_1+K_2-\omega^2M_1+j\omega C_1+j\omega C_2)(K_2-\omega^2M_2+j\omega C_2) \\ -(K_2+j\omega C_2)^2]| \tag{3-12}$$

原来两个子系统各自的共振频率发生变化时，两个子系统的振动才能发生耦合，在两个子系统阻尼都较小可忽略的情况下，复合系统的两个共振频率 ω_+ 和 ω_- 满足下式：

$$\omega_\pm^2=\frac{1}{2}\{(\omega_2^2+\mu\omega_1^2)\pm[(\omega_2^2+\mu\omega_1^2)^2-4\omega_1^2\omega_2^2]^{\frac{1}{2}}\} \tag{3-13}$$

其中 $\mu=1+K_2/K_1$，$\omega_1=\sqrt{K_1/M_1}$，$\omega_2=\sqrt{K_2/M_2}$。当扰动频率远大于 $\omega_\pm$ 时，该复合隔振系统的力传递率近似为：

$$T_f=\omega_1^2\omega_2^2/\omega^4 \tag{3-14}$$

当计入阻尼时，用 ω_1、ω_2、ω_+ 和 ω_- 表示的该复合隔振系统的力传递率比式（3-14）还要复杂，一般直接用式（3-14）编程计算相对简单。

3.2.1.3 多自由度系统隔振

在大多数实际应用中，仅使用一个隔振元件不足以起到好的隔振效果。在一个机器的四角对称放置四个等同的隔振元件是比较常见的，如图 3-4 所示。

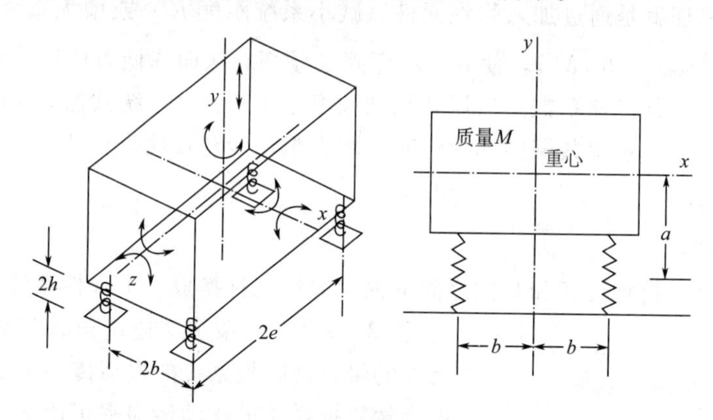

图 3-4 用四个隔振器支撑机器的振动系统
（资料来源：赵良省，2005）

假设支撑整个隔振系统的基础刚度为无限大，隔振器只考虑刚度和阻尼不考虑质量，设备只考虑质量不计弹性，设备的质心和刚度中心在同一铅垂线上，此隔振系统有 6 个自由度。一般在隔振设计时，最好通过合理的隔振器布局和设备台座的选取使上述各自由度的振型独立，因为这样可以直接利用上节单自由度系统推导出的结果。例如，在独立振型时，x 轴方向的线位移和角位移的隔振角频率为：

$$\omega_x=\sqrt{K_x/M},\omega_{0x}=\sqrt{K_{0x}/J_x} \tag{3-15}$$

式中，对于沿 x，y，z 轴方向尺寸为 $L_x \times L_y \times L_z$ 的矩形六面体，M 为设备质量，J_x 为设备绕 x 轴方向的质量惯性矩。

在传统的隔振设计中，一般不考虑所有模态，因为要完整地考虑所有模态是非常复杂的。一般的原则是让多自由度隔振系统中所有模态的共振频率至少小于扰动频率的 2/5。有时扰动力仅在一个方向存在，这时不用考虑在其他方向的振动模态。但如果是在船上，其扰动作用方向有可能来自各个方向，如果使用仅按垂直方向设计的隔振器则有可能达不到预期的隔振效果。

3.2.2 隔振设计及常见隔振器

隔振设计的一般步骤如下：

① 通过测试分析与查找有关资料，确定被隔振设备的原始数据：设备及安装台座的尺寸、质量、重心、转动惯量以及振动激励源的大小、方向、频率和位置等。

② 由扰动频率数据，按频率比 $f_1/f_0=2.5\sim5$ 的要求或隔振的具体要求来确定隔振系统的固有频率 f_0。当扰动频率有多个单频或是宽带时，在计算时应当采用最低的频率。

③ 根据计算出来的隔振系统的固有频率和质量，计算隔振器应具有的刚度或选择修正隔振系统的质量，同时检查、核算设备工作时的振幅是否达到要求。

④ 根据具体情况，选择隔振器的类型和安装方式，计算隔振器尺寸并进行结构设计。最后根据隔振效率和机器的启动和停机过程，决定隔振系统的阻尼。

常见机械设备的扰动频率如表 3-1 所示。

表 3-1 常见机械设备的扰动频率

设备类型	振动基频/Hz
风机类	轴的转数;轴的转数×叶片数
电机类	轴的转数;轴的转数×电机极数
齿轮	轴的转数×齿数
轴承	轴的转数×滚珠数/2(轴转 2 圈,滚珠转 1 圈)
变压器	交流电频率×2
压缩机	轴的转数
内燃机	轴的转数;轴的转数×发动机缸数

(资料来源：徐建，2009)

对隔振材料或隔振器元件的要求：弹性性能优良，刚度低；承载力大，强度高，且阻尼适当；性能稳定，耐久性好，能抗酸、碱、油等腐蚀；取材容易，制作、加工、替换方便。常见的隔振器有隔振垫，如橡胶、玻璃纤维、金属丝网、软木和面毡等材料构成的隔振垫；隔振器系列产品，如钢弹簧隔振器、橡胶隔振器、空气弹簧和全金属钢丝绳隔振器等；另外还有柔性接管，如橡胶接头和金属波纹管等。常见隔振材料的性能比较如表 3-2 所示。

表 3-2 常见隔振材料的性能比较

性能	剪切橡胶	金属弹簧	软木	玻璃纤维	空气垫
最低	3Hz	1Hz	10Hz	7Hz	0.2Hz
横向稳定性	好	差	好	好	好
阻尼比	>20%	<1%	2%～20%	2%～5%	2%～20%
抗腐蚀老化	较好	最好	较差	较好	较好
应用广泛性	广泛	广泛	一般	广泛	很少
施工安装	方便	较方便	方便	不方便	不方便
造价	一般	较高	一般	较高	高

(资料来源：徐建，2009)

3.2.2.1 隔振垫

隔振垫的特点是价格便宜、大小和厚度可以控制、安装使用方便。橡胶隔振垫在工程中较常用，因为本身具有一定的阻尼，在共振点附近能较好地抑制共振，并适合垂直、水平、旋转三个方向的隔振。橡胶隔振垫一般采用硬度和阻尼适当的橡胶材料制成，由约束面和自由面构成，约束面通常和金属相接，自由面则指垂直加载于约束面时产生变形的那一面。在受压缩负荷时，橡胶横向膨胀，但约束面受到金属的约束，较难发生形变，只有自由面能发生较大的形变。

橡胶隔振垫可以方便制成各种形状和各种硬度的隔振器，它有较高的阻尼，可在较宽的频带范围内使用，但是固有频率较高，一般很难小于 5Hz。另外，橡胶易老化，尤其是在高温和油污环境中。国内已有系列化的橡胶隔振垫，负载可从几十千克到 1t 以上，最低固有频率的下限可达 5Hz 左右。

橡胶隔振垫常见的有两种：一种是以圆柱形、圆锥形或半球形为主体的呈点状分布、两面交叉配置的板状块体，如图 3-5(a) 所示；另一种是以圆弧形为主体的呈条状分布、两面

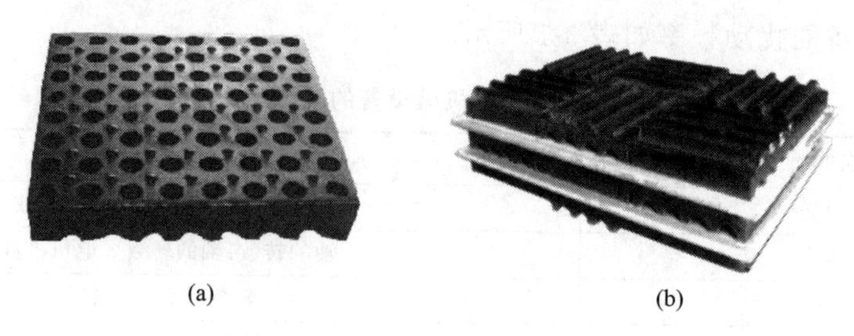

图 3-5　橡胶隔振垫

（资料来源：朱石坚，2006）

交叉凹陷形成的均布的板状块体，如图 3-5(b) 所示。

典型橡胶隔振垫的阻尼在 0.06～0.1，固有频率在 11～20Hz，使用温度一般为 −5～50℃，额定载荷为 $2\sim10\mathrm{kg/cm^2}$。当要求隔振系统的固有频率较低时，隔振垫可以串联使用，但隔振垫之间必须用一层 3～5mm 厚的钢板隔开。

根据承力条件不同，橡胶隔振垫分为压缩型、剪切型和压缩剪切复合型，如图 3-6 所示。对压缩型的橡胶隔振器，其典型静态和动态允许应力分别为 3MPa 和 1MPa，典型静态和动态允许应变分别为 20%和 50%；对剪切型的橡胶隔振器，其典型静态和动态允许应力分别为 1.5MPa 和 0.4MPa，典型静态和动态允许应变分别为 30%和 80%；对压缩剪切复合型的橡胶隔振器，其典型静态和动态允许应力分别是 2MPa 和 0.7MPa。

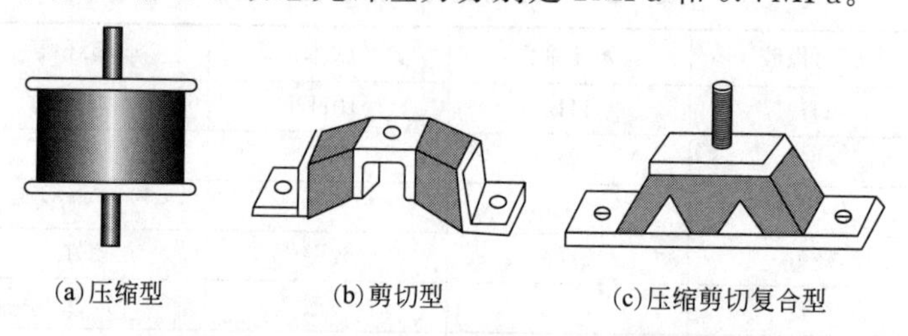

图 3-6　压缩型、剪切型和压缩剪切复合型橡胶隔振垫

（资料来源：朱石坚，2006）

隔振垫的厚度 d 和所需的面积 S 由式 (3-16) 确定：

$$d=\frac{xE_\mathrm{d}}{\sigma},S=P/\sigma \tag{3-16}$$

式中　x——最大静态压缩量；

E_d——橡胶的动态弹性模量；

P——设备重力，N；

σ——橡胶的允许应力。

常用橡胶材料的参数见表 3-3。

表 3-3　常用橡胶材料的参数

材料名称	允许应力 σ/MPa	动态弹性模量 E_d/MPa	E_d/σ
软橡胶	0.1～0.2	5	25～50
较硬橡胶	0.3～0.4	20～25	50～83
开槽或有孔橡胶	0.2～0.25	4～5	18～25
海绵状橡胶	0.03	3	100

（资料来源：朱石坚，2006）

3.2.2.2 钢弹簧隔振器

钢弹簧隔振器有两种类型比较常见，分别是螺旋弹簧式隔振器和板条式钢弹簧隔振器，它具有性能稳定、固有频率较低、承载能力强、寿命长以及耐高温、耐油污能力强等特点，如图 3-7 所示。

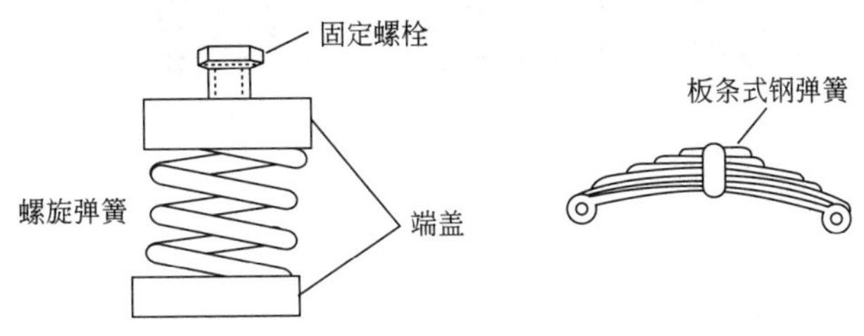

图 3-7 螺旋弹簧式隔振器和板条式钢弹簧隔振器

（资料来源：朱石坚，2006）

板条式隔振器由许多根钢条叠加在一起构成，它不但充分利用了钢板的良好弹性，而且利用了钢板变形时在钢板之间产生的摩擦阻尼。这种隔振器只在一个方向有隔振作用，多用于列车、汽车的车体减振和只有垂直冲击的锻锤基础隔振。

3.2.2.3 螺旋弹簧隔振器

螺旋弹簧如图 3-8 所示，螺旋弹簧的垂直刚度计算公式为：

$$K=\frac{Gd^4}{8n_0D^3} \tag{3-17}$$

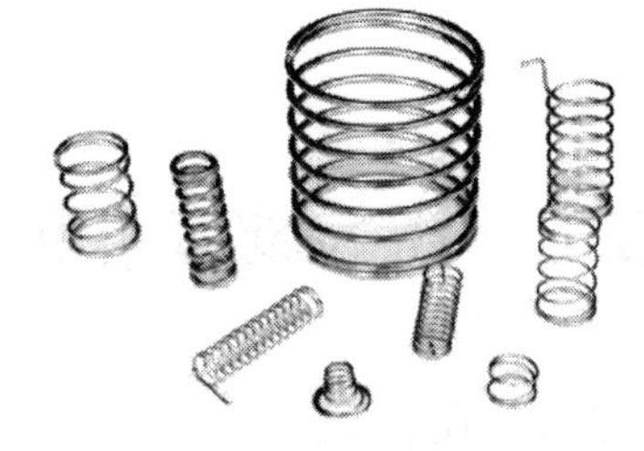

图 3-8 螺旋弹簧

（资料来源：朱石坚，2006）

式中 G——钢的剪切弹性模量，一般为 80GPa；

d——弹簧条直径；

n_0——弹簧圈数；

D——弹簧圈直径。

d 的大小由式（3-18）决定：

$$d=1.6\sqrt{kW_0C/\tau} \tag{3-18}$$

式中 k——系数，$k=(4C+2)/(4C-3)$；

W_0——载荷；

C——弹簧圈直径与弹簧条直径的比值，一般取 4～10；

τ——弹簧材料的最大允许剪切应力。

3.2.2.4 组合隔振器

钢弹簧隔振器的缺点是阻尼较小，容易传递中频振动，使用不当时会发生共振现象。因此，常常采用附加黏滞阻尼器的方法增加钢弹簧隔振器的阻尼，一般可以和橡胶隔振器组合使用，构成组合隔振器，如图 3-9 所示。

组合隔振器的刚度和阻尼计算公式如下，其中 ζ 是阻尼比。

并联：

$$K=K_{z1}+K_{z2},\ \zeta=\frac{\zeta_1K_{z1}+\zeta_2K_{z2}}{K_{z1}+K_{z2}} \tag{3-19}$$

串联：

$$K=\frac{K_{z1}K_{z2}}{K_{z1}+K_{z2}},\ \zeta=\frac{\zeta_2K_{z1}+\zeta_1K_{z2}}{K_{z1}+K_{z2}} \tag{3-20}$$

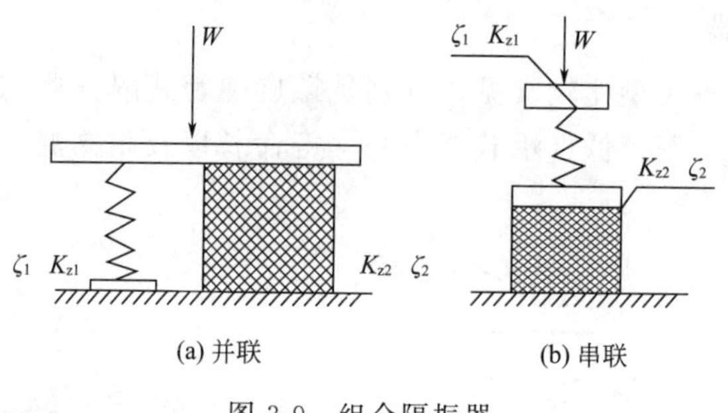

图 3-9 组合隔振器

（资料来源：朱石坚，2006）

3.2.2.5 **柔性支撑隔振器**

一般介绍隔振时都假设基础是刚性的，即阻抗为无穷大。但实际工程中，例如在船舶上，基础都有一定的阻抗。对一个弹性系统，其导纳是频率的函数，定义为系统响应速度和简谐激振力比值（机械阻抗的倒数），即 $Y=v/F$；一个隔振系统由三个部分构成，即设备（导纳为 Y_m）、隔振器（导纳为 Y_i）以及基础（不是完全刚性，导纳为 Y_f）。利用机电类比的方法，很容易求得该隔振系统的力传递率为：

$$Y_F=\frac{Y_m+Y_f}{Y_m+Y_f+Y_i} \tag{3-21}$$

3.3 阻尼减振及阻尼结构

3.3.1 阻尼减振

3.3.1.1 **阻尼减振原理**

阻尼是指系统损耗能量的能力。阻尼有助于削弱结构传递振动或声能的能力，用于隔振、隔声及阻断能量的传递；阻尼有助于机械系统受到瞬态冲击后，很快恢复到稳定状态，可以提高各类机床、仪器等的加工精度、测量精度和工作精度。

阻尼技术就是在材料、工艺、设计等各项技术问题上发挥阻尼在减振方面的潜力，以提高机械结构的抗振性，降低机械产品的振动，增强机械与机械系统的动态稳定性的一项技术。

用金属薄板制成的机罩、管道、车船体及飞机外壳等，常会因振动的传导发生剧烈振动，从而产生较强的噪声。降低这种振动噪声常采用在振动构件上紧贴或喷涂一层高阻尼的材料，或者把板件设计成夹层结构。

阻尼可使沿结构传递的振动能量衰减，还可减弱共振频率附近的振动，因而能减弱金属板弯曲振动的强度。即当机器或薄板发生弯曲振动时，其能量迅速传递给紧密贴涂在薄板上的阻尼材料，于是引起薄板和阻尼材料之间的相互摩擦和错动。由于阻尼材料的内损耗、内摩擦大，使金属板振动能量有相当一部分转化为热能而消耗掉，从而减弱了薄板的弯曲振动，同时，阻尼可缩短薄板被激振的振动时间。

3.3.1.2 **阻尼材料**

阻尼材料也称为黏弹阻尼材料，或黏弹性高阻尼材料。好的阻尼材料应有较高的损耗因子、较好的黏结性能，在强力的振动下不脱落、不老化，在一些特殊的环境中使用时还要求耐高温、高湿和油污等。

阻尼材料在振动物体产生高的共振振幅前，先将一部分振动能在自身内消耗，以达到减小振幅、降低振动能的目的，阻尼材料是具有较大内损耗、内摩擦的材料，如沥青、软橡胶以及其他一些高分子涂料。

从物理现象上区分，阻尼可以分为以下 5 类。

（1）工程材料内阻尼

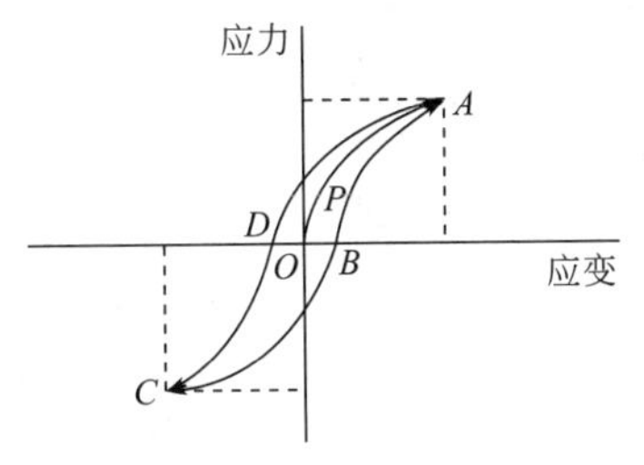

图 3-10 应力应变滞迟回线
（资料来源：赵良省，2005）

工程材料尽管其耗能的微观机制有差异，宏观效应却基本相同，都表现为对振动系统具有阻尼作用。因这种阻尼起源于介质内部，故称为工程材料内阻尼。

材料阻尼的机理：宏观上连续的金属材料会在微观上因应力或交变应力的作用产生分子或晶界之间的位错运动、塑性滑移等，产生阻尼。应力应变滞迟回线如图 3-10 所示。在低应力状况下由金属的微观运动产生的阻尼耗能，称为金属滞弹性；金属材料在周期性的应力和应变作用下，加载线 OPA 因上述原因形成略有上凸的曲线而不再是直线，而卸载线 AB 将低于加载线 OPA。于是在一次周期的应力循环中，构成了应力-应变的封闭回线 $ABCDA$，阻尼耗能的值正比于封闭回线的面积。

（2）流体的黏滞阻尼

当各种结构与流体接触时，因大部分流体都具有一定的黏滞性，当这些结构相对其周围流体介质运动时，后者给前者以运动阻力，对振动物体做负功，使其损失一部分机械能，这些机械能最终转变为热能。

流体在管道中流动的示意图如图 3-11 所示。如果流体具有黏滞性，流体各部分流动速度是不等的，多数情况下，呈抛物面形。这样，流体内部的速度梯度、流体和管壁的相对速度，均会因流体具有黏滞性而产生能耗及阻尼作用，称为黏性阻尼。黏性阻尼的阻力一般和速度成正比。

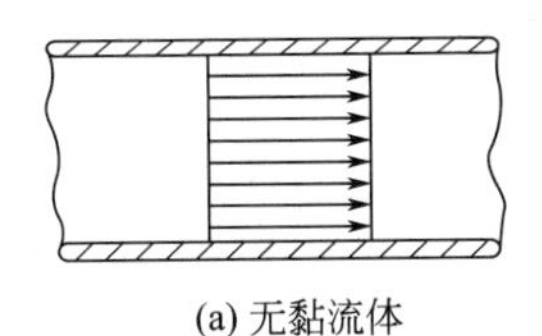

(a) 无黏流体　　(b) 黏滞流体

图 3-11 流体在管道中流动
（资料来源：赵良省，2005）

（3）接合面阻尼与库仑摩擦阻尼

接合面阻尼是由微观的变形所产生的，而库仑摩擦阻尼则由接合面之间相对宏观运动的干摩擦耗能所产生。其相对位移和外力之间的关系曲线如图 3-12 所示。

（4）冲击阻尼

冲击阻尼的机理是通过附加冲击块，将主系统的振动能量转换为冲击块的振动能量，从而达到减小主系统振动的目的。工程上已经将这种阻尼机理成功地应用于雷达天线、涡轮机叶片、继电器、机床刀杆及主轴等。

例如 DEN480L 型数控车床，其底座内所填充的混凝土的内摩擦阻力较高，再配上内封泥芯的床身，使机床有较高的抗振性，示意图如图 3-13 所示。

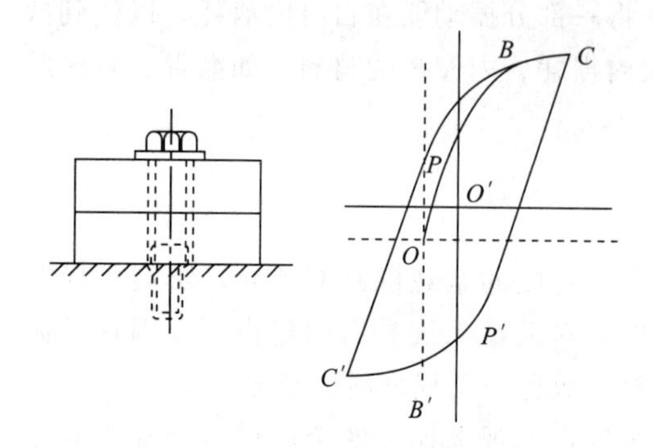

图 3-12　相对位移和外力之间的关系曲线

（资料来源：赵良省，2005）

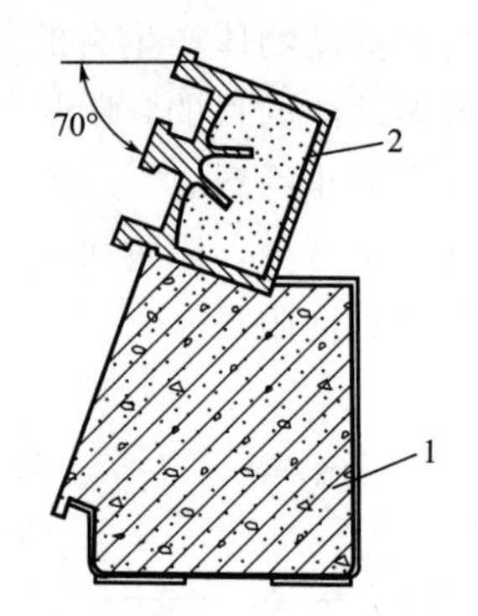

图 3-13　DEN480L 型数控车床底座和床身示意图

（资料来源：赵良省，2005）

1—实心混凝土底座；2—内封泥芯的铸铁床身

（5）磁电效应阻尼

磁电效应阻尼的原理是：在机械能转变为电能的过程中，由磁电效应产生的阻尼。在磁极中间设置金属导磁片，磁片旋转时切割磁力线而形成涡流，涡流在磁场作用下又产生与运动相反的作用力以阻止运动，由此而产生的阻尼称为涡流阻尼。涡流阻尼的能量损耗由电磁的磁滞损失和涡流通过电阻的能量损失组成。涡流阻尼示意图如图 3-14 所示。

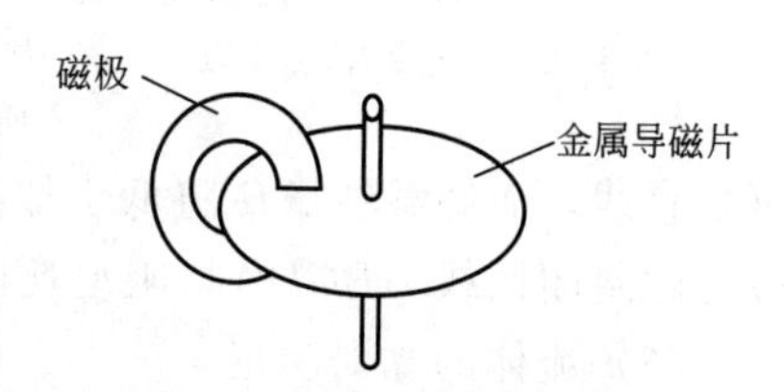

图 3-14　涡流阻尼示意图

（资料来源：赵良省，2005）

3.3.1.3　损耗因子

损耗因子是表征阻尼性能最常用的量，损耗因子至少在 0.01 数量级并可与金属紧密黏附的材料，方可作为减振阻尼材料使用，常用材料的损耗因子如表 3-4 所示。

表 3-4　常用材料的损耗因子

材料	损耗因子	材料	损耗因子
钢、铁	$1\times10^{-4}\sim6\times10^{-4}$	木纤维板	$1\times10^{-2}\sim3\times10^{-2}$
有色金属	$1\times10^{-4}\sim2\times10^{-3}$	混凝土	$1.5\times10^{-2}\sim5\times10^{-2}$
玻璃	$0.6\times10^{-3}\sim2\times10^{-3}$	砂（干砂）	$1.2\times10^{-1}\sim6\times10^{-1}$
塑料	$5\times10^{-3}\sim1\times10^{-2}$	黏弹性材料	$2\times10^{-1}\sim5$
有机玻璃	$2\times10^{-2}\sim4\times10^{-2}$		

（资料来源：赵良省，2005）

损耗因子：

$$\eta=\frac{E}{2\pi E_{\mathrm{p}}} \tag{3-22}$$

式中　E——薄板振动时每周期时间内损耗的能量；

E_{p}——系统最大弹性势能。

板受迫振动的位移为：

$$y=y_0\cos(\omega t+\varphi) \tag{3-23}$$

板受迫振动的振速为： $v=\frac{dy}{dt}=-\omega y_0\sin(\omega t+\varphi)$ (3-24)

阻尼力在位移 dy 上所消耗的能量为：

$$cv\mathrm{d}y=cv\frac{\mathrm{d}y}{\mathrm{d}t}\mathrm{d}t=cv^2\mathrm{d}t=c\omega^2y_0^2\sin^2(\omega t+\varphi)\mathrm{d}t \tag{3-25}$$

阻尼力在一个周期内损耗的能量为：

$$E=c\omega y_0^2\int_0^{2\pi}\sin^2(\omega t+\varphi)\,\mathrm{d}\omega t=\pi c\omega y_0^2 \tag{3-26}$$

系统的最大势能为：

$$E_p=\frac{1}{2}Ky_0^2 \tag{3-27}$$

由式（3-26）和式（3-27）可得损耗因子为：

$$\eta=\frac{E}{2\pi E_p}=\frac{\pi c\omega y_0^2}{2\pi\frac{1}{2}Ky_0^2}=\frac{c\omega}{K}=\frac{c}{2\sqrt{MK}}\frac{\omega\times2\sqrt{MK}}{K}=2\zeta\frac{\omega}{\omega_0} \tag{3-28}$$

3.3.2 阻尼结构

阻尼结构主要包括自由阻尼结构、约束阻尼结构、垫高阻尼结构等。

（1）自由阻尼结构

将黏弹阻尼材料粘贴或喷涂在需要减振的结构物上（可以是单面的，也可以是双面的）时就构成自由阻尼结构。当基板产生弯曲振动时，阻尼层随基本层一起振动，在阻尼层内部产生拉-压变形。根据阻尼材料的耗能机理，当阻尼材料内部产生交变应力时，阻尼材料就会将有序的机械能转化为无序的热能，从而起到耗能的作用。阻尼层越厚，阻尼损耗因子越大，减振效能就越好。自由阻尼结构示意图如图 3-15 所示。

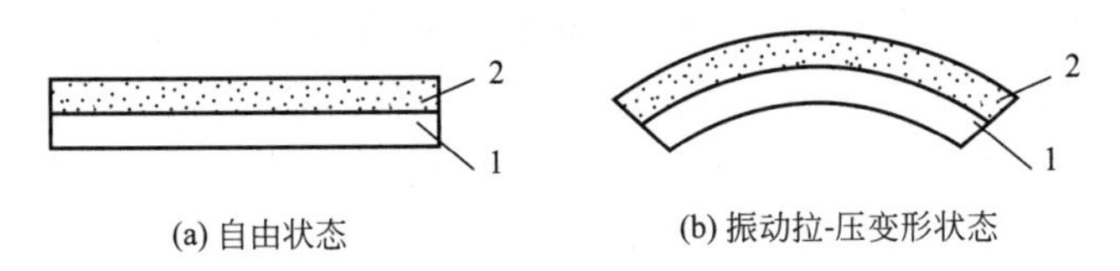

图 3-15 自由阻尼结构示意图

（资料来源：赵良省，2005）

1—基本层；2—阻尼层

（2）约束阻尼结构

约束阻尼是在自由阻尼处理的阻尼层外侧表面再粘贴一弹性层，这一弹性层应具有远大于阻尼层的弹性模量。当阻尼层随基本结构层一起产生弯曲振动而使阻尼层产生拉-压变形时，由于粘贴在外侧弹性层的弹性模量远大于阻尼层的弹性模量，因此这一弹性层将起到约束阻尼层的拉-压变形的作用。由于阻尼层与基本层接触的表面所产生的拉-压变形不同于与约束层接触的表面所产生的拉-压变形，从而在阻尼材料内部产生剪切变形。约束阻尼结构比自由阻尼结构消耗更多的能量，因此具有更好的减振降噪效果。约束阻尼结构示意图如图 3-16 所示，典型的约束阻尼处理结构如图 3-17 所示。

（3）垫高阻尼结构

1959 年，Whittier 首次提出垫高阻尼结构这一概念，并指出：在振动结构和黏弹性阻

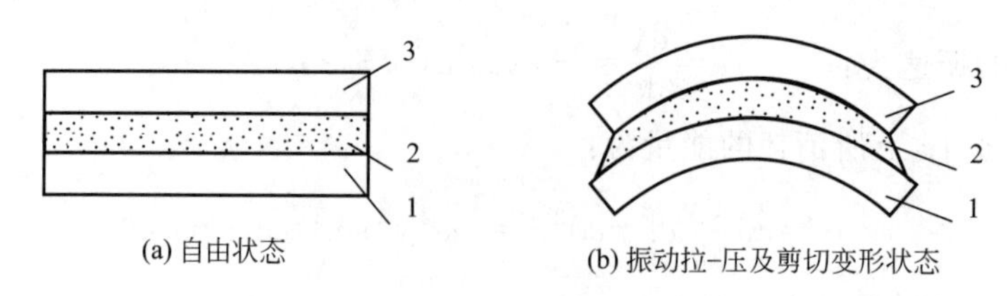

(a) 自由状态　　(b) 振动拉-压及剪切变形状态

图 3-16　约束阻尼结构示意图

（资料来源：赵良省，2005）

1—基本层；2—阻尼层；3—约束层

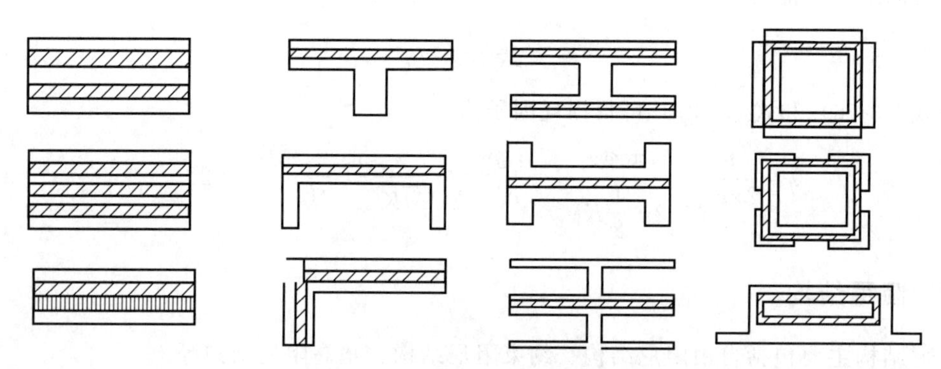

图 3-17　典型的约束阻尼处理结构

（资料来源：赵良省，2005）

尼层之间增加一个垫高层（扩展层）可以显著提高黏弹性层的剪切角，从而提高阻尼性能。垫高阻尼结构本身质轻，对原结构影响小，能够满足高阻尼和低附加质量的要求。

垫高阻尼结构是在自由阻尼结构和约束阻尼结构的基础上，在基层和阻尼层之间增加一层垫高层，通过放大阻尼层的变形来提高复合结构的阻尼性能。传统的阻尼结构分为自由阻尼结构（FLD）和约束阻尼结构（CLD），在此基础上增加垫高层，将垫高阻尼结构分为垫高自由阻尼结构（SOFLD）和垫高约束阻尼结构（SOCLD）两大类。对于弯曲振动的构件，其中性面和表面会做曲率摆动，由此产生的伸展应变与中性面距离呈线性增加，增设垫高层可以使变形增大，从而使阻尼性能更高效；而对于垫高约束阻尼结构，垫高层可以显著提高黏弹性层的剪切角，扩大了约束阻尼结构的剪切变形，提高了结构的阻尼性能和阻尼效率。此外在约束阻尼结构中，设置中间垫高层结构能增大几何参数，使阻尼值提高。在复合阻尼层结构中，根据自由阻尼和约束阻尼的阻尼层弯曲振动板的损耗因子的公式计算：

$$\alpha_2=\frac{h_2}{h_1};\beta_2=\frac{E_2}{E_1};\alpha_{21}=\frac{h_{21}}{h_1}=\frac{1+\alpha_2}{2} \qquad [3\text{-}29\ (a)]$$

$$\eta\approx\frac{\eta_2}{1+[\alpha_2\beta_2(\alpha_2^2+12\alpha_{21}^2)]^{-1}} \qquad [3\text{-}29\ (b)]$$

式中　η_2——黏弹性层的损耗系数；

h_1，h_2——基层和黏弹性层厚度；

E_1，E_2——基层和黏弹性阻尼材料的杨氏模数；

h_{21}——基层和黏弹性层中性面的距离。

由式（3-29）可知，在阻尼结构层中加入垫高层，会增加基材和阻尼层之间中性层 h_{21} 的距离，此时复合结构在弯曲振动时，截面的抗弯惯性矩增大，从而使结构的损耗因子增大，即阻尼结构损耗也增大。对于垫高约束阻尼结构，垫高层可以扩大黏弹性层与约束层到振动结构中性轴间的距离，从而加大阻尼层的相对厚度。

理想的垫高阻尼材料应具备的性能是 $E \to 0$，$G \to \infty$；在实际工程应用中，要求其剪切模量和厚度之比至少应是阻尼层的 10 倍，即其剪切刚度很大，弯曲刚度很小。在分子层面，黏弹性材料通过分子链运动来实现将动荷载由动能转换成内能的过程，而阻尼层和基层之间的垫高层扩大了阻尼层的变形，转换效果更好。

采用传递函数法分析层间垫高约束阻尼结构的频响特性得出：随着垫高层厚度的增加，结构刚度与质量均随之上升，但刚度增大对频率的影响相对于质量增大的影响更加显著，整个结构变“硬”，采用低模量材料的垫高阻尼结构，各阶的固有频率并没有明显增大。

在航空航天领域，垫高阻尼已经得到了广泛的应用，美国空军运输机 C-5A 的前机身承压表面采用了带垫高层复合阻尼结构，后来 F-15 战斗机的机翼上也应用了这种带垫高层的复合阻尼结构。在轨道交通领域中，赵才友将带槽垫高层结构和钢轨结合，提出静音钢轨的理论。

3.3.3 阻尼减振工程应用

3.3.3.1 阻尼动力吸振器的应用

动力吸振是振动控制常用的方法之一，通过动力吸振器吸收主振动系统的振动能量，可以达到降低主振动系统振动的目的。

在动力吸振器中设计一定的阻尼，可以有效拓宽其吸振频带。如图 3-18 所示，在主振系上附加一阻尼动力吸振器。吸振器阻尼对主系统振幅具有影响，这种影响可以从图 3-19 看出。由图 3-19 可知，当吸振器无阻尼时，主振系的共振峰为无穷大；当吸振器阻尼无穷大时，主振系的共振峰同样也为无穷大；只有当吸振器具有一定阻尼时，共振峰才不至于为

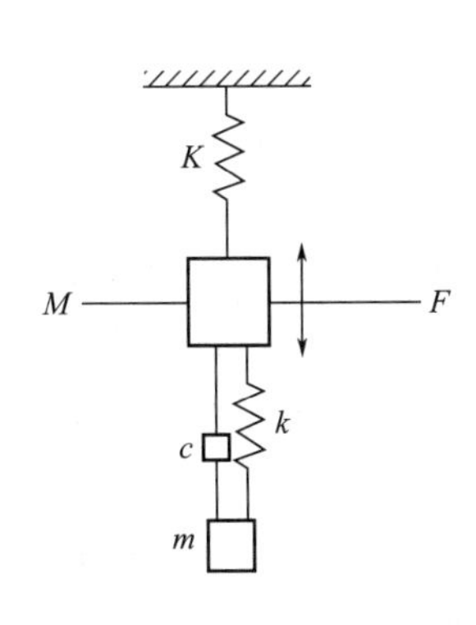

图 3-18 附加阻尼动力吸振器的强迫振动系统

K—刚度；M—质量；F—幅值；c—阻尼系数；k—刚度；m—质量

（资料来源：张恩惠，2012）

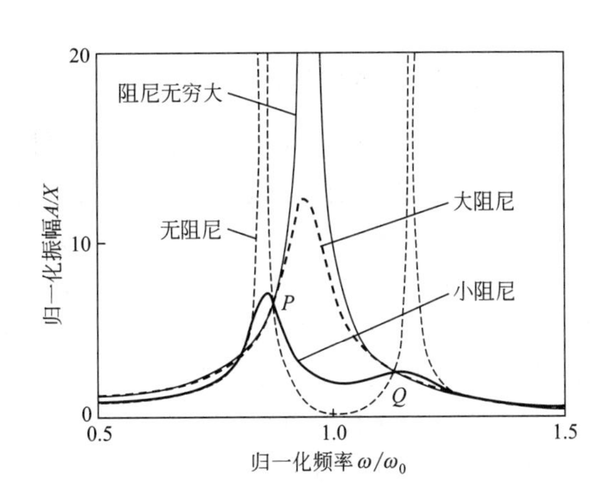

图 3-19 吸振器阻尼与主振系振幅的关系曲线

A—主振动系统强迫振动振幅；X—形变量；ω—动力吸振器的频率；ω_0—主振动系统的固有频率

（资料来源：张恩惠，2012）

无穷大。因此，必然存在一个合适的阻尼值，使得主振系的共振峰为最小，这个合适的阻尼值就是阻尼动力吸振器设计的一项重要任务。由图 3-19 还可以看出，无论阻尼取什么样的值，曲线都通过 P、Q 两点。这一特点为阻尼动力吸振器的优化设计给出了限制，如果将主振系的两个共振峰设计到 P、Q 两点附近，则主振系的振幅将大大降低。阻尼动力吸振器不受频带的限制，因此被称为宽带吸振器。

3.3.3.2 阻尼减振技术在通信杆塔上的应用

大多数电信运营商建设的通信单管塔、立杆，经过多年的无线网络建设发展，塔上天线挂载数量已基本达到承载极限，无法继续加装平台来满足当前的 5G 无线网建设需求。加之单管塔型主要构件的替换加固存在天然障碍，常规方法无法进行有效的加固改造。因此，需要基于阻尼减振消能技术加固通信塔的阻尼器产品。该种阻尼器由弹簧系统，阻尼系统和质量块组成。弹簧系统用于将质量块的自由振动频率控制在杆塔一阶自振频率附近。阻尼系统用于吸收质量块振动动能，达到削减振动整体吸能的目的。阻尼器与杆体刚性连接，工作状态相互独立，仅受安装位置的杆体运动状态影响。最终所用阻尼器构造如图 3-20 所示。

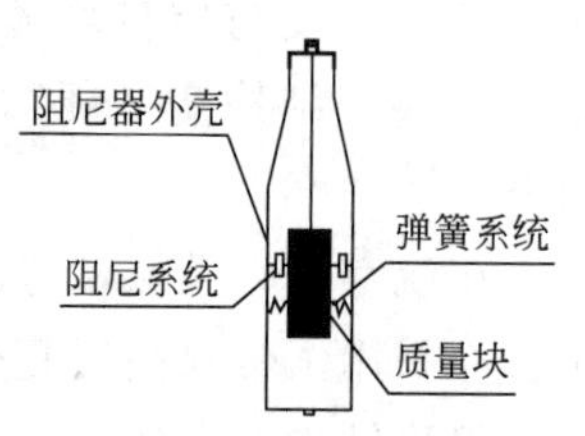

图 3-20 阻尼器构造
（资料来源：张自强，2021）

对阻尼器效果进行现场激振试验，通过对立杆顶部施加一定大小的荷载，然后突卸荷载，对比观测安装阻尼器前后立杆一阶自振频率以及阻尼比的变化情况。试验结果显示，阻尼器安装后，立杆结构阻尼比提高到约 0.03。通信塔阻尼器可以有效实现杆塔结构的减振消能，降低塔体结构对风振作用的不利响应，提高铁塔挂载能力。这为突破当前通信杆塔挂载饱和、5G 平台难以扩容的现状，提供了一种新的改造加固思路。

3.4 主动隔振控制

3.4.1 主动隔振控制简介

根据隔振过程中是否需要外加能量，隔振技术可分为被动隔振（无源隔振）和主动隔振（有源隔振）。被动隔振具有结构简单、易于实现等优点，已经在精密仪器和船舶动力等方面得到应用。但是被动隔振一旦设计完成，其参数很难更改，因而只能对某一特定的窄频段振动起到衰减作用。而主动隔振是在被控系统中引入次级振源，并通过一定的控制方法调节次级振源的输出，使其产生的振动与主振源（干扰）的振动相抵消，从而达到隔振的目的。与被动隔振技术相比，主动隔振技术具有自适应性好、可对低频振动进行隔离以及质量轻等优点，因而成为隔振技术的研究热点。

国外已有主动隔振系统应用成功的例子，如美国实验室测试平台的伺服气垫隔振和电液伺服隔振，D. W. Schubert 的飞行座椅电液伺服隔振，苏联的汽轮机主动隔振等。列车主动悬挂系统的研究，主要是满足列车在普通线路上提速时舒适性等指标的要求，如瑞典的 X2000 摆式车体。主动隔振技术的发展依赖于微电子、自动控制理论、信号处理和计算机等技术的发展。目前其研究和应用领域主要集中在航天工程、动力工程、精密工程、土木工程、车辆工程等领域。

3.4.2 主动隔振控制设计

主动隔振技术的研究主要集中在两点：一是控制技术的研究，即控制理论在振动控制中的应用；二是作动器的研究，即研制满足工程应用要求的新型作动器。

主动隔振是利用隔振系统的状态和输出（包括与振动干扰相关的参考信号、预测信号以及残差信号），通过前馈或反馈的方式产生相应的控制作用，使作动器对隔振系统的作用与振动干扰对隔振系统的作用抵消。常用的控制技术主要包括最优控制、鲁棒控制、自适应控制、智能控制等。

目前隔振控制方法主要的发展方向包括：①将多种控制方法结合起来，尤其是自适应控制和智能控制方法结合利用以改善振动控制效果；②根据某些振动控制系统的振动特点，研究新颖的振动控制方法，例如独立模态空间控制法等；③针对隔振系统非线性、多自由度的特点设计控制方法。

3.4.3 主动隔振作动器

主动隔振所需要的作动器应具有时间延迟短、频带宽、质量轻、非线性程度低等特性。目前常用的作动器包括：

① 气动/液压作动器：该作动器利用气/液压传动进行工作，适用于低频振动、对控制力要求较大的场合，例如柴油机整机隔振、车辆主动悬架、精密机床隔振等。其缺点是辅助设备复杂、时滞大、控制精度不高，另外气动作动器还存在空气可以压缩等缺点。

② 压电作动器：该作动器利用逆压电效应原理进行工作，即在压电晶体上施加交变电场，压电晶体会在某一方向上产生交变的机械应变。压电作动器分为薄膜型和堆积型，在主动隔振中主要应用堆积型，它具有质量轻、机电转换效率高、响应速度快等特点，可用于振动频率高、控制力要求不大的场合，例如精密设备的隔振。该作动器存在滞后特性，其输出位移与施加电场之间是非线性关系，因而对控制方法要求较高。

③ 电磁作动器：该作动器利用磁、铁的相互作用原理进行工作。通常由可动铁芯和固定的永久磁铁组成，磁铁上缠绕激励线圈。当在激励线圈上施加交变电压时，所产生的交变磁场将驱动铁芯运动，输出力和位移。电磁作动器具有响应速度快、易于控制等特点，主要用于控制力要求不太大、控制频率要求较高的场合，例如某些精密仪器的主动隔振等。

④ 磁致伸缩作动器：某些稀土合金在磁场中磁化时，会沿着磁化方向发生微量的伸缩，称为磁致伸缩现象。利用这种特性制成的磁致伸缩作动器具有伸缩应变大、机电耦合系数高、响应快、输出力大、工作频带宽、驱动电压低等特点，因而在高频、大作动力等隔振场合得到应用，例如精密设备的隔振等。磁致伸缩材料虽然具有较强的抗压能力，但是抗剪切和抗拉伸能力较差，在设计作动器时需要保证其始终处于受压状态。同时，该作动器存在迟滞现象，其输入和输出之间存在较强的非线性，因而对控制方法要求较高。

3.5 隔振降噪工程应用

3.5.1 发电机高速机组阻尼绕组结构及性能分析

泉州市龙门滩二级电站发电机 SF13-10/3000 的设计采用高速机组阻尼绕组结构。水轮发电机设置阻尼绕组可以抑制转子自由振荡，提高电力系统运行的稳定性，削弱过电压倍数，提高发电机承担不对称负荷的能力和加速发电机自同期过程，但会导致发电机结构复杂和用铜量的增加。

阻尼环结构可分为连续的整圆结构和不连续的扇形结构。采用不连续的扇形结构，横轴阻尼作用会被削弱。此种结构差异在电机设计中直接影响到阻尼绕组横轴漏抗 X_{kq} 的大小，从而影响到横轴超瞬变电抗 X''_q、负序电抗 X_2 以及瞬变电流衰减的时间常数等的大小。下面对 SF13-10/3000 发电机两种不同阻尼绕组电抗及时间参数进行计算和比较，计算结果列于表 3-5。

表 3-5　两种不同阻尼绕组电抗及时间参数

序号	项目	A	B	C	D/%
		整圆结构	扇形结构	取值范围	差异 $D=\frac{B-A}{A}\times 100\%$
1	阻尼绕组横轴漏抗 X_{kq}/Ω	0.0808	0.2154		+166.6
2	横轴超瞬变电抗 X''_q/Ω	0.1692	0.2539	0.16～0.39	+50.0
3	负序电抗 X_2/Ω	0.1662	0.2036	0.16～0.30	+22.5
4	机端两相短路时瞬变电流衰减时间常数 T'_{d2}/s	1.6937	1.7904	0.8～5.0	+9.7
5	机端两相短路时超瞬变电流衰减时间常数 T''_{d2}/s	0.1398	0.1431	0.02～0.2	+2.4
6	机端两相短路时非周期分量衰减时间常数 T_{a2}/s	0.0178	0.0218	0.08～0.4	+22.5
7	机端单相短路瞬变电流衰减时间常数 T'_{d1}/s	1.8249	1.9157	1.0～6	+5.0
8	机端单相短路时超瞬变电流衰减时间常数 T''_{d1}/s	0.1442	0.1469	0.03～0.3	+1.9
9	机端单相短路时定子电流非周期分量衰减时间常数 T_{a1}/s	0.0930	0.1114	0.1～0.5	+19.8
10	机端三相突然短路定子电流非周期分量衰减时间常数 T_{a3}/s	0.1208	0.1445	0.08～0.32	+19.6

（资料来源：何汉强，1990）

由表 3-5 可知，采用扇形阻尼环较整圆阻尼环横轴超瞬变电抗 X''_q 增大 50%，负序电抗 X_2 增大 22.5%，瞬变电流衰减时间常数也有所增大。但是它们仍在常规的取值范围内，并非产生“离谱”的效果。

由于阻尼绕组结构不同，电机的电抗、时间常数不同，因而在事故工况下产生的过电压及过电流衰减的情况有所差别。

三相突然短路时，阻尼绕组结构形式不同，对故障影响的效果主要是突然短路电流中非周期分量衰减时间增大，扇形结构衰减时间为 0.1445s，较整圆结构多 19.6%，但其数值仍属于比较小的范围，通常电机的时间常数 T_a 为 0.08～0.32s。可见不同阻尼结构对三相突然短路的故障效果影响不大。

对于两相突然短路，阻尼绕组结构不同影响较多，如表 3-6 所示。从表 3-6 中可知，采用扇形结构较整圆结构的优点是瞬变电流减小，最大脉振转矩减小；缺点是衰减时间变长，平均力矩变大，开路相的过电压变大。脉振力矩小，使电机经受的机械冲击小，对电机避免因短路而造成剧烈振动和机械性冲击是很有利的。

短路电流变小，衰减时间变大，I^2T 关系计算短路电流对定子绕组产生的热冲击，计算结果如表 3-7 所示。从表 3-7 可知，采用扇形结构对短路电流的热冲击比较小。

表 3-6　不同阻尼结构两相突然短路时的短路电流、转矩

序号	项目	A	B	$D/\%$
		整圆结构	扇形结构	差异 $D=\frac{B-A}{A}\times 100\%$
1	超瞬变电流分量 I''_{d2}/A	5.2566	4.7208	−10.2
2	瞬变电流分量 I'_{d2}/A	4.0620	3.7345	−8.1
3	稳态分量 I_{d2}/A	1.3411	1.3034	−2.8
4	非周期分量最大值 T_{a2}/s	7.4340	6.6762	−10.2
5	最大脉振转矩 $M_{en2}/(N\cdot m)$	7.8953	2.8445	−64.0
6	最大平均转矩 $M_{cp2}/(N\cdot m)$	0.0873	0.0915	+4.8
7	开路相最大电压 U_{max}/V	1.0355	2.11	+103.8

（资料来源：何汉强，1990）

表 3-7　不同阻尼结构两相突然短路时的热冲击

序号	项目	A	B	$D/\%$
		整圆结构	扇形结构	差异 $D=\frac{B-A}{A}\times 100\%$
1	$I''^2_{d2}T''_{d2}/(A\cdot s)$	3.8629	3.1891	−17.4
2	$I'^2_{d2}T'_{d2}/(A\cdot s)$	27.946	25.090	−10.2
3	$I^2_{d2}T_{d2}/(A\cdot s)$	0.9837	0.9717	−1.2

（资料来源：何汉强，1990）

对于开路相的过电压，扇形结构较整圆结构大 103.8%。也就是说，扇形阻尼环的结构对抑制两相短路时所产生的过电压不如整圆阻尼环好。表 3-6 中给出的数值 $U_{max}=2.11V$，即采用扇形阻尼环两相短路时，开路相的过电压倍数为 2.11 倍。这对一般绝缘结构的发电机也是允许的。

综上所述，采用扇形阻尼环的结构形式，横阻尼效果虽然有所削弱，但仍具有较好阻尼效果。

下面讨论不同阻尼结构对转子自由振荡的影响。转子自由振荡方程如下（采用标准制）：

$$H\frac{d^2\Delta\delta}{dt^2}+M_D\frac{d\Delta\delta}{dt}+M_s\Delta\delta=0 \tag{3-30}$$

式中　H——电机惯性常数；

M_D——阻尼转矩系数；

M_s——整步转矩系数。

当 $M_D=0$ 时，转子产生无阻尼的自由振荡，固有频率为 $f_0=2\pi\sqrt{\frac{M_s}{H}}$，对于 SF13-10/

3000 电机，$f_0=0.08\text{Hz}$。

M_D 的大小反映了电机阻尼效果的大小，它与电机负载大小、功率因数有关，与定子电阻有关。定子电阻越大，M_D 越小。

对于 SF13-10/3000 电机，定子电阻 $r=4.38\times10^{-3}\Omega$，$\lambda=2\pi f_0=0.5\text{s}^{-1}$。略去 r^2、λ^2 以上的高次项，M_D 计算式如下：

$$M_s+j\lambda M_D=Q_0+\frac{\psi_{d0}^2}{X_q(j\lambda)}+\frac{\psi_{q0}^2}{X_d(j\lambda)}-j\lambda r\left[\left(\frac{\psi_{d0}}{X_q(j\lambda)}+i_{d0}\right)^2+\left(\frac{\psi_{q0}}{X_d(j\lambda)}+i_{q0}\right)^2\right] \tag{3-31}$$

式中 Q_0——电机三相稳态输出无功功率，$Q_0=U_m i_0 \sin\psi_0$；

ψ_{d0}——$\psi_{d0}=E_m-X_d i_{d0}=0.9398$；

ψ_{q0}——$\psi_{q0}=-X_q i_{q0}=-0.3520$；

$X_d(j\lambda)$，$X_q(j\lambda)$——直轴运算电抗和横轴运算电抗，$X_d(j\lambda)=0.3633-0.3046j$，对于整圆阻尼环，$X_q(j\lambda)=0.17-0.0208j$，对于扇形阻尼环，$X_q(j\lambda)=0.2602-0.05j$；

i_{d0}，i_{q0}——直轴电流分量与横轴电流分量，$i_{d0}=\sin\psi=0.841$，$i_{q0}=\cos\psi=0.541$，ψ 为内功率因数角；

M_D——当采用整圆阻尼环时，$M_D=1.4182$，当采用扇形阻尼环时，$M_D=1.5148$。

计算的结果表明，扇形阻尼环阻尼系数略大于整圆阻尼环，两者相差 6.8%，扇形结构的阻尼效果更好些。这是由于扇形结构横轴阻尼绕组的电阻较大，从而横轴阻尼绕组时间常数较小。换言之，采用扇形阻尼环能较好地抑制转子的自由振荡。

对于电机承担不对称负载的能力，国内外一般规定为满足突然短路时，$I^2t\leqslant40$。这个条件化为对阻尼绕组设计要求，即阻尼绕组的直径应满足下式：

$$d_B\geqslant2.5\sqrt{\frac{A\tau}{n_B}}\times10^{-1} \tag{3-32}$$

式中 d_B——阻尼绕组直径；

A——电机线负荷；

τ——电机极距；

n_B——阻尼条数。

SF13-10/3000 电机，$d_B\geqslant17\text{mm}$，在结构设计时，取阻尼绕组直径为 $d_B=1.8\text{cm}$，可以满足不对称负载的要求。阻尼环的交轴部分，伸出极靴之外，可以看作是一端固支的悬臂梁。它需承受离心力 F 所产生的弯矩。阻尼环交轴部分受力示意图如图 3-18 所示。

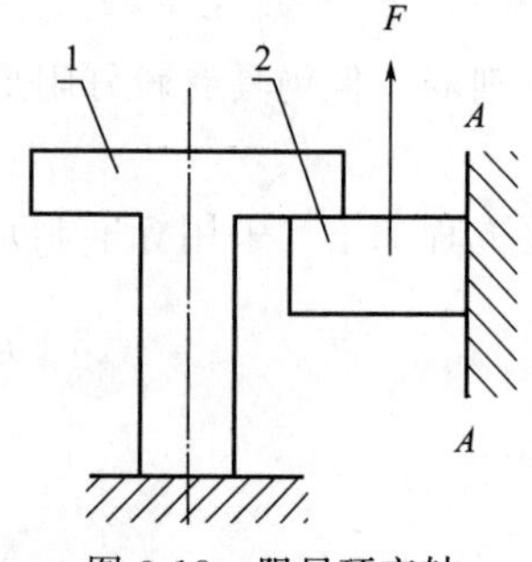

图 3-18 阻尼环交轴部分受力示意图

（资料来源：何汉强，1990）

1—阻尼环交轴部分；2—拉杆

对于高速机，离心力较大。SF13-10/3000 离心力系数为 $Af=14.66$，转子表面质量为 1kg 的构件，在飞逸状态下产生的离心力为 16660N，在如此强大的离心力作用下，阻尼环 $A-A$ 部件的弯应力不仅大于失稳强度，甚至超过了铜材的强度极限。为此往往在另一端设置拉杆，改善其受力的状况（此时，阻尼环交轴部分成为一端固支、另一端简支的梁)。

但是，由于高速电机离心力系数大，拉杆承受自身的离心力相当大，如做成T形拉杆，在其根部螺纹横截面产生的拉应力为1.1×10^8Pa，如采用35CrMo钢材，$\sigma_s=5.5\times10^8$Pa，自身离心力的应力占20%。至于磁轭，材料为ZG20MnSi，$\sigma_s=3.5\times10^8$Pa，则占31.4%。

综上分析可以得出以下结论：

① 扇形阻尼环将削弱交轴阻尼效果，仅影响了不对称短路时开路相的过电压倍数。在两相突然短路时，也只有2.11倍，尚小于大气过电压、操作过电压倍数。

② 用何种阻尼环，与电机承受不对称负载的能力$I^2t\leqslant40$无关。

③ 采用扇形阻尼环对提高转子振荡阻尼系数、抑制转子的自由振荡有利。

④ 采用扇形阻尼环使得电机阻尼绕组结构简化、可靠、节省材料。

因此建议SF13-10/3000发电机采用扇形阻尼环结构。

3.5.2 液压阻尼器的结构及性能分析

为了研制一种石油井下工具而特别设计了与之配套的液压阻尼器，用来缓冲冲击和控制机构运动的速度。液压阻尼器是一种用来延长冲击负荷的作用时间，吸收并转化冲击能量，限制负载速度、位移的装置。

一种石油井下工具用液压阻尼器的结构原理示意图如图3-19所示。将由外筒、活塞和各密封圈组成的密闭腔体内先抽成真空然后充满液压油，并由节流阀体分隔成上下两部分。工作时，活塞杆上端将受到液体冲击力，并在冲击力作用下匀速向下运动。在活塞杆向下运动的过程中，其中一部分液压油将进入上部的腔体内，这时上部腔体的容积变小，从而使上部腔体的液压油通过阻尼阀的节流小孔进入下部腔体，推动活塞下移，恢复弹簧被压缩。当活塞杆失去作用力时，受压缩的恢复弹簧将推动活塞上移，下部腔体的液压油通过阻尼阀的回流孔推开钢球进入上部腔体，从而推动活塞杆上移。所以阻尼器的作用是：保证活塞杆在冲击力的作用下向下平稳运动且速度很慢，当失去冲击力后，活塞杆以较快的速度上移。

基于以上原理，为了满足井下工具结构的需要，将阻尼阀设计成如图3-20所示的结构，特别是将其中的节流孔设计成孔板组结构，即在阻尼套中装有多个阻尼孔板，每个阻尼孔板上都有一个很小的节流孔，多个很薄的阻尼孔板相当于一个很长的节流孔。这样主要是为了易于加工，避免节流小孔堵塞，且可增加阻尼效果。过滤网主要用于过滤液压油，以免杂质颗粒将阻尼孔板上的小孔堵塞。

此阻尼器的作用主要是控制活塞杆的运动速度和提供一定的阻尼力。图3-21是阻尼器的简化分析模型，d是活塞杆直径，D是活塞直径，d_0是节流孔直径，z是阻尼孔板的数量。根据小孔流量公式，通过孔板组的流量为：

$$Q=C_zCA_0\sqrt{\frac{2\Delta P}{z\rho}} \tag{3-33}$$

式中 C_z——孔板数及孔板间隔流量修正系数；

C——孔板节流小孔流量系数，其取值与小孔的几何形状有关，根据实验数据，一般取0.6～0.8；

A_0——孔板小孔面积，$A_0=\dfrac{\pi d_0^2}{4}$；

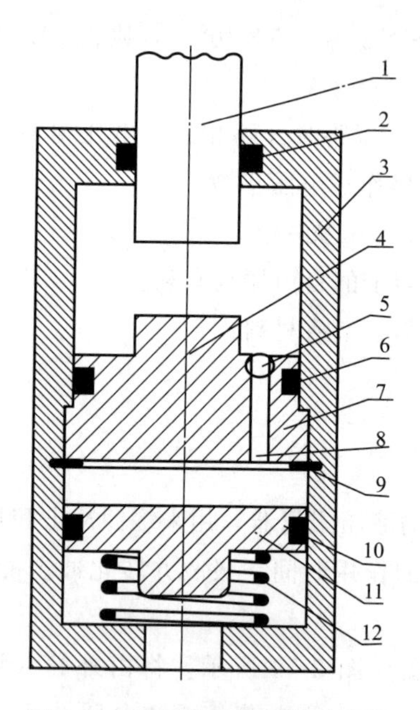

图 3-19 液压阻尼器结构示意图

（资料来源：蔡文军，2006）

1—活塞杆；2—密封圈；3—外筒；4—节流小孔；5—钢球；6—密封；7—阻尼阀；8—回流孔；9—挡圈；10—密封圈；11—活塞；12—恢复弹簧

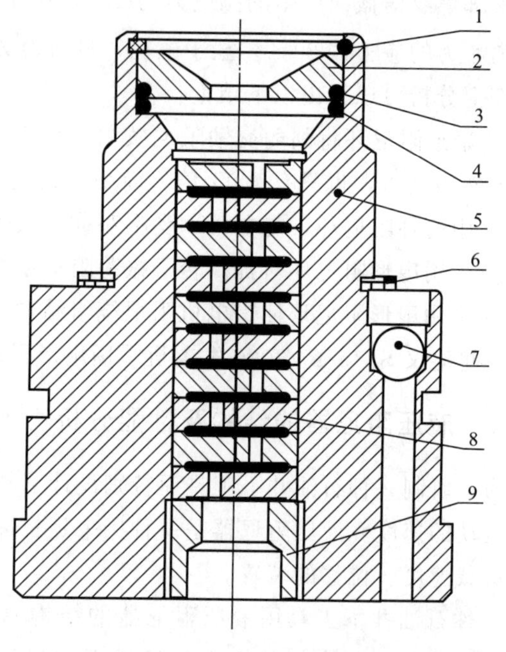

图 3-20 阻尼阀示意图

（资料来源：蔡文军，2006）

1—挡圈；2—导流座；3—密封圈；4—过滤网；5—阀体；6—挡圈；7—小球；8—阻尼孔板；9—丝堵

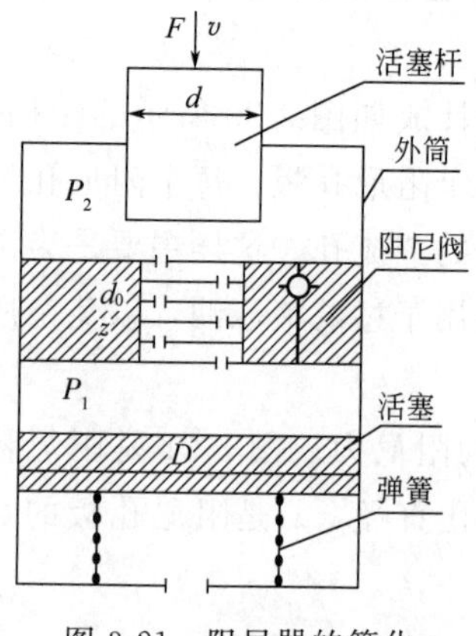

图 3-21 阻尼器的简化分析模型

（资料来源：蔡文军，2006）

ΔP——孔板组前后的压力差，$\Delta P=P_2-P_1$，P_1 为孔板组后的压力，P_2 为孔板组前的压力；

ρ——油液密度；

z——孔板数。

活塞杆进入外筒内所占体积应与流经阻尼阀孔板组的流量相等，即：

$$Q=A_2 v \tag{3-34}$$

式中 A_2——活塞杆面积，$A_2=\dfrac{\pi d^2}{4}$；

v——活塞杆运动速度。

由式（3-33）、式（3-34）可得：

$$v=C_z C\frac{d_0^2}{d^2}\sqrt{\frac{2\Delta p}{z\rho}} \tag{3-35}$$

由式（3-33）、式（3-34）和力平衡关系，可得出阻尼力的表达式：

$$F=\frac{A_2K(x_0+x)}{A_1}+\frac{\rho z A_2^3 v^2}{2C_z^2C^2A_0^2} \tag{3-36}$$

式中 A_1——活塞面积，$A_1=\frac{\pi D^2}{4}$；

K——恢复弹簧的刚度；

x_0——恢复弹簧的初始压缩量；

x——活塞运动后，恢复弹簧增加的压缩量。

由式（3-35）可以看出，活塞杆的运动速度 v 主要与节流孔直径 d_0、阻尼孔板组前后的压差 ΔP、阻尼孔板的数量 z、活塞的直径 d 等参数有关。在实际设计时，首先确定 ΔP、d、v 等参数，然后调整 d_0 和 z，以满足式（3-35）的要求。图 3-22 是在不同阻尼孔板数 z 的情况下，活塞杆速度 v 与节流孔直径 d_0 的对应关系曲线。可以看出，活塞杆速度 v 随着节流孔直径 d_0 的增大而增大，且 d_0 越大，v 的增幅越大，所以在实际设计时，为了获得很好的阻尼效果，d_0 需要非常小，一般在 1mm 左右，有时甚至小于 0.5mm。在节流孔直径相同的情况下，活塞杆速度 v 随着阻尼孔板数量 z 的增加而减小，但随着 z 越增越大，v 的减小幅度变小，也就是说，当阻尼孔板数 z 达到一定值时，再增大 z 对速度 v 的影响不大，在实际设计中，阻尼孔板的数量一般为 10 个左右。

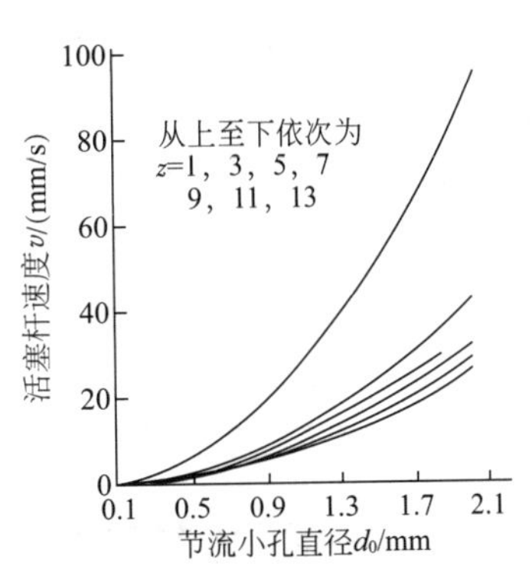

图 3-22　v-d_0 关系曲线

（资料来源：蔡文军，2006）

由式（3-36）可以看出，一旦活塞杆的速度和阻尼孔直径确定，此式的第二项就是一定值，所以阻尼力 F 只与活塞面积 A_1 和恢复弹簧的刚度 K 及压缩量 x 等参数有关，当活塞杆到达极限位置时，x 达到最大值，阻尼力也达到最大。在设计时，如果最大阻尼力达不到要求，可以通过改变 K 和弹簧初始压缩量 x_0 获得需要的阻尼力。

综上所述，得出：

① 作为一种在石油井下工具上使用的液压阻尼器结构，其阻尼阀采用组合孔板结构，解决了小孔加工问题，且增加了阻尼效果。

② 通过活塞杆速度和阻尼力的计算公式，分析表明，阻尼效果随节流孔直径的增大而降低，且节流孔直径越大，阻尼效果降低越显著；阻尼效果随阻尼孔板数量的增多而增大，但孔板数越多，对阻尼效果增大的影响变小。

③ 阻尼力的大小与活塞面积、恢复弹簧的刚度和压缩量等参数有关，可以通过改变弹簧的性能，获得需要的阻尼力。

3.5.3　超精密机床的主动隔振结构及性能分析

由于被动控制装置结构简单，易于实现，因而一般机床的振动隔离多采用被动控制。但是对于超精密机床，被动控制显得有些力不从心：一是被动控制很难隔离低频振动；二是阻尼降低隔振效率，但又对降低共振振幅起极大作用，被动控制无法解决此矛盾。因此研究超精密机床的主动隔振就显得极为必要。

本节以哈尔滨工业大学自行研制的 HCM-Ⅰ型超精密车床为背景，介绍超精密机床的主动隔振。图 3-23 为 HCM-Ⅰ型超精密车床的结构简图。整个机床通过空气弹簧 4 置于混凝土地基 3 上，空气静压轴承主轴 8 在气浮 z 向溜板 9 上，刀架 7 在气浮 x 向溜板 6 上。

机床受到的外在振动干扰主要来自地基。受到的内在振动干扰主要有：①电机引起的振动；②主轴质量偏心引起的主轴振动；③主轴圆度和轴承孔圆度误差引起的振动；④横纵溜板运动引起的振动；⑤切削力变化引起的振动等。在主轴的振动测试实验中，发现主轴的振动主要由电机和主轴的质量偏心引起，因此可忽略第③项的影响；又由于加工时横纵溜板的运动速度极低，切削力变化很小，因此第④、⑤项的影响也可忽略掉。

为了简化分析，可以把电机与主轴质量偏心的影响合起来看成是外扰力 P 对机床的影响，建立机床的隔振系统力学模型如图 3-24 所示。M 为机床质量，K 为空气弹簧刚度，C 为空气弹簧阻尼，F 为作动器作动力。

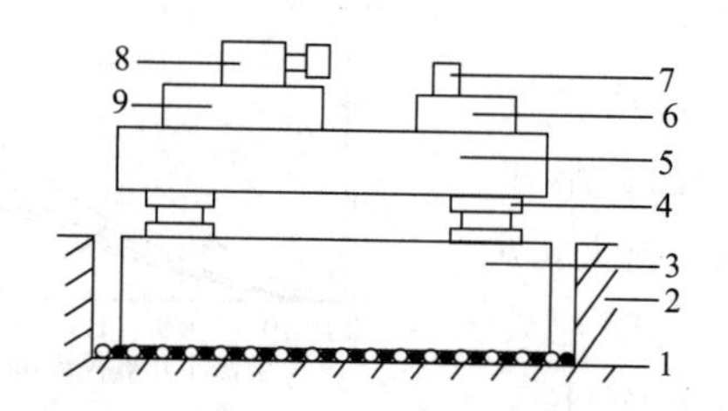

图 3-23 HCM-Ⅰ型超精密车床的结构

（资料来源：王加春，2000）

1—吸振材料；2—大地；3—混凝土地基；4—空气弹簧；5—机床床身；6—气浮 x 向溜板；7—刀架；8—空气静压轴承主轴；9—气浮 z 向溜板

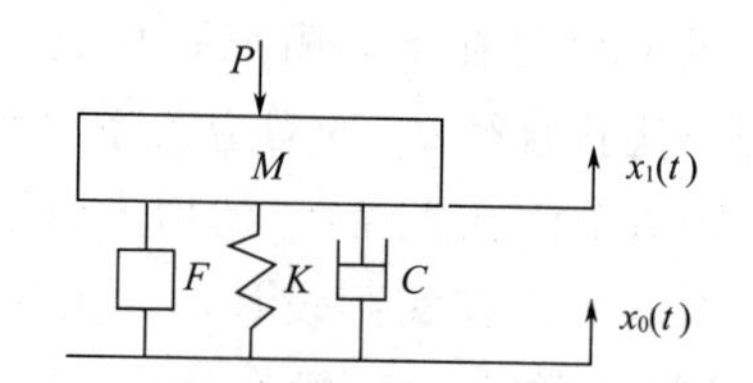

图 3-24 机床的隔振系统力学模型

（资料来源：王加春，2000）

质量 M 的运动方程为：

$$M\ddot{x}_1+K(x_1-x_0)+C(\dot{x}_1-\dot{x}_0)=P+F \tag{3-37}$$

作动器的选择：作动器又称执行器，是实施主动振动控制的关键部件，是主动控制系统的重要环节，其作用是按照确定的控制规律对受控对象施加控制力。

表 3-8 是目前应用于主动振动控制领域的作动器一览表。1～6 是基于机敏材料的智能型作动器；7～9 属传统型作动器，体积、重量大，多用于地面及固定系统的主动振动控制。

表 3-8 应用于主动振动控制领域的作动器一览表

序号	类型名称	工作机理	主要性能	主要应用场合
1	压电陶瓷(PZT)	压电效应	响应快,位移、力较小	柔性板、壳智能结构
2	压电薄膜(PVDF)	压电效应	响应快,位移、力较小	柔性板、壳智能结构
3	电致伸缩陶瓷(ES)	电致效应	响应快,位移小、力较大	柔性智能桁架
4	形状记忆合金(SMA)	金属相变	响应慢,位移、力较大	柔性智能桁架
5	磁致伸缩合金(MS)	磁致效应	响应快,位移、力大	柔性智能桁架
6	电流变流体(ERF)	流体相变	响应快,力较大	主动阻尼
7	液体作动	液压传动	响应中等,位移、力很大	大型土木结构
8	气体作动	气压传动	响应中等,位移大,力较大	车辆减振
9	电气作动	电气传动	响应快,位移、力较大	通用型

（资料来源：王加春，2000）

磁致伸缩材料在外加磁场的作用下，其尺寸、体积等会发生改变。譬如 Terfenol-D，其应变是镍合金的 50 倍，是压电陶瓷的 10 倍；其弹性模量为 $2.5\times10^{10}\sim3.5\times10^{10}\mathrm{N/m^2}$，具有较好的抗冲击性，能提供较大的控制力，并且在低压电流产生的磁场中具有很好的线性度和对电场变化的响应能力。磁致伸缩材料作动器主要应用在高精度微幅隔振和自适应结构中。

利用 Terfenol-D 作动器对平台进行主动隔振，实验表明对 62.4Hz 激励的减振效果相当显著。

图 3-25 为磁致伸缩作动器结构简图。预压弹簧产生预压力，保证 Terfenol-D 棒在预压力状态下工作；永久磁铁提供偏置磁场；高渗透性铁质材料是为了减少磁通量的边缘散射。

图 3-26 和图 3-27 为作动器的幅频和相频特性曲线。

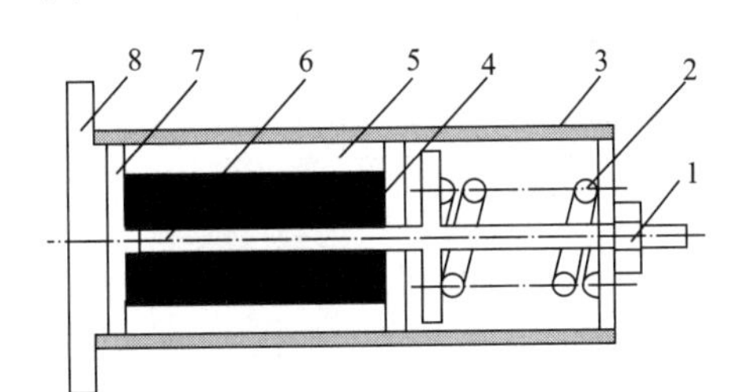

图 3-25 磁致伸缩作动器结构简图

（资料来源：王加春，2000）

1—压紧螺母；2—压紧弹簧；3—外套；
4—线圈；5—永久磁铁；6—Terfenol-D 棒；
7—高渗透性铁；8—基座

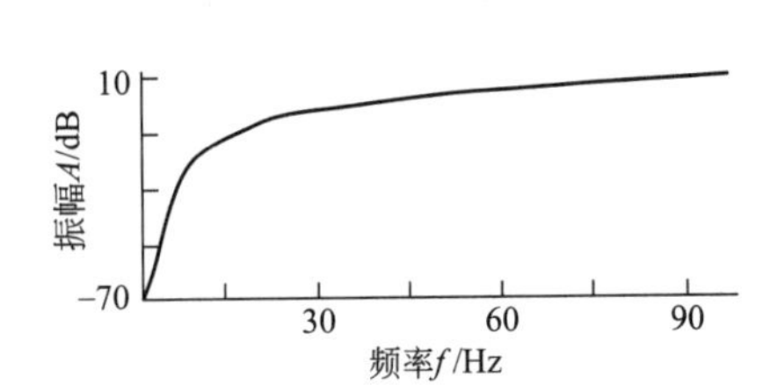

图 3-26 作动器的幅频特性曲线

（资料来源：王加春，2000）

测振仪测得质量 M 和基础的振动信号，传给控制器，由控制算法产生控制信号并经放大器放大后驱动作动器动作，达到主动隔振的目的。

设作动器控制力是质量 M 和基础的位移、速度和加速度的线性组合，即：

$$F=-(h_1\ddot{x}_1+d_1\dot{x}_1+l_1x_1+h_0\ddot{x}_0+d_0\dot{x}_0+l_0x_0) \tag{3-38}$$

则质量 M 的运动方程为：

$$(M+h_1)\ddot{x}_1+(c+d_1)\dot{x}_1+(k+l_1)x_1=P-h_0\ddot{x}_0+(c-d_0)\dot{x}_0+(k-l_0)x_0 \tag{3-39}$$

从式（3-39）可以看出，经过反馈控制后，系统的质量、阻尼和刚度以及作用力都发生了变化。如果能够适当地选择反馈增益，合理地设计控制器，就能获得良好的隔振性能。控制系统框图如图 3-28 所示。由图 3-28 中可得：

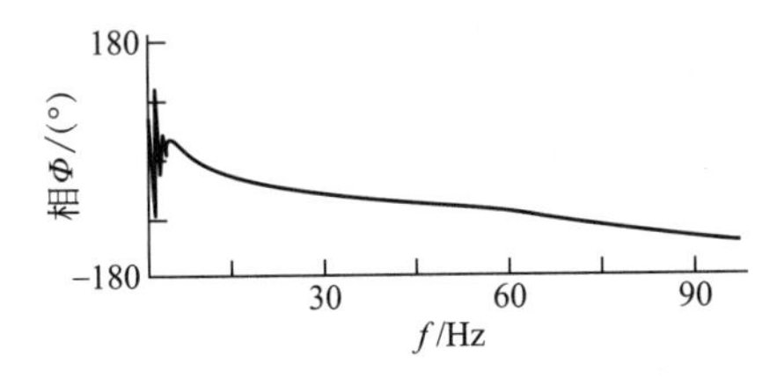

图 3-27 作动器的相频特性曲线

（资料来源：王加春，2000）

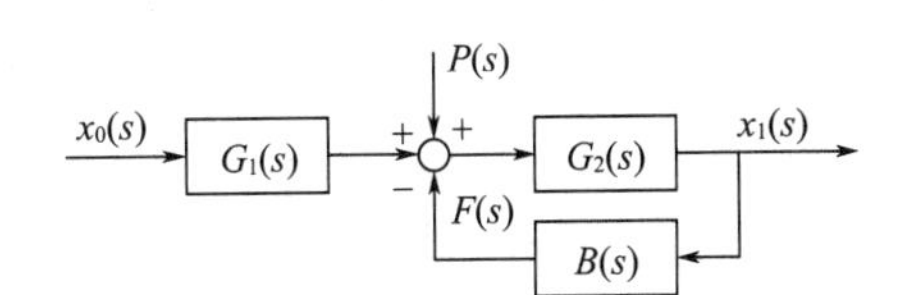

图 3-28 控制系统框图

（资料来源：王加春，2000）

$$G_1(s)=Cs+K,\ G_2(s)=\frac{1}{Ms^2+Cs+K},\ B(s)=K_d+K_{vS} \tag{3-40}$$

式中 K_d——屈服后的刚度；

K_{vS}——竖向刚度。

实验在 HCM-I 型亚微米级超精密车床上进行。图 3-29（a）是控制前的机床台面时域响应曲线；图 3-29（b）是采用加速度反馈控制后得到的台面时域响应曲线。图 3-30（a）是控制前的台面对地面的传递率曲线；图 3-30（b）是采用加速度反馈控制后得到的传递率曲线。由图 3-29（a）、（b）比较可见，采用主动控制，机床振动明显减小（加速度幅值由 $4.31\times10^{-4}g$ 减小到 $2.40\times10^{-4}g$）。然而由图 3-30（a）、图 3-30（b）看，虽然对于低频的减振效果较好，但对于大于 40Hz 频率的减振效果并不理想。这可能与作动器的时滞有关。

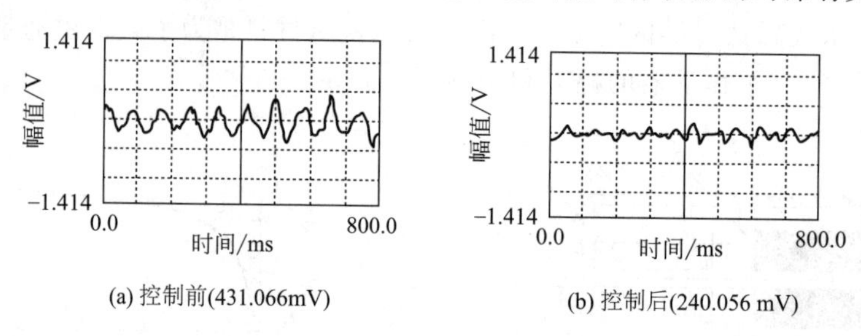

(a) 控制前(431.066mV)　(b) 控制后(240.056 mV)

图 3-29　机床台面时域响应曲线

（资料来源：王加春，2000）

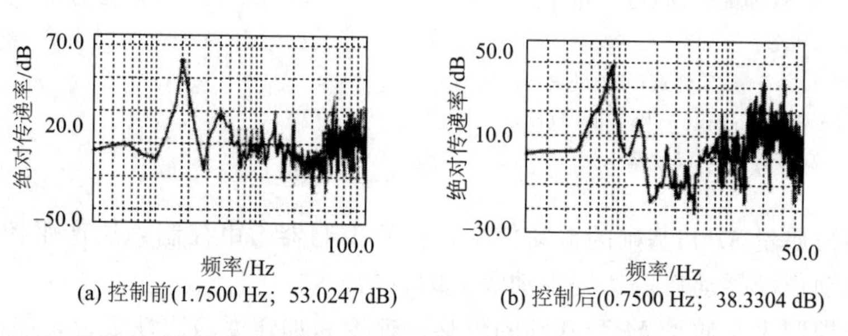

(a) 控制前(1.7500 Hz; 53.0247 dB)　(b) 控制后(0.7500 Hz; 38.3304 dB)

图 3-30　传递率曲线

（资料来源：王加春，2000）

经过分析、比较，选择出磁致伸缩作动器。通过反馈控制分析与实验表明：采用主动隔振可以明显提高机床减振性能，尤其对低频隔振效果较好。

3.5.4　车用磁流变减振器结构及性能分析

磁流变液体（MRF）是一种在非磁性载液中添加软磁性微粒（微米级）和表面活性分散剂的悬浮液，其黏度可通过改变外加磁场来连续、可逆、宽幅和快速（毫秒级）地进行调节。磁流变减振器（MR damPer）能通过控制内部线圈电流改变 MRF 的磁场来连续调节阻尼。由于没有机械作动部件，因而较以往的电磁阀式可调减振器响应迅速、工作可靠且噪声降低。

目前 MR 减振器在车辆半主动悬架的实际应用中存在的问题及解决方法如下：

① 为避免 MR 减振器的摩擦阻尼和悬架刚度显著增大，以及附加压缩阻尼或发生空程现象，采用双筒非充气结构，取消底阀，在工作缸行程顶部与储液筒间设置二位二通单向滑阀（将复原补油阀与压缩排油阀上下联动），并按设计规定的减振器复原/压缩阻力比，在电磁活塞上侧设置复原阀。

② 为避免 MR 减振器油封的早期磨损泄漏，在组合密封器的上管腔嵌入油封，下管腔依次装入橡塑组合式滑环密封圈、抗磁垫圈、磁流变密封圈（类似磁流体密封）和螺纹端盖；在

组合密封器限位器间加装间隙密封圈以增加流阻，并在上管腔的回油孔下端面设置单向阀，以防减振器侧倾或冲击时 MRF 流入油封，且活塞杆表面镀硬铬，超精磨处理。

③ 为改善 MRF 的静置稳定性，一方面进行材料优选，如改用直径相对较小、密度更接近载液、软磁特性更好的磁性微粒，黏度相对较大（工作温升时，黏度会降低）、浸润磁性微粒、性能更稳定的合成油载液，表面活性更强的分散剂，适当增大磁性微粒/载液的体积比，以及改进制备工艺等。另一方面，在 MR 减振器外围加装静置稳定器，当车辆停置时，通过分离机构，使静置稳定器的两配对磁瓦吸合在减振器外侧，将缸筒内的 MRF 固结，可长时间保持 MRF 的稳定；待车辆起步时，再分离两磁瓦，恢复电磁控制状态；若控制系统失灵，还可根据路况相应调整两磁瓦的间距，对 MRF 施加一定的磁场，以达到手动可调减振器阻尼的作用。

④ 为减小电磁活塞的体积质量，提高导磁材料利用率，采用多级磁路结构（相邻两级线圈绕向相反），可在保持性能不变的条件下，使导磁轴和导磁管的横截面积成倍减小，线圈齿槽容积增大，从而减小电磁活塞的长度或外径。线圈齿槽的梯形轴断面既可提高导磁材料利用率，又可改善磁通分布（减小漏磁）。但为减小漏磁，在电磁活塞外径和长度允许的前提下，磁路级数应尽量少。

为验证上述改进措施，必须择优确定 MR 减振器的设计方案，其中合理的选材和结构尺寸是保证系统性能的关键。

在此以电磁活塞的设计为例，采用等效磁路法和非线性 Bingham 塑性模型对电磁磁路和液压结构进行设计计算，并用电磁场有限元法进行验算。由于减振器工作缸内径较小，故电磁活塞选用三级磁路结构，其结构简图见图 3-31。

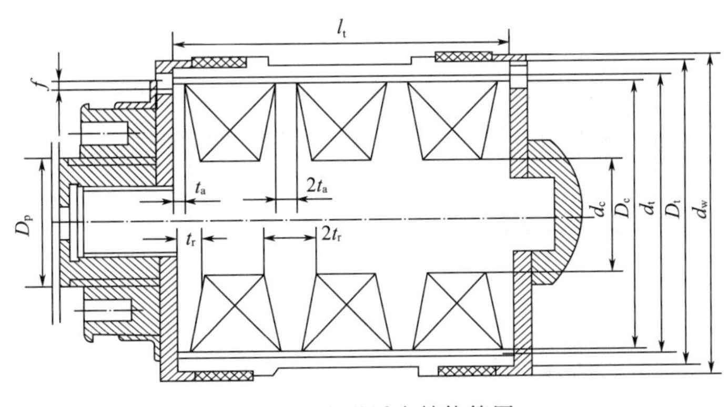

图 3-31　电磁活塞结构简图

（资料来源：曹民，2004）

设计条件：

① 活塞杆外径 D_p、导磁管外径 D_t、工作缸内径 d_w 和缩口内径 d_{ws}、压缩排油孔的轴向长度 l_{ws} 和三夹角 α。

② 电磁活塞的局部阻力系数 ζ_f、滑阀压缩行程时的局部阻力系数 ζ_{sC}。

③ 减振器性能试验最大速度 v_{max}、零场时的压缩阻力 F_{C0} 和复原阻力 F_{R0}。

④ 活塞行程至中点时储气腔的工作气压 p_{gw}。

⑤ 导磁材料的磁化工作点磁感应强度 B_c 和磁场强度 H_c、线圈填充系数 k_c、线圈导线直径 d_e 和允许最大电流密度 i_{max}。

⑥ MRF的密度ρ、工作温升/零场/高剪切率下的动力黏度η、磁化工作点磁感应强度B_f和磁场强度H_f、工作点时的动态屈服应力τ_y以及建模修正系数k_τ。

待求参数：

① 电磁活塞的过流间隙f、导磁心外径D_c和内径d_c、导磁心的边齿顶宽t_a和边齿根宽t_r、导磁管内径d_t和长度l_t、线圈匝数N和允许最大电流I_{max}。

② 强场下减振器性能试验最大速度的压缩阻力$F_{C\tau}$和复原阻力$F_{R\tau}$。

电磁磁路计算如下。

线圈额定最大电流：

$$I_{max}=\frac{\pi}{4}i_{max}d_e^2 \tag{3-41}$$

由磁通连续性原理：

$$B_c d_c^2=4B_f(D_c+f)(t_a+f) \tag{3-42}$$

$$d_c^2=4D_c t_a \tag{3-43}$$

$$d_c=4t_r \tag{3-44}$$

$$d_c^2=D_t^2-d_t^2 \tag{3-45}$$

由安培环路定律：

$$I_{max}\times\frac{N}{3}=2fH_f+\left(\frac{2l_t}{3}-2t_a+D_c+\frac{D_t-d_t}{2}\right)H_c \tag{3-46}$$

由结构尺寸关系：

$$d_t=D_c+2f \tag{3-47}$$

$$\pi d_e^2 N=2k_c(l_t-3t_r-3t_a)(D_c-d_c) \tag{3-48}$$

为满足减振器各种工况下的设计要求，仅须在减振器性能试验最大速度v_{max}工况下考察求解。

压缩行程时单向滑阀过流间隙的流速：

$$v_{sC}=\frac{30v_{max}D_p^2}{\alpha d_{ws}l_{ws}} \tag{3-49}$$

压缩和复原行程时电磁活塞过流间隙的流速：

$$v_{fC}=\frac{v_{max}d_w^2}{d_t^2-D_c^2} \tag{3-50}$$

$$v_{fR}=\frac{v_{max}(d_w^2-D_p^2)}{d_t^2-D_c^2} \tag{3-51}$$

压缩行程时单向滑阀的局部压降：

$$\Delta p_{sC\zeta}=\zeta_{sC}\frac{\rho v_{sC}^2}{2} \tag{3-52}$$

压缩和复原行程时电磁活塞的局部压降：

$$\Delta p_{fC\zeta}=\zeta_f\frac{\rho v_{fC}^2}{2} \tag{3-53}$$

$$\Delta p_{fR\zeta}=\zeta_f \frac{\rho v_{fR}^2}{2} \tag{3-54}$$

压缩和复原行程时电磁活塞的沿程压降：

$$\Delta p_{fC\eta}=\frac{12\eta v_{fC} l_t}{f^2} \tag{3-55}$$

$$\Delta p_{fR\eta}=\frac{12\eta v_{fR} l_t}{f^2} \tag{3-56}$$

电磁活塞过流间隙的场致压降：

$$\Delta p_\tau=k_\tau \frac{\tau_y(6t_a+4f)}{f} \tag{3-57}$$

减振器压缩行程零场时的液压方程：

$$\frac{\pi}{4}[(\Delta p_{fC\zeta}+\Delta p_{fC\eta})d_w^2+(\Delta p_{sC\zeta}+p_{gw})D_p^2]=F_{C0} \tag{3-58}$$

减振器压缩行程强场时的液压方程：

$$\frac{\pi}{4}[(\Delta p_{fC\zeta}+\Delta p_{fC\eta}+\Delta p_\tau)d_w^2+(\Delta p_{sC\zeta}+p_{gw})D_p^2]=F_{C\tau} \tag{3-59}$$

减振器复原行程零场时的防压缩空程公式：

$$\frac{\pi}{4}[(\Delta p_{fR\zeta}+\Delta p_{fR\eta}+\Delta p_{fR})(d_w^2-D_p^2)]\geqslant F_{R0} \tag{3-60}$$

减振器复原行程强场时的防压缩空程公式：

$$\frac{\pi}{4}[(\Delta p_{fR\zeta}+\Delta p_{fR\eta}+\Delta p_\tau+\Delta p_{fR})(d_w^2-D_p^2)]\geqslant F_{R\tau} \tag{3-61}$$

式中　Δp_{fR}——复原行程时复原阀的局部压降。

综合以上式子，即可初步确定待求参数的近似值；复原阀片直径和行程的精确值须通过反复试验得到。

为进一步验算电磁活塞的结构尺寸，采用有限元程序进行电磁场计算。由于电磁活塞的电磁系统是轴对称的，故只需计算 1/2 磁场区域；通过调整结构尺寸，使各区域的磁密不致过饱和。计算得出的电磁活塞的磁力线分布（1/2 磁场区域）见图 3-32。

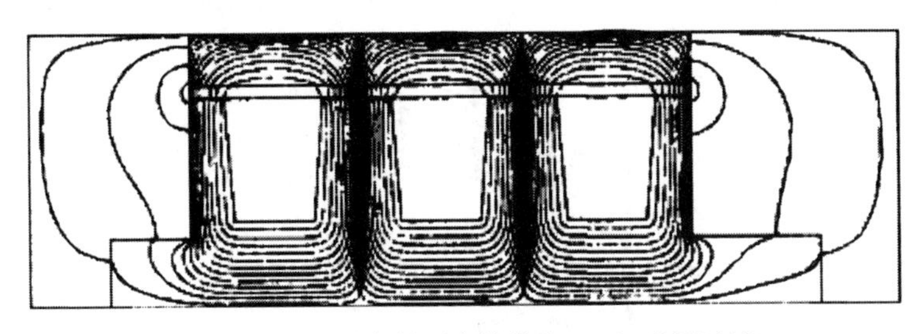

图 3-32　电磁活塞的磁力线分布（1/2 磁场区域）

（资料来源：曹民，2004）

根据上述设计计算结果，试制了 MR 减振器样件，其结构简图如图 3-33 所示。将原被动减振器与 MR 减振器在示功机上进行性能对比试验（试件温度为 20℃，试验行程为

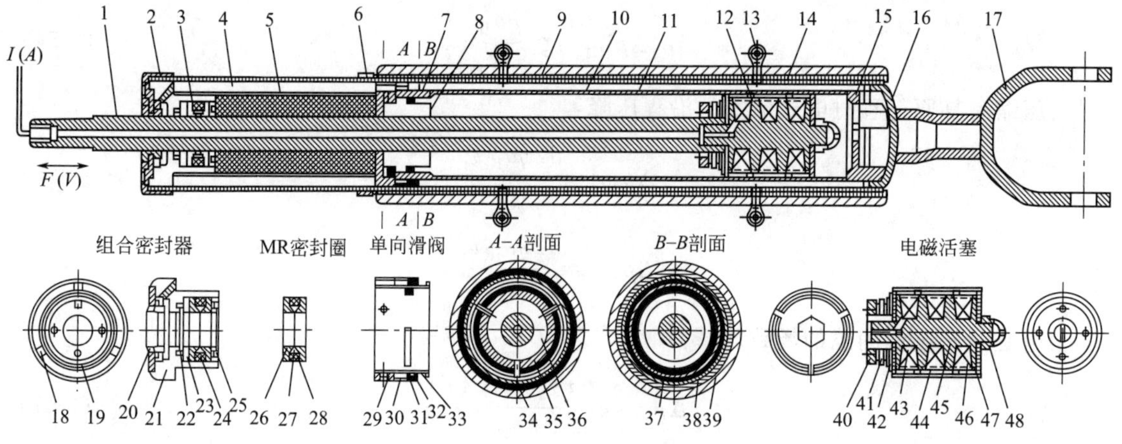

图 3-33　MR 减振器的结构简图

1—活塞杆；2—筒盖；3—组合密封器；4—储气腔；5—间隙密封圈；6—弹簧座支承；7—单向滑阀；8—限位器；9—储液筒；10—工作缸；11—补偿腔；12—电磁活塞；13—分离螺栓；14—静置稳定装置；15—底座；16—筒底；17—联接支架；18—单向回油阀；19—O 形圈；20—油封；21—密封座；22—滑环密封圈；23—抗磁垫圈；24—MR 密封圈；25—端盖；26—导磁极；27—永磁环；28—抗磁填料；29—滑阀内筒；30—滑阀外筒；31—O 形圈；32—滑阀片；33—滑阀弹簧；34—联接螺栓；35—限位座；36—缓冲块；37—抗磁填料；38—永磁瓦；39—导磁瓦；40—复原阀座；41—复原弹簧；42—复原阀片；43—线圈；44—导磁管；45—导磁瓣；46—活塞环；47—活塞支承；48—紧固螺母

（资料来源：曹民，2004）

150mm，最大速度为 1.05m/s)，得到被动减振器的速度阻力曲线、MR 减振器的不同电流下速度阻力曲线和不同速度下电流阻力曲线（分别见图 3-34、图 3-35 和图 3-36)。

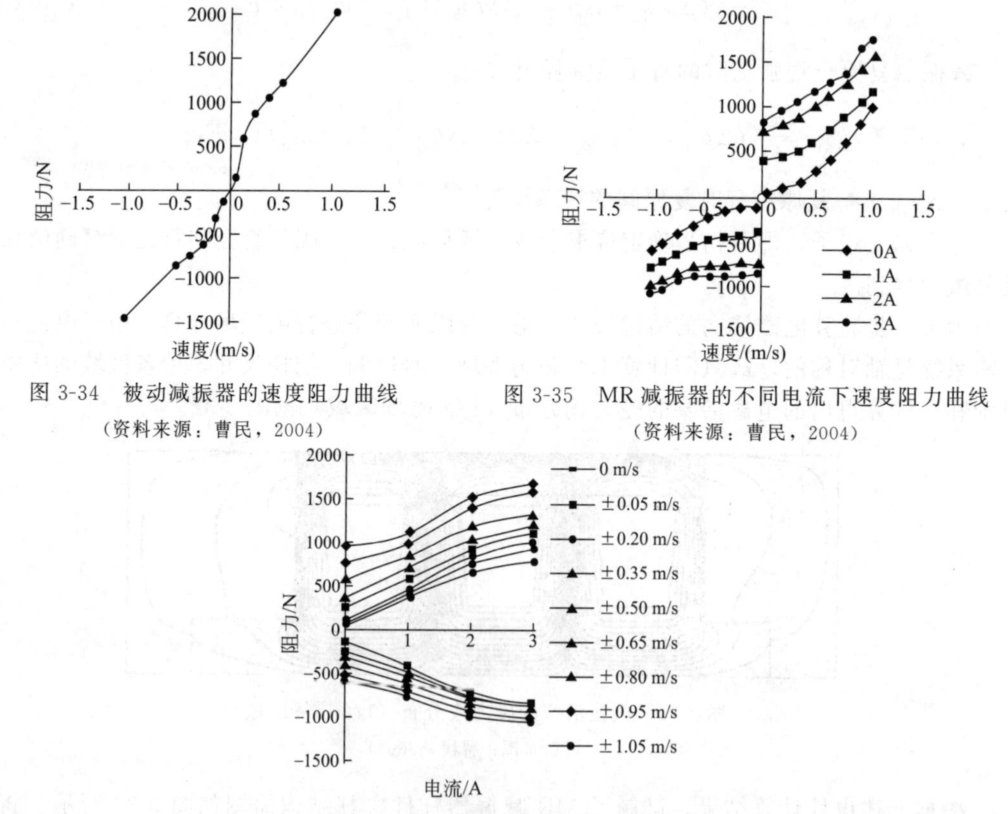

图 3-34　被动减振器的速度阻力曲线

（资料来源：曹民，2004)

图 3-35　MR 减振器的不同电流下速度阻力曲线

（资料来源：曹民，2004)

图 3-36　MR 减振器的不同速度下电流阻力曲线

（资料来源：曹民，2004)

综上所述，得出：

① MR 减振器与原被动减振器的性能对比试验表明：被动减振器的速度阻力值只能在一条曲线上变化，而 MR 减振器随输入电流的不同，速度阻力值可在一定区域内连续变化。MR 减振器的输入电流一定时，阻力随速度的增加而增大；速度一定时，阻力随电流的增加而增大。这些性能满足半主动悬架控制系统对减振器的要求。

② MR 减振器加装组合密封器后的试验表明：组合密封器能阻碍磁性微粒随活塞杆进入减振器油封，减少油封的颗粒磨损，使油封的使用寿命显著增加。

③ MR 减振器加装静置稳定器后的试验表明：适当的永磁磁路可使 MRF 长时间保持静置稳定，而不发生凝聚和沉降现象；待解除永磁磁路后，MRF 即可恢复可控状态。

复习思考题

1. 简单隔振和复合隔振有何异同？
2. 常见隔振器有哪些？其特点是什么？
3. 阻尼减振原理是什么？
4. 冲击阻尼和磁电效应阻尼是如何实现阻尼作用的？
5. 自由阻尼结构、约束阻尼结构和垫高阻尼结构的异同？
6. 主动隔振作动器包括哪些类型？

4 热污染控制工程

【内容提要】

本章介绍了热环境的来源，热污染的成因，热污染的影响，温室效应的成因和影响，热岛效应的成因和影响，水体热污染的评价与标准，大气热污染的评价与标准，水体热污染的防治，大气热污染的防治，热岛效应的防治，余热利用技术，新型热污染控制技术。

4.1 概述

所谓热环境就是提供给人类生产、生活及生命活动的良好生存空间的温度环境。所谓热污染，是指自然因素和人类活动中的热排放导致环境温度异常升高，破坏环境温度的稳定和平衡，对人类和其他生物、环境、气候造成不良影响的一种物理性污染现象。简而言之，热污染主要是指自然因素和人类活动中的热排放导致环境温度异常升高的现象（例如温室效应、热岛效应）。

造成空气环境温度异常升高的热排放源，都叫作热污染源。热污染源可以分为人为热污染源和自然热污染源，如表 4-1 所示。

表 4-1 热污染源的分类

类别	热污染源	特征
人为热污染源	燃料燃烧散热、电器散热、工业热废水废气、军事工程散热、物理化学反应散热、人体散热、其他热源等	释放的热量使环境温度异常升高
自然热污染源	火山喷发、森林大火、裸露地面的热辐射（太阳是热源但不是热污染源）	

（资料来源：任连海，2008）

4.1.1 热环境的来源

4.1.1.1 自然热源

地球是人类生产、生活及生命活动的主要空间，太阳是其天然热源，并以电磁波的方式不断向地球辐射能量。环境的热特征不仅与太阳辐射能量的大小有关，同时还取决于环境中大气同地表之间的热交换的状况。

4.1.1.2 人为热源

自然环境的温度变化较大，而满足人体舒适要求的温度范围又相对较窄，不适宜的热环境会影响人的工作效率、身体健康甚至危及生命安全。为了维系人类生存较为适宜的温度范围，创造良好的热环境，除太阳辐射能外，人类还需各种能源产生的能量。可以说，人类的各种生产、生活和生命活动都是在人类创造的热环境中进行的。热环境中的人为热量来源主要包括以下几种：

① 各种大功率的电器机械装置在运转过程中，以副作用的形式向环境释放的热能，如电动机、发电机和各种电器等。

② 放热的化学反应过程。如发电厂锅炉中煤炭的燃烧、化工厂的化学反应炉中的化学反应。

③ 密集人群释放的能量。一个成年人对外辐射的能量相当于一个 146W 的发热器所散发的能量，例如在密闭潜艇内，人体和烹饪等所产生的能量积累不容忽视。

4.1.1.3 地球环境热交换方程

太阳向地表和大气辐射热能，地表和大气之间不停地以辐射方式进行潜热交换和以对流传导方式进行显热交换。地表和大气间不停地进行着这两种能量交换，地表热环境的状况取决于这两者的交换结果。

可以假设一柱体空间，其上表面为太空，地表面无限延伸至竖向热流为零的表面。柱体空间区域与外界热交换的方程为：

$$G=(Q+q)(1-a)+I_{进}-I_{出}-H-L_{E}-F \tag{4-1}$$

式中 G——柱体空间区域总能量；

Q——太阳直接辐射能量；

q——大气微粒散射太阳辐射能量；

a——地表短波反射率；

$I_{进}$——到达地表的长波辐射能量；

$I_{出}$——地表向外的长波辐射能量；

H——地表与大气交换的显热量；

L_{E}——地表与大气交换的潜热量；

F——一柱体空间区域与外界水平方向交换的热流能量。

该空间区域的净辐射能量为：

$$R=(Q+q)(1-a)+I_{进}-I_{出}=G+H+L_{E}+F \tag{4-2}$$

不同地区的热环境系数 R、H、L_{E}、F 是不同的，其具体数值见表 4-2。

表 4-2 全球不同纬度区的热环境系数（正值表示系统吸热，负值表示系统放热）

纬度区	海洋				陆地				地球			
	R	H	L_E	F	R	H	L_E	F	R	H	L_E	F
80°～90°N	—	—	—	—	—	—	—	—	−9	−10	−3	−2
70°～80°N	—	—	—	—	—	—	—	—	1	−1	9	−7
60°～70°N	23	16	33	−26	20	6	14	—	21	10	20	−9
50°～60°N	29	16	39	−26	30	11	14	—	30	14	28	−12

续表

纬度区	海洋				陆地				地球			
	R	H	L_E	F	R	H	L_E	F	R	H	L_E	F
40°～50°N	51	14	53	−16	43	21	24	—	48	17	38	−7
30°～40°N	83	13	86	−16	60	27	23	—	73	16	39	−10
20°～30°N	113	9	105	−1	69	49	20	—	96	11	73	−1
10°～20°N	119	6	99	14	71	42	29	—	106	16	81	9
0°～10°N	115	4	80	31	72	24	48	—	105	10	72	22
0°～90°N	—	—	—	—	—	—	—	—	104	—	55	1
0°～10°S	115	4	84	27	72	22	50	—	73	—	76	19
10°～20°S	113	5	104	4	73	32	41	—	70	—	90	3
20°～30°S	101	7	100	−6	70	42	28	—	62	—	83	−5
30°～40°S	82	8	80	−6	62	34	28	—	41	—	74	−5
40°～50°S	57	9	35	−7	41	20	21	—	31	—	53	−7
50°～60°S	28	10	31	−13	31	11	20	—	28	—	31	−14
60°～70°S	—	—	—	—	—	—	—	—	13	—	10	−8
70°～80°S	—	—	—	—	—	—	—	—	−2	—	3	−1
80°～90°S	—	—	—	—	—	—	—	—	−11	—	0	−1
0°～90°S	—	—	—	—	—	—	—	—	72	—	62	−1
全球	82	8	74	0	49	24	25	—	72	—	59	0

（资料来源：李连山，2009）

4.1.1.4 人体与热环境之间的热平衡关系

人体在体温调节机制的调控下，使产热过程和散热过程处于平衡，即体热平衡，维持正常的体温。人体内热量平衡关系式：

$$S=M-(\pm W)\pm E\pm R\pm C \tag{4-3}$$

式中 S——人体蓄热率，W/m^2；

M——食物代谢率，W/m^2；

W——外部机械功率，W/m^2；

E——总蒸发热损失率，W/m^2；

R——辐射热损失率，W/m^2；

C——对流损失率，W/m^2。

人体与热环境之间的热交换方式主要通过以下两种途径。

① 对外做功：人体运动过程及各种器官有机协调过程的能力消耗。

② 转化为体内热：转化后将热量不断传递到体表，最终以热辐射或热传导的方式释放到环境中。若体内热无法得到及时释放，人体需依靠自身的热调节系统，加强与环境之间的热交换，从而建立新的热平衡，保持体温的恒定。

4.1.2 热污染的成因

热污染主要是由人类的生产生活活动引起的，人类主要通过以下 3 个方面来影响周围的热环境。

4.1.2.1 直接向环境中释放热量

根据热力学定律，人类所使用的全部能量最终都会转化为热能进入大气中，并传入太空。

4.1.2.2 改变地表形态

（1）自然植被遭到严重破坏

人类为了满足自身的生存需求而大力发展农牧业，不断进行放牧、开荒、填海等活动，使得自然植被遭到极大的破坏，进而改变了大自然的热平衡，造成热污染。

（2）城市建设的飞速发展使得自然下垫面不断减少

随着城镇化进程的推进，城市人口不断增加，为了满足城市人口的需求就要不断地进行城市建设，导致钢筋水泥等混凝土构筑物代替了土地和良田的下垫面，进而改变了下垫面的蓄热能力以及地表的反射率。城市下垫面对热环境的影响如表 4-3 所示。

表 4-3 城市下垫面对热环境的影响

项目	与农村比较结果	项目	与农村比较结果
地面总辐射	少 15%～20%	年平均温度	高 0.5～1.5℃
紫外辐射	低 5%～30%	冬季平均最低温度	高 1～2℃
平均风速	低 20%～30%	夏季相对湿度	低 8%
云量	多 5%～10%	冬季相对湿度	低 2%
降水量	多 5%～10%		

（资料来源：李连山，2009）

（3）世界各地的石油泄漏导致海洋水面的受热性质发生了改变

在北冰洋和其他海平面上泄漏的石油覆盖了大面积的水面。石油吸收和反射太阳辐射的能力与冰面、水面是截然不同的，进而使得热环境发生改变。

4.1.2.3 人类活动改变了大气的组成

（1）大气中细颗粒物的增加

大气中的细颗粒物既可以加大对太阳辐射的反射作用也可以加强对地表长波辐射的吸收作用，所以细颗粒物对环境有变冷或变热的双重效应，这主要取决于细颗粒物粒径的大小、组成成分、所在高度和地表反射率等多种因素。

（2）大气中二氧化碳含量的增加

从 19 世纪起，全球大气中的 CO_2 的浓度在不断增加，而 CO_2 是导致温室效应的主要气体。

（3）大气的臭氧层遭到破坏

臭氧可以净化大气，可以把大部分对人体有害的紫外线过滤掉，进而减少其对地球生态的影响。自 20 世纪 60 年代以来，全球的臭氧总量就在不断减少，臭氧减少会改变大气的辐射平衡，进而引起平流层下部温度降低，对流层温度升高，进一步导致全球大气环流紊乱，破坏地球辐射平衡。

（4）对流层中水蒸气的大量增加

近年来，随着航空事业的快速发展，飞机排出的水蒸气在对流层形成卷云，使得云层不断加厚。在低空没有云时，卷云会在白天吸收地面辐射，使环境温度降低，晚上向环境辐射能量，使得环境温度升高，进而影响热环境的平衡。

4.1.3 热污染的影响

4.1.3.1 热污染对人的影响

高温环境会使人的工作效率下降，人体的免疫功能降低，对疾病的抵抗力减弱。专家研究证明，人体感觉最舒适的环境温度范围是25～29℃。当环境温度超过29℃时，人们就开始感觉到不舒适。如果气温高于35℃，就会感觉到燥热、心悸、心慌。皮肤温度高达41～44℃时，人就会有灼痛感。如果气温继续升高，将会导致中暑、精神紊乱，甚至引发心脏病、脑血管和呼吸系统疾病，危及人的生命。而且温度的升高为苍蝇、蚊子和其他病原体微生物提供了繁衍的条件，导致登革热、流行性脑炎等疾病的扩大流行。

4.1.3.2 热污染对水体的影响

热污染对水体的影响主要是核电站、发电厂、钢铁厂的循环冷却系统排出的热水及石油、化工、铸造等工业生产过程中大量的废热水排入江、河、湖、海等水体，使水体温度上升，水中溶解氧含量降低，水生生物的新陈代谢加快。在0～40℃内温度每升高10℃，水生生物的生化反应速率会加快1倍。同时，微生物分解有机物的能力随温度的升高而增强，导致水体缺氧更加严重，从而引起鱼类和其他水生生物的死亡。

4.1.3.3 热污染对大气的影响

随着全球人口数量的增长和经济的飞速发展，城市排放到大气中的热量也逐渐增多，形成“温室效应”，导致地球温度逐渐升高。人类社会使用的全部能量最终会全部转化为热量传入大气，使地面反射太阳热能的反射率增高，吸收太阳辐射热减少、上升气流减弱，从而影响降雨，造成部分地区干旱，影响农作物的生长。

4.1.4 温室效应

4.1.4.1 温室效应与温室气体

大气中的一些气体能使太阳能量通过短波辐射到达地面，但地表以长波形式向外散发的能量却被这些气体吸收，这样就使地表与低层大气温度升高。除二氧化碳外，目前还发现人类活动排放的甲烷、氧化亚氮、氢氟碳化物、全氟化碳、六氟化硫都是温室气体。温室效应如图4-1所示。

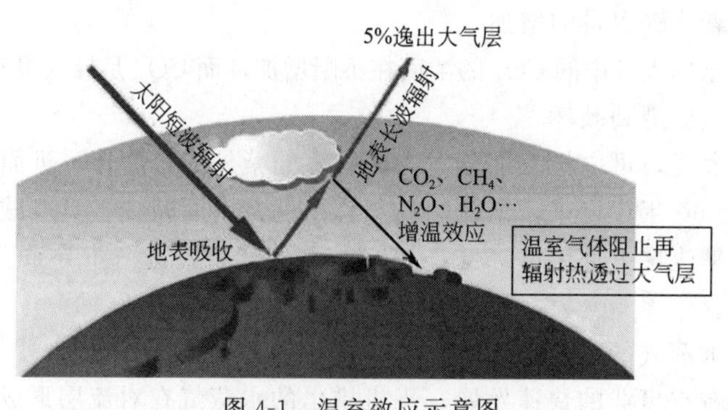

图4-1 温室效应示意图

（资料来源：李连山， 2009）

4.1.4.2 温室效应的影响

有研究表明，全球气候的变化与温室气体的含量呈现正相关关系。近年来，由于温室效应的加剧，已经导致了严重的全球变暖，有资料显示，在过去的 20 年全球温度已经升高了 0.3～0.6℃。温室效应的危害如表 4-4 所示。

表 4-4 温室效应的危害

危害	说明
区域性自然灾害加重	全球温室效应会引起降雨的不平衡，有些地方的降雨量会增加，甚至会引起洪涝、飓风暴雨等极端天气现象，自然灾害更加严重。而有些地区却会出现极度的干旱天气
冰川消退，海平面上升	气温的逐渐升高，两极地区的冰川也会融化，从而引起海平面的上升，再加上由于地下水过度开采造成的地面下沉，将导致很多沿海城市、岛屿以及低洼地区受到威胁，甚至最终被海水吞没
气候带北移，危害地球生命系统	据估计，气温升高 1℃，北半球的气候带将北移约 100km，若升高 3.5℃，则会向北移动 5 个纬度左右。如果物种迁移相应的速度落后于环境的变化，则该物种就有可能灭绝
危害人类健康	温室效应导致极热天气频繁出现，会降低人类的自身免疫力，使呼吸系统和心血管疾病的发病率上升，同时还会加速流行性疾病的扩散与传播，从而威胁人类健康

（资料来源：李连山，2009）

4.1.5 热岛效应

4.1.5.1 “热岛效应”现象

如果同时测定一个城市距地面一定高度位置处的温度数据，然后绘制在城市地图上，就可以得到一个城市近地面等温线图，在建筑物最为密集的市中心，闭合等温线温度最高，然后逐渐向外降低，郊区温度最低，这就像突出海面的岛屿，高温的城市处于低温郊区的包围之中，这种现象被形象地称为“城市热岛效应”。城市热岛效应是城市气候效应的主要特征之一。城市热岛效应示意图如图 4-2 所示。

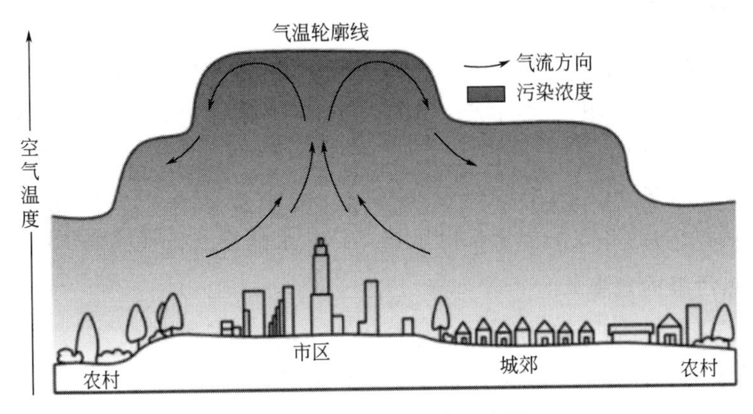

图 4-2 城市热岛效应示意图

（资料来源：李连山，2009）

4.1.5.2 城市热岛效应的成因

城市热岛效应主要是由 3 方面原因引起的：城市下垫面的变化、人为热源的影响以及大气成分的变化。具体成因如表 4-5 所示。

表 4-5　城市热岛效应的成因

成因	说明
城市下垫面特性的影响	下垫面即大气底部与地表的接触面。城市内大量的人工构筑物如混凝土、柏油地面、各种建筑墙面等，改变了下垫面的热属性。这些人工构筑物吸热快，传热快，而热容量小，在相同的太阳辐射条件下，它们比自然下垫面（绿地、水面等）升温快，因而其表面的温度明显高于自然下垫面。这些高温构筑物形成巨大的热源，烘烤着周围的大气和人们的生活环境，而且由于城市植被面积少，建筑密集，不利于城市散热，因此白天蓄热多，晚上散热慢，进一步加剧了城市热岛效应
人为热源的影响	工业生产、居民生活制冷采暖等固定热源，交通运输、人群等流动热源不断向外释放废热。城市耗能越大，热岛效应越强
城市大气成分的变化	城市中的机动车辆、工业生产以及大量的人群活动产生的 NO_x、CO_2、粉尘等物质改变了城市上空大气的组成，使其吸收太阳辐射和地球长波辐射的能力得到了增强，加剧了大气的温室效应，引起地表的进一步升温，从而加剧了城市热岛效应

（资料来源：任连海，2008）

4.1.5.3　城市热岛效应的影响

城市热岛效应的存在，使得城区冬季缩短，霜雪减少，有时甚至出现城外降雪城内下雨的现象，进而降低城区冬季采暖的能耗。城市热岛效应会给城市带来暴雨、飓风、云雾等异常的天气现象，即“雨岛效应”“雾岛效应”。市区中心空气受热不断上升，周围郊区的冷空气向市区汇流补充，城乡间空气的这种对流运动称为“城市风”。而在城市热岛中心上升的空气又在一定高度向四周郊区冷却扩散下沉以补偿郊区低空的空缺，这样就形成了一种局地环流，称为“城市热岛环流”。城市的热岛效应会增大用水量，加大城市的能源消耗，导致更多的废热排到环境中，进一步加剧城市的热岛效应。

4.2　热污染评价与标准

4.2.1　水体热污染评价与标准

向自然水体排放的废温热水导致水体温度升高，当温度升高到影响水生生物的生态结构时，就会发生水质恶化，影响人类生产、生活的使用，即为水体热污染。工业冷却水是水体热污染的主要来源，其中以电力工业为主，其次是冶金、化工、石油、造纸和机械工业。另外，核电站也是水体热污染的主要热量来源之一，一般轻水堆核电站的热能利用率为31%～33%，而剩余的约2/3的能量都以（热）冷却水的形式排放到周围的环境中。

4.2.1.1　水体热污染的危害

（1）水体热污染会降低水体溶解氧且加重水体污染

温度升高，水的黏性降低，水体中沉积物的沉降作用降低。

（2）水温的升高将会导致藻类种群的群落更替

当水温是20℃左右时，硅藻是优势藻类群落；当水温是30℃左右时，绿藻是优势藻类群落；当温度处于35～40℃时，蓝细菌的增殖速度很快，它不仅是鱼类的良好饵食，而且其中一些还有毒性，它们的大量存在还会降低饮用水水源水质，产生异味，阻塞水流和航道。

（3）水温升高将加快水生生物的生化反应速率

在 0～40℃的温度范围内，温度每升高 10℃，水生生物的生化反应速率增加 1 倍，会加剧水中化学污染物质（如氰化物、重金属离子）对水生生物的毒性效应。

（4）破坏水生生物生存环境

水体温度影响水生生物的种类和数量，从而改变鱼类的吃食习惯、新陈代谢和繁殖状况。

（5）水温升高还会增强温室效应

水温升高会加快水体的蒸发速度，使大气中的水蒸气和二氧化碳含量增加，从而增强温室效应，引起地表和大气下层温度上升，影响大气循环，甚至导致气候异常。

4.2.1.2 水体热污染的评价与标准

为了尽量降低水体热污染可能带来的对生态系统的破坏作用，通常是控制扩散后水体温升范围和热污染带的规模两项指标。《地表水环境质量标准》(GB 3838—2002) 中规定人为造成的环境水温变化应限制在：周平均最大升温≤1℃；周平均最大降温≤2℃。水温的测定方法详见《水质　水温的测定　温度计或颠倒温度计测定法》(GB 13195—91)。

由冷却水排放造成的水体热污染的控制标准通常以鱼类生长的最高周平均温度（MWAT）来确定。该指标是根据最高起始致死温度（UILT）和最适温度制定的一项综合指标。其计算公式为：

$$\text{MWAT}=\text{最适温度}+(\text{UILT}-\text{最适温度})/3 \tag{4-4}$$

其中，起始致死温度是 50％的驯化个体能够无限期存活下去的温度值，通常以 LT_{50} 表示。随着驯化温度的升高，LT_{50} 的值也不断升高，但驯化温度升高至一定程度时，致死温度 LT 将不再继续升高，而是固定在某一温度值，这个温度值便是最高致死温度。最适温度即最适宜鱼类生长的温度，不同鱼的不同生产阶段其所需要的最适温度也不相同。

目前有研究学者指出用㶲值作为水体热污染评价的参考。㶲是以参考标准环境热力学状态为基准的量，指的是系统与参考的标准环境达到热力学平衡时所做的功。㶲值是衡量温排水造成水体热污染程度的评价标准，可以用温排水的㶲值与水体的㶲值比较来表示水体热污染程度，即具有一定温升（㶲量）的温排水进入水环境时，将自身所有㶲值传递到水体中，若温排水传递的㶲值超过了水环境生态系统所具有的㶲值，则造成水体热污染。为了描述温排水对水环境的水体热污染程度，定义水体热污染率 α 为：

$$\alpha=\lambda Q_m E_{th}/E_x \tag{4-5}$$

式中　λ——系数，一般取 $1h/m^3$；

Q_m——温排水流量；

E_{th}——温排水的㶲值；

E_x——水环境的㶲值。其中：

$$E_x=\sum_{i=1}^{n} C_i W_i \tag{4-6}$$

式中　C_i——生态系统中第 i 个组分的权重因子，与生态系统组分的含量有关；

W_i——生态系统中第 i 个组分所具有的㶲值，对于生物体来说，W_i 与其储存的基因信息有关，每种生物或物质在不同季节的㶲值各不相同。

温排水与水环境生态系统状态的不平衡程度（即㶲差）描述了水体热污染程度，若温排水的㶲值小于或等于水环境生态系统的㶲值，即 $E_{th}\leqslant E_x$，$\alpha\leqslant 1$，则认为温排水未造成水体热污染；若水环境的㶲值足够大，即水环境对温排水的净化能力强，则水体热污染程度小，甚至可以忽略不计，反之，则造成水体热污染程度大。

【例 4-1】 以位于美国切萨皮克湾附近的某电厂为例，计算其夏季温排水的水体热污染率。该电厂装机容量约 120×10^4kW，所需循环水量为 $90m^3/s$，高于自然水温 10℃左右（该季节自然环境温度约为 20℃）的温排水直接排入切萨皮克湾水域。经计算，温排水的㶲值为 0.17kJ/kg。根据 Baird D 等人的研究，夏季切萨皮克湾生态系统中各物质或生物的含量和㶲值如表 4-6 所示。

表 4-6 夏季切萨皮克湾生态系统中各物质或生物的含量和㶲值 kJ/kg

序号	名称	权重因子 C_i/%	㶲值	序号	名称	权重因子 C_i/%	㶲值
1	浮游植物	1.6	23.12	16	蓝蟹	2.1	30.00
2	悬浮细菌	0.1	0.92	17	湾鳀鱼	0.4	5.10
3	沉积细菌	0.2	3.24	18	鲱鱼	0.2	3.18
4	底栖硅藻	0.2	2.45	19	黄花鱼	0.1	1.08
5	自由细菌	0.3	4.54	20	三鳍鳎	0.5	6.60
6	小型浮游动物	0.8	12.00	21	平口石首鱼	4.8	64.80
7	大型浮游动物	0.3	3.60	22	白鲈	0.4	6.30
8	栉水母门动物	0.1	1.14	23	鲶鱼	1.4	20.40
9	食悬浮体动物	5.2	73.20	24	竹荚鱼	0.2	3.00
10	海螂	0.8	12.00	25	细肉鱼	0.3	4.80
11	牡蛎	4.7	66.00	26	鲽鱼	0.4	5.46
12	多毛刚环节动物	5.6	79.20	27	鲈鱼	0.4	6.00
13	沙蚕	0.6	9.00	28	悬浮颗粒有机碳	1.2	17.36
14	白樱蛤	14.8	208.80	29	甲壳动物	0.8	12.00
15	小型底栖动物	2.2	31.20	30	沉淀有机碳	49.3	700.00
总计						100.0	1416.19

（资料来源：胡秋明，2016）

基于表 4-6 中的数据，计算夏季切萨皮克湾水环境生态系统中总㶲值：

$$E_x=\sum_{i=1}^{n}C_iW_i=\sum_{i=1}^{30}C_iW_i=393.17\ (\mathrm{kJ/g})$$

其温排水的水体热污染率：

$$\alpha=\lambda Q_m E_{th}/E_x=1\times90\mathrm{m^3/s}\times3600\mathrm{s}\times\frac{0.17\mathrm{kJ/kg}}{393.17\mathrm{kJ/g}}=0.14$$

经计算 α 小于 1，可认为该电厂并未对切萨皮克湾造成水体热污染。

4.2.2 大气热污染评价与标准

4.2.2.1 环境温度测量的方法

大气热环境在很大程度上受湿度和风速的影响。因为其反映环境温度的性质不同，测量方法有干球温度（T_a）法、湿球温度（T_w）法和黑球温度（T_g）法。三种方法测定的温度值各代表一定的物理意义，其测量值之间存在较大的差异。因此，在表示环境温度时，必须注明所使用的测量方法。不同测量方法之间的比较如表 4-7 所示。

表 4-7　环境温度不同测量方法之间的比较

方法	测量方法	公式
干球温度法	又称气温法，将水银温度计的水银球直接放置到环境中进行测量，记录得到的大气温度	无
湿球温度法	将水银温度计的水银球用湿纱布包裹起来，放置到环境中进行测量，测得的温度为饱和湿度下的大气温度，干球温度和湿球温度的差反映了环境的湿度状况	$h_e(P_w-P_a)=h_c(T_a-T_w)$ 式中　h_e——热蒸发系数； P_w——湿球温度下的饱和水蒸气分压(湿球表面的水蒸气的压强)，Pa； P_a——环境中的水蒸气分压，Pa； h_c——热对流系数； T_a——干球温度，℃； T_w——湿球温度，℃
黑球温度法	将水银温度计的水银球放入一直径为15cm、外表面涂黑的空心铜球中进行测定，此法的测量结果可以反映出环境热辐射的状况	$T_g=\frac{h_cT_a+h_rT_r}{h_r+h_c}$ 式中　T_g——黑球温度； T_r——平均辐射温度； h_r——热辐射系数

（资料来源：任连海，2008）

4.2.2.2　生理热环境指标

环境温度对人体产生的热效应与环境温度、环境湿度、风速（空气流动速度）等有关。环境生理学常用温度-湿度-风速综合指标表示环境温度，称为生理热环境指标。常用的生理热环境指标主要有以下几种，如表 4-8 所示。

表 4-8　常用的生理热环境指标

指标	指标说明	公式
有效温度(ET)	有效温度指将湿度、温度、空气流速对人体温暖感或冷感的影响形成一个单一数值的任意指标，数值上等于产生相同感觉的静止饱和空气的温度	无
操作温度(OT)	操作温度是平均辐射温度和空气温度关于各自对应的换热系数的加权平均值	$OT=\frac{h_rT_{wa}+h_cT_a}{h_r+h_c}$ 式中　T_{wa}——平均辐射温度； h_r——热辐射系数； h_c——热对流系数
干-湿-黑球温度	该温度值是干球温度法、湿球温度法和黑球温度法测得的温度值按照一定比例加权的平均值，可以反映出环境温度对人体生理影响的程度	① 湿球黑球温度指数(WBGT) $WBGT=0.7T_{nw}+0.2T_g+0.1T_a$(室外有太阳辐射)或 $WBGT=0.7T_{nw}+0.3T_a$(室外无太阳辐射) 式中　T_{nw}——自然湿球温度。 ② 温湿指数(THI) $THI=0.4(T_w+T_a)+15$ 或 $THI=T_a-0.55(1-f)(T_a-58)$ 式中　f——相对湿度，%

续表

指标	指标说明	公式
预测平均热反应指标(PMV)	由丹麦学者在ISO 7730标准《室内热环境PMV与PPD指数的确定及热舒适条件的确定》中提出	$PMV=[0.303\exp(-0.036M)+0.0275]S$ 式中 M——人体的新陈代谢率； S——人体热负荷，W/m^2
热平衡数(HB)	我国学者叶海在2004年提出，表示显热散热占总产热量的比值，可以用于普通热环境的评价，也可以作为PMV的一种简易计算方法	$HB=\frac{33.5-[AT_a+(1-A)]T_{wa}}{M(I_{cl}+0.1)}$ 式中 I_{cl}——服装的基本热阻 A——常数，为风速的函数

（资料来源：任连海，2008）

WBGT指数是综合评价人体接触作业环境热负荷的一个基本参量，用以评价人体的平均热负荷，其评价标准与人的能量代谢有关。

PMV的值在－3～＋3，负值表示感觉冷，正值表示感觉热。PMV指标代表了对同一环境中大多数人的舒适感觉，根据其结果可以对室内的热环境做出评价。

HB包含了影响热舒适的5个基本参数（空气温度、平均辐射温度、风速、活动量和服装热阻），可用于对热环境进行客观评价，其值为0～1。值越高，表示给人的感觉越凉。

4.2.2.3 大气热环境的影响

大气热污染对环境的影响主要表现在两个方面：一方面是大气热污染会引起局部天气变化，主要包括破坏降雨量的均衡分布，降低大气的可见度和城市热岛效应的进一步加剧；另一方面是大气热污染会引起全球气候变化，主要包括加剧温室效应和全球温度的升高。

4.3 热污染防治

4.3.1 水体热污染防治

对于水体热污染的防治，主要通过以下几个方面着手进行改善：

① 加强对废热水的管理，制定严格的排放标准。限定废热水的排放可以使水体增温幅度减小，排放标准的制定不仅要保护水域中的鱼类不受热污染的损害，还要考虑到环境保护与工程费用的统一。

② 改善能量利用，提高发电效率；改善冷却方式，达到排放标准。采用高效率的新技术，如燃气轮机增温发电、磁流体直接发电等来提高发电效率，提高能源的有效利用率，减少废热排放；还可以采取其他辅助冷却工程措施来降低废热水的温度，如冷却塔、漂浮喷射冷却装置、高效喷水池等设备均可以达到给废热水冷却降温的目的。

③ 加强对点源余热的综合利用。对温热水进行综合利用，不仅可以提高能源的利用效率，保护环境和水产资源，还可以增加经济效益和社会效益。例如：可以利用温热水进行水产养殖，利用电厂温排水对动物畜舍进行升温，冬季用废温热水进行灌溉，废热水用于供暖以及将废温热水用于污水处理等。

【例 4-2】 某公司硫化厂是能源消耗大户，锅炉产汽 80%以上用于硫化。除此之外，由于工艺的需要，每天还要生产大量的软水以用于轮胎硫化后的冷却，这些软水除一小部分循环利用外，大部分被排至地沟。这部分被排的废软水温度达 85℃以上，如果用于锅炉，不仅节约软水，而且节约大量能源。表 4-9 是轮胎硫化废热水回收前后的相关数据。

表 4-9 轮胎硫化废热水回收前后的相关数据

项目	回收前	回收后
锅炉产汽量/(t/h)	16	16
锅炉用水量/(t/h)	21.33	19.36
硫化日用水量/t	240	460
锅炉日制软水量/t	760	460
日耗工业盐量/t	1.2	0.7
给水温度/℃	20	85
给水碱度/(mmol/L)	5.5	3.8
锅炉排污率/%	33.3	21.0

(资料来源：王志杰，2010)

效益估算：

每天节水量＝回收前用水量－回收后用水量＝760－460＝300(t)，折合人民币（软水每吨成本 2.5 元）300×2.5＝750(元)。日回收热水量＝19.36×24＝465(t)，日回收热量＝465×1000×(85－20)＝30225000(kcal)[1]，折合原煤（比能 5300kcal/kg)30225000÷5300＝5703(kg)＝5.703(t)，考虑效率为 80%，则节煤量＝5.703÷0.8＝7.128(t)。

排污率由 33%降到 21%。回收前每小时排污量＝16×33%＝5.28(t)，回收后每小时排污量 16×21%＝3.36(t)，每天减少排污量＝(5.28－3.36)×24＝46.08(t)，减少热损失（1.0 MPa 饱和水 185.7kcal/kg)46.08×1000×(185.7－20)＝7635456(kcal)，折合原煤 7635456÷5300÷0.8＝1800(kg)＝1.8(t)。

日节约盐量＝1.2－0.7＝0.5(t)。动力站多开 2 台 7.5kW 水泵，冷却塔停开 1 台 45kW 水泵，年节约电费 2 万元。

4.3.2 大气热污染防治

大气热污染会导致大气中环境的温度升高，产生温室效应，大气热污染的防治要从以下几个方面入手：

① 增加森林的覆盖面积，增加温室气体的吸收，减少其排放。植物是一个巨大的绿色工厂，植物可以利用光能将二氧化碳和水在叶绿体中制造有机物，同时释放出氧气，保持着大气中氧和二氧化碳的平衡，对大气热污染防治具有极其重要的作用。

② 减少废热的排放。主要是通过提高燃料燃烧的完全性，进而提高能源的利用效率。目前我国能源的利用率有待提高，存在着能源浪费现象。

③ 减少化石燃料的使用，大力发展清洁能源和可再生性替代能源（风能、太阳能、潮

---

[1] 1kcal≈4.2J。

汐能、生物质能、水能、地热能等)。清洁型能源的利用对环境产生的有害污染物极少甚至不产生。

④ 保护臭氧层，提高全民对环境热污染的重视程度，共同采取“补天”行动。世界环境组织已将每年的9月1日定为国际保护臭氧层日。各国应严格执行《保护臭氧维也纳公约》和《关于消耗臭氧层物质的蒙特利尔协定书》等国际公约。

4.3.3 热岛效应的防治

城市建筑物的增多以及城市下垫面的减少是造成城市热岛效应的主要原因。因此，要缓解城市热岛效应主要从这两方面入手：加大城市绿化面积和增加城市下垫面的比例。

结合城市地形和气象条件进行合理设计，统筹规划，营造绿色通风系统，做好城市的垂直绿化。建筑物屋顶、阳台等地方都可以进行垂直绿化。例如在屋顶上种植绿色植物可以调节室内温度，遮挡太阳的照射，不仅夏季可以起到隔热的作用，而且冬季可以起到保温的作用，减少热量的散出。同时，植物的茂密叶片可以形成天然屏障，阻挡、吸收噪声，使室内人员感到安静。有研究表明，种植绿色植物的房屋的室内温度比没有种植绿色植物的室内温度低3～4℃。

研究表明，城市绿化覆盖率与热岛强度成反比，绿化覆盖率越高，热岛强度越弱，当绿化覆盖率大于30%时，热岛效应将得到明显的削弱；大于50%时，绿地对热岛效应的削弱作用极其明显。草坪是二氧化碳的消耗者，有研究进一步表明，生长良好的草坪，每平方米在1h内可以吸收1.5g的二氧化碳（相当于一个人的呼出量）；草坪还可以调节温度，据测量，在夏季，草坪能降低气温3～3.5℃，冬季却能增温6～6.5℃，可以极大地降低城市的热岛强度。城市人口密集也是城市热岛效应的原因之一，在规划新城区时，要控制人口密度。加强对工业废气以及机动车尾气的治理，减少对大气成分的影响。

4.3.4 余热利用技术

煤炭、石油等一次能源用于生产生活后都会产生各种形式的余热，这些余热存在于液体、固体以及气体等物态形式中，这些余热也是造成热污染的重要原因。余热属于二次能源，如果我们能很好地利用余热，对于环境的改善以及能源的节约都将具有重要意义。

(1) 工业窑炉高温排烟余热的利用

利用余热锅炉将工业窑炉的排烟余热进行回收，既可以提高整个窑炉系统的燃料利用率还可以提高经济效益。

(2) 冶金烟气的余热利用

冶金烟气的余热可以直接用作化工原料、加热物料、蒸汽发电以及用于生活取暖等。

(3) 城市固体废物的焚烧处理和废热利用

处理垃圾的热利用形式有回收热（热气体、蒸汽、热水）、发电以及转化为动力三大类型。回收利用焚烧炉的热形式有蒸汽供热、高温水供热以及低温水供热等形式。

核电厂温排水余热温度在50℃以下，属于低品位热能。核电站温排水余热利用可分为直接利用和非直接利用，余热直接利用的主要领域有种植业和养殖业。利用热泵技术把温排水提高温度后可充当加热油田的拌热水、集中供暖、海水淡化等。国内外温排水余热利用实践主要集中于水产养殖、大棚温室，还有集中供暖、海水淡化。余热综合利用是余热研究的发展趋势。图4-3是核电站温排水余热综合利用模块示意图。在余热综合利用系统中，可以

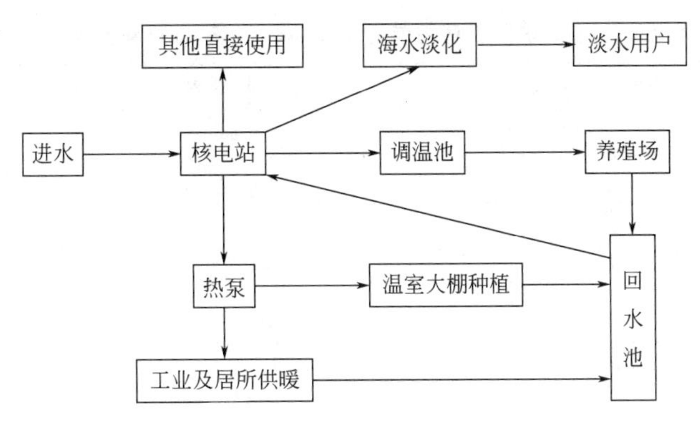

图 4-3 核电站温排水余热综合利用模块示意图

（资料来源：程利江，2015）

把非直接利用部分根据模块图进行再利用，此余热综合利用系统涉及农业、水产养殖、工业及居所供暖以及海水淡化，提高了核电站温排水的余热利用率，从而有效地控制热污染。

【例 4-3】 大同煤矿集团棚户区和沉陷区进行供热系统的改造工程。

在该工程中采用基于吸收式换热的热电联产集中供热技术，回收大同第一热电厂的汽轮机乏汽废热，在不新建热源、不增加污染物排放的情况下，提高了电厂供热能力，工程完成后实现 638 万平方米的建筑供暖，满足了 2010 年采暖季同煤“两区”建设采暖的需求。热电厂内安装 2 台废热回收机组，以汽轮机五段抽汽为驱动热源，回收低温乏汽废热加热热网回水，并对同煤“两区”热网的 14 座热力站进行改造，站内安装 18 台吸收式换热机组。通过回收大同第一热电厂供热机组 130 MW 的汽轮机排汽冷凝热，可将电厂供热能力提高 200 万平方米，使大同市少建 4 台 50t 集中式燃煤锅炉。一个采暖季回收凝汽废热量约为 179×10^4 GJ，占总供热量的 50%。如果燃煤锅炉效率按 80%计算，回收的废热量热值相当于节约 7.5×10^4t 标准煤，相应地每采暖季可减少二氧化碳排放量 17.2×10^4t，二氧化硫排放量 557.5t，氮氧化物排放量 485.4t，灰渣排放量 1.6×10^4t。整个采暖季乏汽废热回收量按照 15 元/GJ 计算，收益 2685 万元，静态投资回收期约为 3.5 年。采用基于吸收式换热的热电联产集中供热技术，将大同第一热电厂供热能力提高 49%，使系统供热能耗降低约 50%，既获得了良好的经济效益和环保的结果，又获得了很好的社会效益。

【例 4-4】 烧结大烟道烟气余热回收节能效果分析。

烧结工序在钢铁企业中属于高能耗工序，烧结工序余热主要包括烧结矿成品显热及烧结烟气显热。目前余热回收技术主要集中在烧结矿显热回收上，而烧结机尾部大烟道内高温烟气余热尚未全面回收利用。烧结矿经加热灼烧后，烧结机尾部大烟道内烟气温度为 300～400℃，最高可达 450℃左右。对烧结机尾部大烟道末端高温烟气余热进行有效回收，将余热锅炉汽包产生的蒸汽并入环冷蒸汽发电系统，进而提高烧结系统整体余热利用的蒸汽产量和发电量，达到节能减排、降本增效的目的。

宣钢 3 号 $360m^2$ 烧结大烟道余热锅炉回收利用装置 2017 年全年蒸汽产量和各种能源介质消耗量统计见表 4-10。

表 4-10　大烟道余热锅炉回收利用装置 2017 年全年蒸汽产量及能源介质消耗量

月份	余热锅炉产蒸汽量/t	设备耗电量/(kW·h)	消耗除盐水量/t
1～3	17710	15018	2024
4～6	20567	13080	2584
7～9	17247	10872	1901
10～12	15177	9228	3289
合计	70701	48198	9798

（资料来源：赵玉会，2019）

节能量分析：

2017 年全年 3 号 360m^2 烧结大烟道烟气余热回收装置产蒸汽量 70701t，全部并入环冷发电系统，扣除设备耗电量和消耗除盐水量后，折标煤量为：

(70701×2988.78×0.03412－48198×0.1229－9798×0.4857)÷1000＝7199.21(tce/a)

其中：蒸汽热焓值为 2988.78kJ/kg（0.9MPa，270℃）；热力（当量值）折标系数 0.03412kgce/MJ；电力（当量值）折标系数 0.1229kgce/(kW·h)；除盐水折标系数 0.4857kgce/t。

节能效益分析：

2017 年全年产蒸汽量 70701t，按蒸汽 140 元/t，电价 0.54 元/(kW·h)，除盐水 8 元/t 计算，则全年产生的节能效益为：(70701×140－48198×0.54－9798×8)÷10000＝979.37（万元）。

4.3.5　新型热污染控制技术

（1）热泵

泵是一种提升位能的装置，例如水泵主要用以提升水的高度，但是热泵却能够提取环境中空气、土壤或水中的低品位能量，通过电能做功的方式，输出可供使用的高品位热量。热泵系统中的低温热源多为平时比较常见的介质，诸如地表水、消防水、河水、空气、城市污水或生产设备释放的物质，工质和周边介质的温度差较小。若以火力发电厂循环水作为热源，通过热泵回收余热技术，便能够大幅降低能源消耗量。

热泵的工作原理如图 4-7 所示。热泵设备的开发利用始于 20 世纪 20—30 年代，直到 70 年代能源危机的出现，热泵技术才得以迅速发展。目前热泵主要用于住宅取暖和提供生活热水。在工业中，热泵技术可用于食品加工中的干燥、木材和种子干燥及工业锅炉的蒸汽加热等。热泵的热量来源可以是空气、水、地热和太阳能。其中以各种废水、废气为热源的余热回收型热泵不仅可以节能，同时也可以直接减少人为热的排放，减轻环境热污染。采用热泵与直接用电加热相比，可节电 80％以上；对于 100％以下的热量，采用热泵比锅炉供热可节约燃料 50％。

图 4-8 是莫斯科市乌赫托姆斯基小区的电-热-冷三联供系统，整个系统的能量都来自当地的“二次能源”。该小区有一根城市污水地下干管通过，而且附近 5 个热电站产生大量冷却水，这些废水处理后可作为压缩式热泵系统的低温热源。此外，这里有两个大型天然气分配站，把天然气的压力由 2MPa 减至 0.3～0.6MPa，利用这一压降驱动涡轮机发电，既可

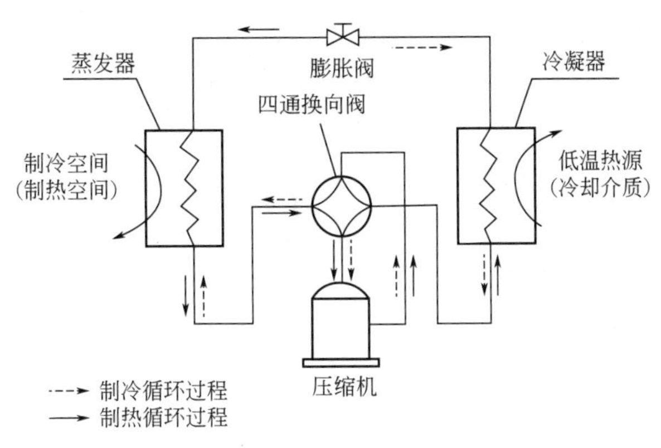

图 4-7　典型压缩式热泵的工作原理

（资料来源：黄勇，2013）

以保证热泵使用，又能满足小区其他用电。整个系统不需消耗任何化石燃料便可满足用户的供电、供热，室内游泳池供热，人工滑冰场及各种冷库的制冷，同时还可用于路面下融雪装置的供热。

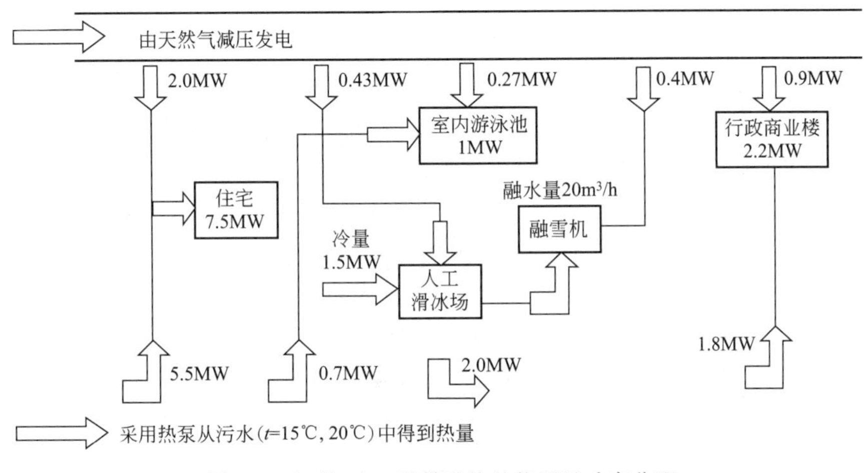

图 4-8　电-热-冷三联供系统的能源及功率分配

（资料来源：黄勇，2013）

【例 4-5】 工业炉壁温愈高，散失到空气中的热量愈多，对环境造成的热污染愈严重，同时工业炉的热利用率也愈低。目前大多数的工业炉表面温度较高，一般均在 120～200℃，造成大量的能源浪费。以某钢铁公司轧钢加热炉为例，其设计能力为 350t/h，有效尺寸为 50000mm×12000mm×3100mm，炉膛最高段温度 1250℃，维修后运行半年的炉壁外表面温度测试数据如表 4-11 所示。

表 4-11　某钢铁公司轧钢加热炉炉壁外表面温度测试数据（大气环境温度 $t_\infty=29$℃）

区域		预热段	一加热段	二加热段	均热段
测试平均温度/℃	炉顶	94.1	160.9	137.7	136.5
	侧墙	101.6	138.6	133.6	121.8

（资料来源：钱惠国，2008）

炉壁散热量计算公式：

$$Q_i=4.18\left\{4.88\varepsilon\left[\left(\frac{273+t_w}{100}\right)^4-\left(\frac{273+t_\infty}{100}\right)^4\right]+A(t_w-t_\infty)^{1.25}\right\}\times S_i \tag{4-7}$$

式中 ε——炉壁黑度，取 $\varepsilon=0.8$；

t_w——炉壁温度；

t_∞——工业炉周围环境温度；

A——散热方向系数，向上 $A=2.8$，侧向 $A=2.2$，向下 $A=1.5$；

S_i——炉体散热面对应部位面积。

分别将表 4-11 温度值及相关散热面积值代入上式，得各部位表面散热量，见表 4-12。

表 4-12 炉体各部位表面散热量 W

区域	预热段	一加热段	二加热段	均热段
炉顶	151064.3	322472.7	296215	389043.2
侧墙	39 397.1	56 834.5	63 953.4	72505.5

（资料来源：钱惠国，2008）

为了有效地将炉壁散热进行回收利用，在炉壁外侧吊挂保温挡板，上部使用导流板导入平板式表面换热器进行热量回收，炉侧与挡板间距需通过上述理论计算等因素综合确定。炉壁的散热在间隔通道内加热空气，并由导流板汇集至炉顶的平板式表面换热器，然后采用热泵技术回收该部分热量，如图 4-4 所示。

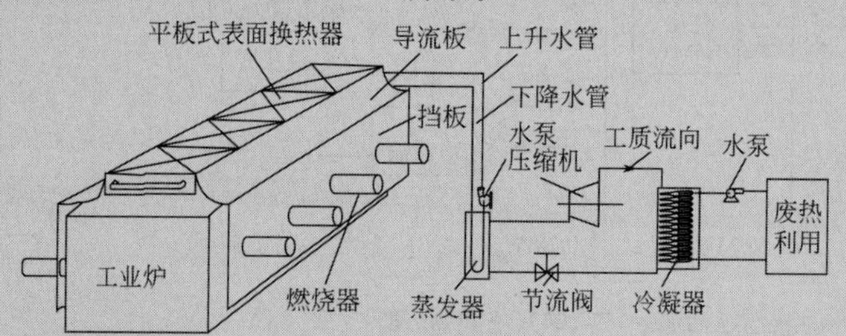

图 4-4 工业炉炉壁散热量利用流程图

（资料来源：钱惠国，2008）

当表面换热器阻力较大时，可使用低速风机提高抽力，确保间隔通道内气流顺畅。

如采用热泵技术进行热量回收，经计算，取热泵的制冷系数为 3.5，则压缩机功率为 162kW，小时制热量为 2.03×106kJ；每小时可生产 85℃热水 8.6t（取冷水温度 29℃）；扣除电力消耗，每年可节约标煤 405t，同时还由于强化炉壁保温，减少了大量热量的排放。

（2）热管

热管是一种截面小、传热量大且效率高的元件，热管的导热能力可达到良导体铜和银的几倍到几万倍，而且具有非常高的导热效率，其热导率为传统换热器的 10～20 倍；热管内部工作具有自发性，不需外部动力，更加节能；热管换热器内部各支热管相互独立，便于更换维修；热管内部两种换热介质互相隔开，即使一方发生故障也不会影响到另一方的工作，使用周期长。例如：热管在锅炉中的应用主要在空气预热器或排烟余热回收方面上。传统锅炉排烟管道余热回收率低，而使用热管换热器后，余热回收率高，更加节能。将热管安装在空调中，不仅可以对室内的回风能量进行回收利用，还可以提高空调换热效率，对节省空调能耗有着巨大意义。

【例 4-6】 基于热管的汽车尾气余热回收。

以一辆排量为 1.6L 的轿车为实验对象，排气管内径为 40mm。为了对可回收热量进行理论分析，该汽车转速分别为 900r/min、1500r/min、2000r/min 和 2500r/min 时对尾气的温度和流速进行了测量，结果如图 4-5 和图 4-6 所示。汽车尾气在不同温度下的物理性参数如表 4-13 所示。

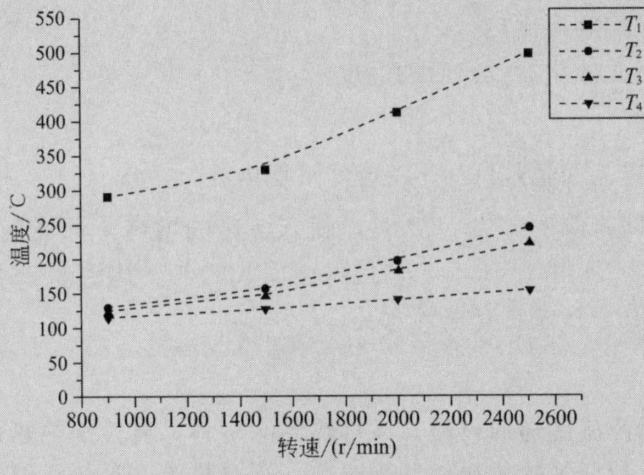

图 4-5 不同发动机转速的汽车尾气温度

（资料来源：石亚东，2017）

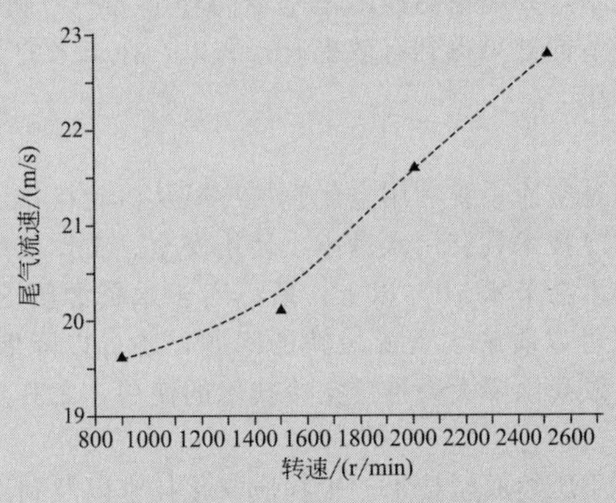

图 4-6 不同发动机转速的汽车尾气流速

（资料来源：石亚东，2017）

表 4-13 汽车尾气在不同温度下的物理性参数

温度 T/℃	密度 ρ/(kg/m^3)	定压比热容 c/[kJ/(kg·℃)]
100	0.919	1.1077
200	0.724	1.1319
300	0.598	1.1607
400	0.509	1.1919
500	0.443	1.2236
600	0.392	1.2540

（资料来源：石亚东，2017）

尾气的质量流量为：

$$M=\rho vA=\rho v\pi(d/2)^2 \tag{4-8}$$

式中 v——尾气流速；

ρ——汽车尾气的密度；

A——汽车排气管面积；

d——汽车排气管直径。

尾气的热流量为：

$$Q_{engine}=cM\Delta T=\frac{1}{4}c\rho v\pi d^2(T_0-T_\infty) \tag{4-9}$$

式中 c——尾气的平均定压比热容；

T_0——尾气从三元催化器排出后的温度；

T_∞——环境温度。

若尾气热回收装置的回收效率为 η，则可回收热量为：$Q_{recovery}=\eta Q_{engine}$ (4-10)

当热回收装置的回收效率 η 为 50%时，随着转速的增高，从尾气中回收的热量逐渐增多，在发动机转速为 2500r/min 时，从尾气中回收的热量达到 3.28kW，这些热量在汽车制冷、供暖和热发电等领域具有重要意义。

(3) 隔热材料

隔热材料是能阻滞热流传递的材料，又称热绝缘材料，有传统绝热材料如玻璃纤维、石棉、岩棉、硅酸盐等，新型绝热材料如气凝胶毡、真空板等。隔热材料不但有着十分低的导热性能，同时还有着较强的热阻性，所以通常会在热工机械与围护等有关方面加以应用。例如：针对建筑节能环保技术，外墙保温技术是基本的环节之一，确保建筑的外墙保温性能，能够有效降低其能耗，使节能效果得到有效提升。所以，在未来的节能技术中，隔热材料的研发和使用将起到重要作用。

(4) 空冷技术

所谓的空冷技术指的是空冷系统利用空气直接冷凝从汽轮机排出的气体，空气与排气通过散热器进行热交换。空冷技术具有用水量小、使用安全、工作效率高等特点。与使用水冷凝方法相比，采用空冷技术会节水 70%以上，所以对于水资源匮乏、煤炭资源丰富的我国来说，使用空冷技术不但可以缓解水资源短缺的问题，还可以降低环境污染、减轻能源消耗，可谓是一举多得，所以我国要大力推广空冷技术的使用，尤其是对于发电厂。

(5) 生物能技术

生物能技术包括生物质压缩成型技术、生物质气化技术以及利用生物质生产燃料酒精等技术。生物质压缩成型燃料具有较高的环保节能效应和燃烧性能，丰富的农业、林业资源使我国生物质压缩成型燃料具有较大的潜力，而且通过生物质气化技术的不断发展以及对生物质的研发应用，可以缓解我国的能源危机和对环境保护产生积极作用。

生物质热裂解是生物质在完全缺氧或有限氧供给的条件下热降解为液体生物油、可燃气体和固体生物质炭三个组成部分的过程。控制热裂解条件（主要是反应温度、升温速率等）可以得到不同的热裂解产品。生物质热裂解液化则是在中温（500～600℃）、高加热速率（10^4～10^5℃/s）和极短气体停留时间（约 2s）的条件下，将生物质直接裂解，产物经快速冷却，使中间液态产物分子在进一步断裂生成气体之前冷凝，得到高产量生物质液体油的过程，液体产率（质量分数）可高达 70%～80%。

下面以引流床液化工艺为例介绍其主要过程（图 4-9）。物料干燥粉碎后在重力作用下进入反应器下部的混合室，与吹入的气体充分混合。丙烷和空气燃烧产生的高温气体与木屑混合向上流动穿过反应器，发生裂解反应，生成的混合物有不可冷凝的气体、水蒸气、生物油和木炭。旋风分离器分离掉大部分的炭颗粒，剩余气体进入水喷式冷凝器中快速冷凝，随后再进入空气冷凝器中冷凝，冷凝产物由水箱和接收器收集。气体则经除雾器后，燃烧排放。该工艺生物油产率为 60%，没有分离提纯的生物油是高度氧化的有机物，具有热不稳定性，温度高于 185～195℃就会分解。

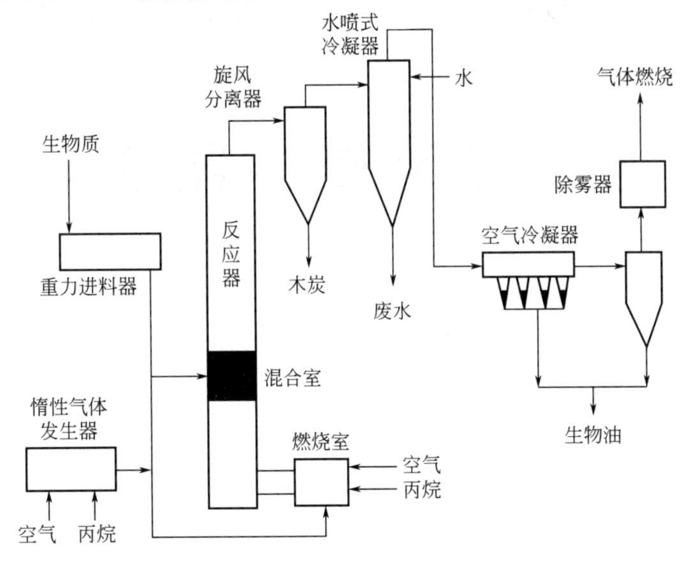

图 4-9　引流床反应器工艺流程

（资料来源：黄勇，2013）

（6）二氧化碳捕集、利用和封存技术

二氧化碳捕集、利用和封存技术（简称 CCS）被视为是一种直接、有效的减排手段，该技术是将原本排放到大气中的 CO_2 进行捕集，经过处理后注入封闭的地下储层，从而减少 CO_2 向大气中的排放，减缓大气污染和温室效应。

4.3.6　健全相关法律法规

普及热污染知识，增强人们对热污染的认识；健全水体热污染和大气热污染的排放标准和评价体系，并予以其法律地位；有关职能部门加强监督管理，加大对环境造成热污染的企业或个人的处罚力度；对废热排放征收排放税。

复习思考题

1. 什么是热污染？热污染源包括哪些？
2. 人类活动对热污染的形成有哪些贡献？
3. 温室效应是如何形成的？有哪些影响？
4. 热岛效应是如何形成的？有哪些影响？
5. 如何评价水体热污染？
6. 如何评价大气热污染？
7. 详述水体热污染防治方法。
8. 详述大气热污染防治方法。
9. 详述余热利用技术方法。
10. 新型热污染控制技术包括哪些？

5 光污染控制工程

【内容提要】

本章介绍了光污染及其类型，光污染的测量与评价，光污染的防治管理，光污染的防治技术，光污染防治技术的应用。

5.1 概述

5.1.1 光污染及其类型

光污染是现代社会中伴随着新技术的发展而出现的环境问题，是干扰光或过量的光辐射对人、生态环境和天文观测等造成的负面影响的总称，属于物理性污染。光污染是局部的，随距离的增加而迅速减弱，在环境中不存在残留物，光源消失后污染即消失。它是一种新的环境污染源，其存在形式多种多样，在危害生物及其生存环境的同时对人类的生活健康也构成重大威胁，必须采取相应的措施进行积极预防，以改善城市生活环境。

光污染的分类是科学分析光污染成因及危害，并有针对性地预防污染产生的前提。依据不同的分类原则，光污染可以分为不同的类型。国际上一般将光污染分成 3 类，即彩光污染、白亮污染、人工白昼。

(1) 彩光污染

彩光污染指舞厅、夜总会、夜间游乐场所的黑光灯、旋转灯、荧光灯和闪烁的彩色光源发出的彩光所形成的光污染（图 5-1）。由于智能手机使用量的迅速增加，手机屏幕产生的彩光污染成了现阶段最严重的污染源之一。其会导致光害综合征，引起神经衰弱等病症，影响人类的身体及心理健康。

(2) 白亮污染

白亮污染是指高层建筑的幕墙上采用了涂膜或镀膜玻璃，当日光和人工光照射到玻璃表面上时，由于玻璃的镜面反射而产生眩光，从而影响人或动物正常活动的现象（图 5-2）。白亮污染的亮度来源主要是建筑材料反光，其危害范围主要存在于室外，且多形成于白天阳光充足的时间段。白亮污染会损伤视力，引发白内障及损伤人体健康，造成间接经济损失，即使人类可以做到不长时间面对电子屏幕，仍然无法避免光污染给人体带来的伤害。

图 5-1　彩光污染

图 5-2　白亮污染

（3）人工白昼

夜幕降临后，商场、酒店上的广告灯、霓虹灯闪烁夺目，令人眼花缭乱，这些在夜景照明中人为形成的大面积照亮光源导致的光污染即为人工白昼（图 5-3）。各种灯具的光汇集是人工白昼的主要污染源，人工白昼主要发生在夜幕降临之后，这种光污染使人昼夜不分，视疲劳和视力下降，干扰大脑中枢神经，影响心理健康，容易使人产生疲劳综合征。

图 5-3　人工白昼

此外，光污染按波长分类可分为可见光污染、红外线污染、紫外线污染。

（1）可见光污染

可见光污染中比较常见的是眩光污染。眩光是在人眼中具有较高亮度对比度、使人眼不舒适的光。如汽车夜间行驶时照明用的头灯，厂房中不合理的照明布置等都会造成眩光。某些工作场所，例如火车站和机场以及自动化企业的中央控制室过多和过分复杂的信号灯系统也会造成工作人员视觉锐度的下降，从而影响工作效率。

（2）红外线污染

红外线污染是光污染的一种，主要是因为红外线具有热效应和一定的穿透能力，对人的皮肤和眼睛有直接伤害。人眼如果长期暴露于红外线，可能会伤害视网膜，造成角膜烧伤（浑浊、白斑），引起白内障等。

（3）紫外线污染

紫外线是伤害性光线的一种，其已被确定与许多现象的产生有关，例如：皱纹、晒伤、白内障、皮肤癌、视觉损害、免疫系统的伤害。紫外线最早是应用于消毒工艺，近年来它的使用范围不断扩大，如用于人造卫星对地面的探测。

5.1.2　光污染产生的原因

城市光污染的来源主要包括以下几个方面：

① 建筑物或构筑物夜景照明产生的溢散光和反射光。

② 各类道路照明产生的溢散光和反射光。

③ 商业街以外地区的城市广告标志照明产生的溢散光和眩光。

④ 商业街的建筑物、店面和广告标志照明，特别是高亮度的霓虹灯、投光灯广告及灯箱广告照明产生的溢散光、眩光和反射光。

⑤ 园林、绿地和旅游景点的景观照明产生的溢散光和干扰光。

⑥ 广场、体育场馆、工厂、工地、矿山、港口、码头及立交桥等大面积照明产生的溢散光、干扰光和反射光。

引起光污染的主要原因还包括很多人为的因素，如城市夜间室外功能和景观照明发展的盲目性、无序性；部分城市或相关业主相互攀比，认为夜间照明越亮越好，导致亮度越来越高；控制光污染的标准和规范不健全和实施力度不够；夜景照明的规划、设计，特别是照明水平的确定、光源和灯具的选择、照明布灯方案等没有严格执行相关标准；照明设施的管理制度与措施不健全等。

5.2 光污染的测量及评价

5.2.1 光污染的测量

对光进行定量分析是进行光污染评价及防治的前提，目前常用的光的基本物理量主要有光通量、发光强度、照度、亮度、曝光度及明度。

5.2.1.1 光通量

光通量指按照国际规定的标准人眼视觉特性评价的辐射通量的导出量，用来描述不同波长组成的辐射能量被人眼接收后所引起的总的视觉效应。光通量的单位为流明（lm），通常用 Φ 来表示。光通量是说明某一光源向四周发射出的光能总量，不同光源发出的光通量在空间的分布是不同的。

光通量的计算公式如下：

$$\Phi(\lambda)=K_{m}V(\lambda)p(\lambda) \tag{5-1}$$

式中 $\Phi(\lambda)$ ——波长为 λ 的光通量，lm；

λ——波长，事实上人眼只对波长位于 380～780nm 的可见光有反应；

K_{m}——最大光谱光视效能，对明视觉，在 $\lambda=555$nm 处，$K_{m}=683$lm/W；

$V(\lambda)$ ——光谱光视效率曲线，它描述了人眼对不同波长的光的反应强弱，如图 5-4 所示；

$p(\lambda)$ ——波长为 λ 的辐射能通量（辐射源在单位波长间隔内发射的能量），W。

多色光的光通量为各单色光之和，计算公式如下：

$$\Phi(\lambda_{n})=\Phi(\lambda_{1})+\Phi(\lambda_{2})+\Phi(\lambda_{3})+\cdots=K_{m}\Sigma[p(\lambda)V(\lambda)] \tag{5-2}$$

5.2.1.2 发光强度

发光强度指光源所发出的光通量在空间的分布密度，符号为 I，单位为坎德拉（cd）。若光源在某一方向上的微小立体角 dΩ 内发出的光通量为 dΦ，则该方向上的发光强度计算公式如下：

$$I=\frac{d\Phi}{d\Omega} \tag{5-3}$$

$$\Omega=\frac{S}{r^2} \tag{5-4}$$

式中　I——发光强度，cd；

Φ——光通量，lm；

Ω——立体角，为球的表面积 S 对球心所形成的角，sr；

r——球半径，m。

$$d\Omega=dS/r^2=r\sin\theta d\beta\times r d\theta/r^2=\sin\theta d\beta d\theta \tag{5-5}$$

式中　dS——单元立体角所包围的球面面积，m^2；

θ——平面角，(°)，其立体角与平面角的关系如图 5-5 所示。

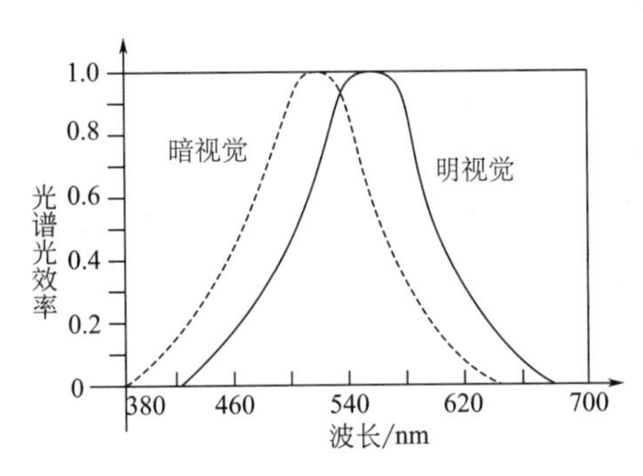

图 5-4　光谱光视效率曲线

（资料来源：吴鹏飞，2015）

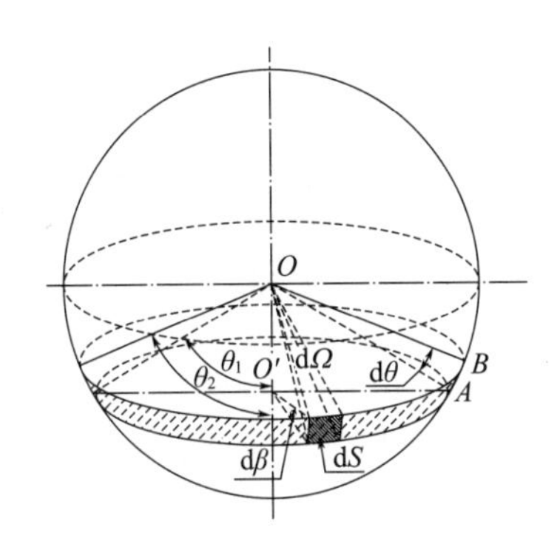

图 5-5　立体角与平面角的关系

（资料来源：许景峰，2016）

发光强度与光通量是光度量中非常重要的两个物理量，由式(5-3) 可知，光源的光通量可以通过发光强度的空间分布得到，光强分布表示光源在空间各方向上的发光强度值。

$$\Phi=\int_{(\Omega)} I d\Omega \tag{5-6}$$

因此，根据发光强度与光通量之间的理论公式，光源或灯具的光通量可以通过光强分布测量结果计算得出。

通常光源的光强分布测量是在一定数目的面内进行测量的。测量的结果即为该光源在这个面上的光强分布曲线，通常是极坐标曲线，此曲线可以代表光源在空间各个方向上的光强分布。配光曲线的数目和测量面的选择取决于光源的种类、用途以及角度式光度测试仪的类型。通常公认的光强分布测量有 3 种常用的面体系，即 A 面系、B 面系和 C 面系，如图 5-6 所示。

无论采用哪种体系，其目的都是为了测量以照明光学中心的一个点光源在不同的水平角度和垂直角度上的发光强度值，只是不同平面系统所定义的水平和垂直角度不同。但各平面系统之间的两个角度是可通过公式相互转换的。

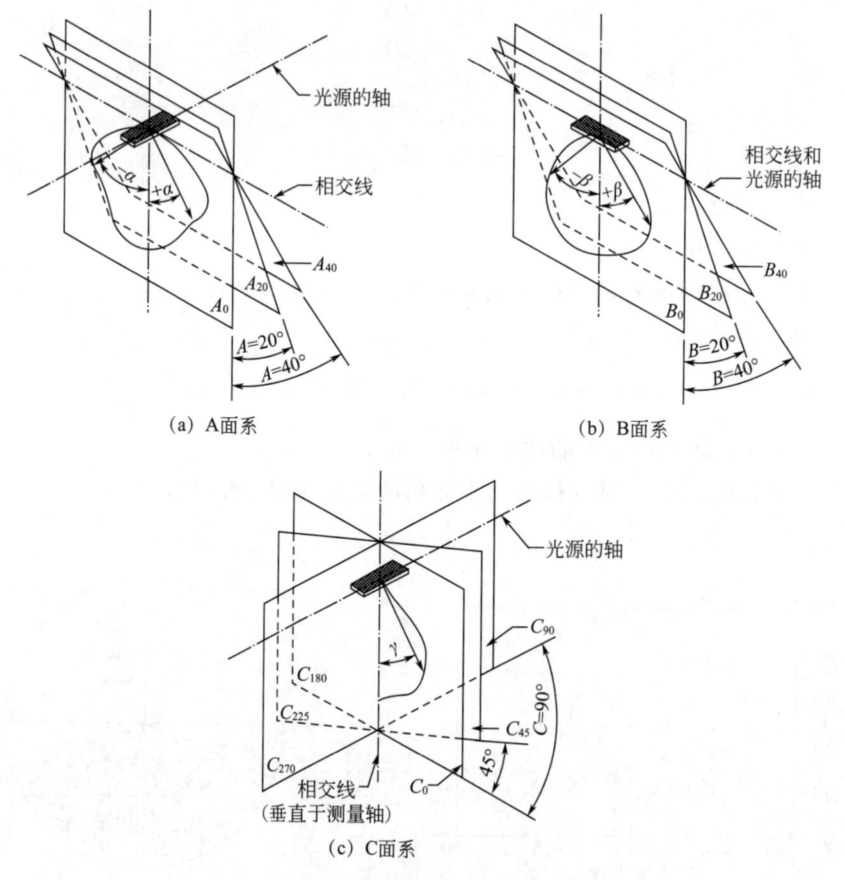

(a) A面系　　(b) B面系　　(c) C面系

图 5-6　光强分布测量常用的 3 种面体系

（资料来源：许景峰，2016）

常用的光强分布测量仪器为旋转光源的角度式光度测试仪，其原理是光源围绕一个竖直轴和一个水平轴转动，光度探头固定不动，主要有 3 种基本类型，如图 5-7 所示。

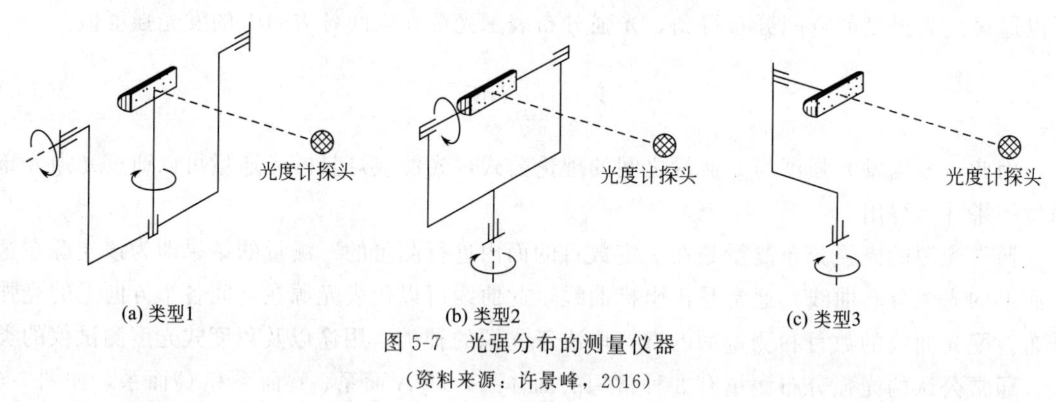

(a) 类型1　　(b) 类型2　　(c) 类型3

图 5-7　光强分布的测量仪器

（资料来源：许景峰，2016）

5.2.1.3　照度

光照强度是指单位面积上所接收可见光的能量，简称照度，单位为勒克斯（Lux 或 lx），符号为 E，用于指示光照的强弱和物体单位面积被照明程度的量。一个被光线照射的表面上的照度定义为照射在该表面单位面积上的光通量，面元 dS 上的光通量为 dΦ，则此面元上的照度 E 的计算公式如下：

$$E=\frac{d\Phi}{dS} \tag{5-7}$$

由式(5-7)可知，$1lx=1lm/m^2$，被光均匀照射的物体，在 $1m^2$ 面积上所得的光通量是 1lm 时，它的照度是 1lx。

当光源直径与被照表面距离较小时，该光源可视为点光源，则该光源产生的照度计算公式如下：

$$E=\frac{I}{r^2}\cos\alpha \tag{5-8}$$

式中 r——被照表面与点光源的距离，m；

α——光源与被照面法线所成的角，(°)。

一个区域的平均照度计算公式如下（多适用于室内）：

$$E_{av}=\frac{N\times\Phi\times CU\times MF}{S} \tag{5-9}$$

式中 E_{av}——平均照度，lx；

N——光源数量；

Φ——每一个光源光通量，lm；

CU——光源利用系数，一般室内取 0.4；

MF——维护系数，一般取 0.7～0.8；

S——区域面积，m^2。

【例 5-1】 某办公室平均照度设计案例。

设计条件：办公室长 18.2m，宽 10.8m，灯具采用 DiNiT 2×55W 防眩日光灯具，光通量 3000lm，色温 3000K，显色性 Ra90 以上，灯具数量 33 套，光源利用系数与维护系数分别为 0.7、0.8，求办公室内平均照度是多少?

【解】 根据公式可求得：

$$E_{av}=(33\times6000lm\times0.7\times0.8)\div(18.2m\times10.8m)$$
$$=110880.00lm\div196.56m^2=564.10lx$$

人的视力（V）随着照度的变化而变化，它与照度的关系为：

$$V=\frac{2.46E}{(0.412+E^{2/3})^3} \tag{5-10}$$

式(5-10)表明，当辐照度增大时，视力随之变得较好；当辐照度超过一定的界限时，视力将不随之增大，相反可能产生耀目效应，影响视力。虽然当光线很明亮时，视力效果很好，但是长期处在这样的光环境中会使眼睛感到不舒服和视疲劳，所以我们所生活的光环境也要有一个适当的范围，在这个范围内，人的工作效率达到最佳，而且视觉也最舒适。通过大量的试验表明，这个照度范围为 50～200lx，最佳点在 100lx 附近。

现在有人使用一定照度下的实际视力与适宜照明下的最佳视力之比（R_u）来表示照度的适宜程度，即：

$$R_u=\frac{E}{\left(0.412+\frac{1}{3}E\right)^3} \tag{5-11}$$

不同环境下视觉要求的 R_u 值不同，如表 5-1 所示。

表 5-1 不同视觉要求建议的 R_u 值

视觉要求	实例	建议的 R_u 值
不需要看清细节	廊下、楼梯、粗的机械作业	0.70
短时间看书及其他容易的视觉工作	食堂、会客室、休息室	0.80
长时间阅读及其他远距离作业	事务室、图书馆、一般工厂作业、办公室	0.85
长时间精细视觉作业	制图室、工具制作和检查工作	0.90

(资料来源:张继有,2005)

目前国内外对照度的测量主要采用客观上的物理测量法，即照度计（或称勒克斯计）。简单的照度计通常由硒光电池或硅光电池和微安表组成，如图 5-8 所示。

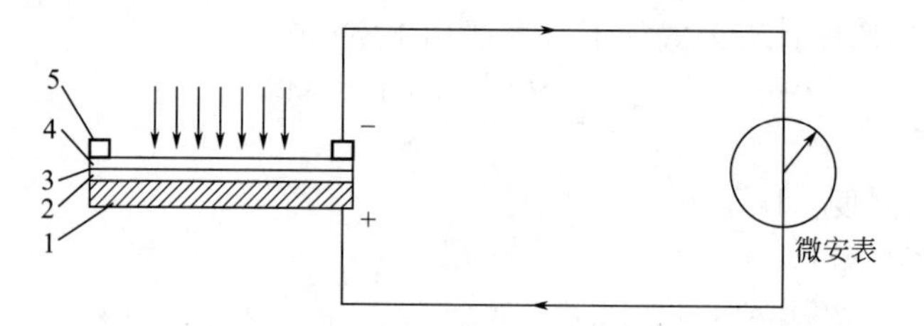

图 5-8 硒光电池照度计原理图

1—金属底板；2—硒层；3—分界层；4—金属薄膜；5—集电环

（资料来源：刘惠玲，2014）

光电池是把光能直接转换成电能的光电元件。当光线射到硒光电池表面时，入射光透过金属薄膜 4 到达半导体硒层 2 和金属薄膜 4 的分界面上，在界面上产生光电效应。产生的光生电流的大小与光电池受光表面上的照度有一定的比例关系。这时如果接上外电路，就会有电流通过，电流值从以勒克斯（lx）为刻度的微安表上指示出来。光电流的大小取决于入射光的强弱。照度计有变挡装置，因此既可以测高照度，也可以测低照度。

5.2.1.4 亮度

亮度是衡量发光体表面发光强弱的物理量。人眼从一个方向观察光源，在这个方向上的光强与人眼所见到的光源面积之比，定义为该光源单位的亮度，即单位投影面积上的发光强度，亮度的单位是坎德拉/平方米（cd/m^2），符号为 L_α，其计算公式如下：

$$L_\alpha = \frac{dI_\alpha}{dS\cos\alpha} \tag{5-12}$$

式中 α——物体表面法线与光源之间的夹角。

目前测量光源亮度的仪器主要有两类，一类是遮筒式亮度计，一类是透镜式亮度计。

遮筒式亮度计（图 5-9），适于测量面积较大、亮度较高的目标，若窗口亮度为 L，则窗口的发光强度为 LA，它在光电池上产生的照度为：

$$E = \frac{LA}{l^2} \tag{5-13}$$

透镜式亮度计（图 5-10），适于测量面积较小或距离较远的目标，其主要原理是光辐射由物镜接收，在带孔反射镜上成像，一部分经反射镜反射进入目视系统，一部分经小孔、积分镜进入光探测器。

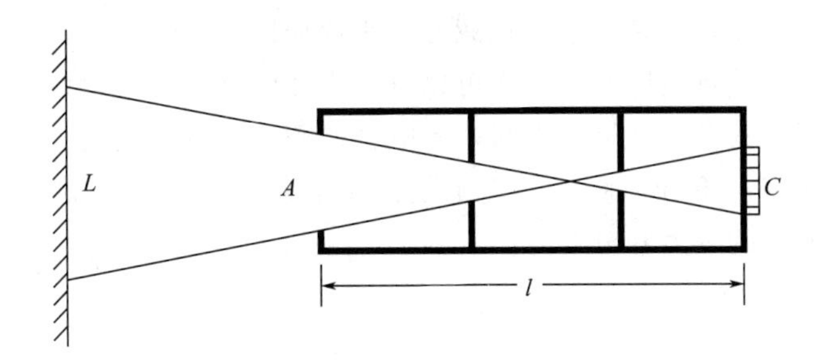

图 5-9　遮筒式亮度计构造原理图

A—圆形窗口的面积；C—光电池；L—亮度为 L 的光源照射；l—筒长

（资料来源：黄勇，2013）

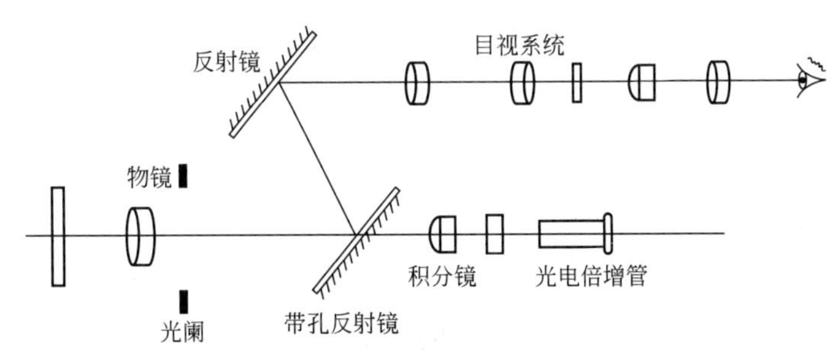

图 5-10　透镜式亮度计构造原理图

（资料来源：李连山，2009）

5.2.1.5　曝光度

受照表面的照度 E 对被照时间 t 的积分称为该表面的曝光度，用 H 表示，即：

$$H=\int_0^t E\mathrm{d}t \tag{5-14}$$

曝光度的单位为 lx・s 或 lx・h。

5.2.1.6　明度

（1）明度

又称色阶、光度或色度，是指色彩的明暗程度。从光的物理性质来看，色彩的明度与光波振幅的大小有关，振幅越大，进光量越大，物体对光的反射率越高，因此明度也就越高；反之，振幅越小，明度也就越低。

（2）有彩色系

指光源色、反射光或透射光能够在视觉中显示出某一种单色光特征的色彩序列。基本度量单位包括明度、色调、饱和度。

（3）无彩色系

指光源色、反射光或透射光未能在视觉中显示出某一种单色光特征的色彩序列。基本度量单位只有明度。

5.2.2　光污染的评价

在光污染评价中主要涉及的是眩光污染评价。眩光指在视野中某一局部地方出现过高的亮度，或前后发生过大的亮度变化，视野内产生人眼无法适应的光亮感觉，可能引起厌恶、不舒服感甚至丧失明视度，它是引起视觉疲劳的重要原因之一。

基于心理和生理侧重点的区别，眩光可以分为失能眩光和不舒适眩光。失能眩光的产生是由于强烈的、高亮度的散射光进入人眼，影响视网膜成像的清晰度和对比度，失能眩光会对人眼造成功能性伤害。不舒适眩光的产生是由于散射光线进入人眼，使人眼产生不舒适感，但并没有影响人眼的视力和分辨力。

5.2.2.1 失能炫光评价方法

阳光强烈的白天和过度照明的夜晚更容易带来严重的眩光污染，因此失能眩光多发生于室外。失能眩光的评价分为光幕亮度、阈值增量 TI（threshold increment）和眩光值 GR（glare rating）三种。

（1）光幕亮度

光幕亮度用来计算由光源产生的光线中有多少在眼睛中产生了眩光。其计算公式如下：

$$L_V = \frac{KE_{gl}}{\theta^n} \tag{5-15}$$

$$K = 9.05 \times \left[1 + \left(\frac{年龄}{66.4}\right)^4\right] \tag{5-16}$$

式中 L_V——等效光幕亮度（等效均匀亮度），cd/m^2，等效均匀亮度是指进入人眼导致视网膜成像对比度降低的杂散光的亮度；

E_{gl}——光源在眼睛产生的照度，lx；

θ——视线与光源形成的夹角，(°)；

n——常数，当 $0.2° < \theta \leqslant 2°$，$n = 2.3 - 0.7\lg\theta$，当 $\theta > 2°$时，$n = 2$。

从公式中可以看出，光幕亮度与眩光光源产生的照度、观察者视线形成的角度及观察者年龄等因素有关。

（2）阈值增量 TI

阈值增量表示当存在眩光源时，为了达到同样看清物体的目的，物体及其背景之间的亮度在对比时所需要增加的百分比。

$$TI = 60.275 \times \frac{L_V}{L^{0.862}} \tag{5-17}$$

式中 TI——阈值增量，%；

L_V——等效光幕亮度，cd/m^2；

L——平均路面亮度，cd/m^2。

（3）眩光值 GR

眩光值 GR 是一种简洁有效的失能眩光评价系统，一般用于室外照明水平超出一般道路照明条件的情况。其计算公式为：

$$GR = 27 + 24\lg(L_{vi}/L_{ve}^{0.9}) \tag{5-18}$$

式中 L_{vi}——眩光源产生的光幕亮度；

L_{ve}——环境所产生的光幕亮度。

$$L_{ve} = 0.035L_{av} \tag{5-19}$$

$$L_{av} = \rho E_{hav}\pi^{-1} \tag{5-20}$$

式中 ρ——区域漫反射反射比；

L_{av}——可看到的水平照射场地的平均高度，cd/m^2；

E_{hav}——水平区域的平均照度，lx。

5.2.2.2 **不舒适眩光评价方法**

不舒适眩光是室内照明质量评价的重要指标，目前国内外主要使用UGR统一眩光值系统对不舒适眩光进行评价，其计算公式如下：

$$UGR=8\lg\left(\frac{0.25}{L_b}\times\frac{L^2\Omega}{P^2}\right) \tag{5-21}$$

式中 UGR——统一眩光指数；

L_b——背景亮度，其数值等于观察者眼睛平面上的直接照度除以π，cd/m^2；

Ω——灯具有效发光面积对测试点形成的可视立体角，sr；

P——灯具的位置指数；

0.25——背景亮度系数。

5.3 光污染的防治管理

5.3.1 控制好污染源

随着照明技术的不断发展，光污染成为不可忽视的问题。要减少光污染带来的危害，应防治结合，首先要控制好光污染源，即加强城市规划与管理，提高灯光设施的质量，立足地方实际，如上海市规定“夏季23点以后彩灯熄灭”；其次明确城市不同部位照明亮度标准。

5.3.2 加强光污染立法

美国是控制光污染比较严格的国家，1/3以上的地区都拥有光污染方面的管理法规，但是至今也没有形成统一的法律性文件；日本于1994年正式确认光污染的存在，为了进一步遏制光污染，于2002年编写了《合理使用灯具指南》，2006年发布了《光污染管制指引》；欧洲各国也对光污染问题足够重视，英国政府2005年发表《清洁邻舍及环境法令》，增加了人为光线滋扰一项；捷克2002年制定世界上首部有关光污染防治的法规——《保护黑夜环境法》；2000年意大利北部的Lombardy制定了防治光污染的法规——《城市室外照明节能及防止光污染规定》，为绿色照明产业发展提供了有力保证。总之，世界很多国家都根据本国国情制定了相关法律法规和技术规范，但是因为各国建筑特点、风俗习惯等差异，国际上还没有制定出适用各国的统一光污染防治标准。

目前我国暂时没有专门防治光污染的法律法规，也没有相关部门负责灯光扰民问题，《行政诉讼法》《民事诉讼法》等也未涉及追究造成光污染者行政、民事责任的规定。地方有的光污染的明文条例主要强调防治，未提及侵害发生后如何处理，暂无相应处罚条例。如2004年我国的上海市制定了首部限定灯光污染的地方标准《城市环境（装饰）照明规范》，2001年杭州市制定了关于建筑玻璃幕墙使用的有关规定。

所以要减少光污染带来的危害，首先，在控制好光污染源的同时，还需要制定统一的标准及相关法律依据，国家和地方政府应该结合自身实际制定合理的光污染标准，并在此基础上制定严格的光污染设施的管制法规、规章和制度，环保、规划、城管、卫生等部门依法加强公共场所、娱乐场所、商场等场所的灯光使用监督及管理，预防和控制环境中的光污染。其次，一些与光污染有关的行业，如照明、建筑、广告、电焊、娱乐等应当提升环保意识，充分认识光污染的危害，尽快制定行业标准，确定光污染在本行业内的定义、污染程度及相关防治措施。

5.4 光污染的防治技术

5.4.1 彩光污染防治技术

对于彩光污染，首先，应从源头进行控制，在城市建设中设计生态化、环保型的夜景灯光，使用绿色照明产品。其次，对广告牌和霓虹灯应加以控制和科学管理。最后，在建筑物和娱乐场所周围，要多植树、栽花、种草和增加水面，以改善光环境。

5.4.2 白亮污染防治技术

白亮污染的主要污染源为玻璃幕墙，玻璃幕墙反射到大气中的太阳辐射和强烈眩光会给建筑物周边地区人们的生活、学习等带来不利影响。玻璃幕墙光污染问题主要从城市规划、玻璃幕墙立面设计、玻璃幕墙的选材等方面进行防控。

（1）加强城市规划，进行合理、多样化的立面设计

从环境、气候、功能和规划要求出发，充分论证所规划建筑玻璃幕墙使用的必要性，对玻璃幕墙实施总量控制和管理。首先，需控制应用玻璃幕墙的区域，使玻璃幕墙建筑分布合理，不过于集中，在城市繁华区避免在并列和相对的建筑物上全部采用玻璃幕墙；其次，在进行建筑物设计时可通过明框形式将玻璃幕墙进行水平、垂直分隔，或者选用铝板、石材、陶土板等材料与玻璃相组合应用以限制玻璃幕墙安装面积；最后，可通过水平或垂直遮阳与玻璃幕墙进行一体化设计，把建筑物的遮阳构件作为建筑系统中的一部分，以避免太阳光直接照射到玻璃幕墙上，减少玻璃幕墙反射光带来的光污染问题。

（2）选择新型幕墙玻璃材料，有效降低放射光强度

玻璃幕墙光污染的本质是采用了反射率较高的玻璃，因此可通过选用光透射比高的低辐射玻璃来减少玻璃幕墙的定向反射光。如目前广泛推广应用的低辐射镀膜玻璃，通过在玻璃的表面镀上一层或多层的金属或者化学物组成的膜系产品，可使玻璃的光反射比大大降低，使建筑物的采光得到改善，而且具有一定的节能效果，具有良好的经济和环保效应。

（3）加强城市绿化

在玻璃幕墙设计时，应尽可能地在建筑物周边种植绿化植物，以吸收玻璃幕墙的反射光，改善和调节城市光照环境。

5.4.3 人工白昼污染防治技术

目前，夜景照明设计中存在为凸显自身建筑与周围的对比度而对区域内建筑普遍加装亮化装置，照明装置滥用和堆砌、过度追求高亮度的现象，同时还存在灯具选型、布设、安装不恰当等问题，这不仅导致了能源浪费，而且不分主次大范围的亮化也造成了人工白昼等光污染问题。因此人工白昼污染控制措施主要从合理规划夜景照明设计及选择合适的照明工具两个方面进行。

（1）合理规划夜景照明设计

根据城市的性质和特征，应合理规划城市夜景照明设计，明确项目所处环境区域、人行道车行道及城市视角以确定亮化效果实施的范围，实现建设夜景、保护夜空双达标的要求。同时根据建构筑物自身结构特点及饰面材料，合理选择照明方式及安装方式，从而达到控制光污染及层次分明地展现整体设计效果的目的。

（2）选择合适的照明工具

在城市照明设计时，选择合适的灯具是减少光污染的重要措施，具体的灯具选型应遵守国家相关技术标准，严格控制照明功率密度、亮度、色温等参数。当依靠灯具选型、安装与控制等无法满足光污染限制要求时，可通过在灯具上加装格栅、挡板、遮光罩等措施来控制外溢光。

5.4.4 可见光污染防治技术

可见光污染中危害最大的是眩光污染，眩光基于其物理形成原因可分为直接眩光与反射眩光两种，直接眩光是由灯或灯具过高的亮度直接进入视野造成的，反射眩光是由高亮度光源被有光泽的镜面材料或半光泽表面反射引起的。眩光与发光体的亮度、视角、安装位置和周围环境有关，所以眩光的限制可从光源、灯具选型和安装方式等方面进行。

5.4.4.1 直接眩光的限制

直接眩光的防治本质就是限制视野内光源或灯具的亮度。光源的亮度是产生眩光的主要原因之一，一般情况下不同的光源类型会产生不同的眩光效应，通常光源越亮，眩光的效应越大，其不同光源对应的眩光效应如表 5-2 所示。因此在达到照明要求的前提下，应减小光源功率以避免高亮度照明。另外，可采用透明、半透明或不透明的格栅及棱镜将光源封闭起来以控制光源的可见亮度。

表 5-2 光源与眩光效应表

照明用电光源	表面亮度	眩光效应	用途
白炽灯	较大	较大	室内、外照明
柔和白炽灯	小	无	室内照明
镜面白炽灯	小	无	定向照明
卤钨灯	小	无	舞台照明
荧光灯	小	极小	室外照明
高压钠灯	较大	小于高压汞灯	室外照明
高压汞灯	较大	较大	室外照明
金属卤化物灯	较大	较大	室内、外照明
氙灯	大	大	室外照明

（资料来源：刘惠玲，2014）

灯具的眩光限制基本原则为隐蔽光源、降低亮度，如灯具的材料可利用其化学性质以降低其表面亮度，如乳白玻璃、磨砂玻璃、塑料；灯具的构造可做成遮光罩或格栅；灯具的数量多时，眩光效应大，在保证照明需求的同时应尽量减少灯具的数量；提高灯具的安装高度可以减少眩光。

5.4.4.2　**反射眩光的限制**

对于反射眩光的防治可采用以下措施。

(1) 降低光源的亮度

可采用在视线方向反射光通量小的特殊配光灯具来降低光源的亮度，在其与工作类型和周围环境相适应的基础上，控制反射影像的亮度使其处于容许范围以内。

(2) 灯具布置在反射眩光区以外

根据光的定向反射定理，将灯具布置在眩光区以外，若灯具的位置无法改变，可以变换工作面位置，使反射角不处于视线内。通常是不把灯具布置在与观察者视线相同的垂直平面内，从而使工作照明来自适宜的方向。

(3) 增加光源的数量，提高照度

增加光源的数量，使引起反射的光源在工作面上形成的照度在总照度中所占的比例减少。

(4) 适当提高环境亮度，减少亮度对比

对于小空间，用亮度接近或超过反射影像的照明来提高环境亮度，可降低有害反射造成的伤害。设计物体的饰面，使地板、家具或办公用品等材料表面无光泽。

5.4.4.3　**不舒适眩光的限制**

基于心理和生理侧重点的区别，眩光又可以分为不舒适眩光和失能眩光，失能眩光是最严重的危险因素，但只要合理设计、布灯得当，在城市照明中出现失能眩光的概率很小，而不舒适眩光是一种慢性隐患，其对人体产生的心理和生理危害不易察觉，应重点防范。

目前，通过采用考虑人视知觉因素的眩光实验，将眩光的评价等级分为四级，即刚刚感到有眩光、刚刚可以接受、刚刚感到不舒适、刚刚感到不能忍受。舒适人数百分比与眩光常数的关系如图5-11所示。不舒适眩光的限制考虑更多的是人的视觉与照明环境，而非光源灯具参数。降低眩光源与背景的亮度对比度是限制不舒适眩光的有效方法，研究表明，在一定范围内，背景亮度上升时，眩光等级降低；背景亮度降低时，眩光等级上升。

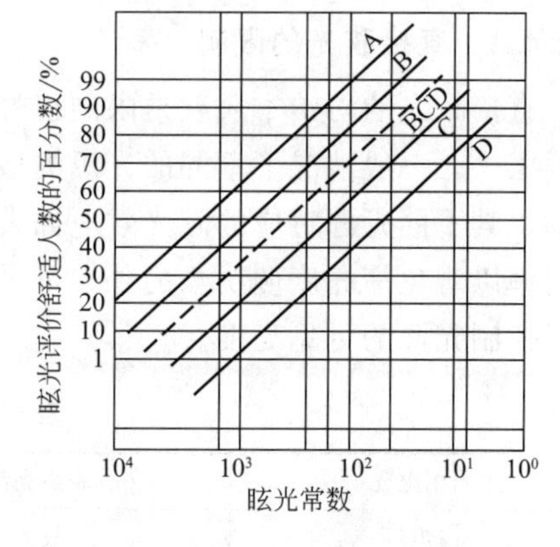

图5-11　舒适人数百分比与眩光常数的关系

A—刚刚不能忍受；B—刚刚不舒适；

BCD—视觉舒适与不舒适界限；

C—刚刚可以接受；D—刚刚感受到

（资料来源：王鹏展，2009）

5.4.5　红外线、紫外线污染防治技术

对于红外线与紫外线的污染防治主要从个人防护及场所安全防护两个方面进行。对于从事冶炼、电焊、玻璃加工等长期暴露于红外线与紫外线环境下的人员，应佩戴有效过滤红外线、紫外线的防护眼镜，并尽量穿戴铝箔衣服以减少红外线暴露量。同时，对有红外线与紫外线污染的场所应加强管理与制度建设，对相关设备进行定期的检查与维护，使用紫外消毒设施时，应确保在无人状态下进行。

5.4.6 光污染防治技术应用

【例 5-2】 某项目为一商业住宅小区二期工程，西临城市高架快速路，南北侧为连接城市主要干道的支路。对项目周边环境及主要道路分析确定该项目以城市高架快速路为主要视角，项目周边城市支路为次要视角。所申报二期工程（10 栋建筑）均做夜景亮化，建筑布局及前期建设情况如图 5-12 所示。

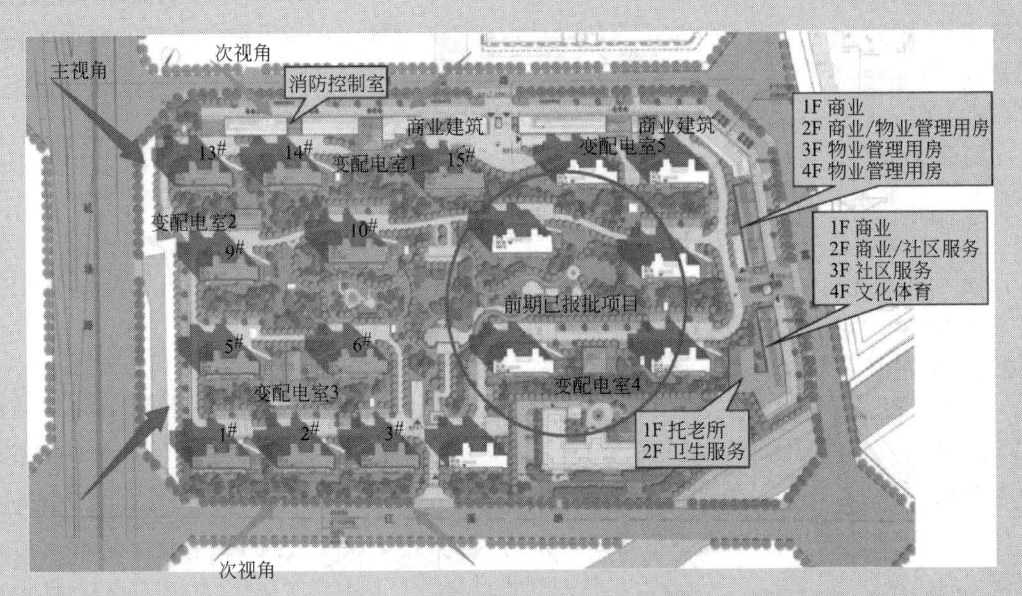

图 5-12 某商业住宅小区二期工程建筑布局及前期建设情况

（资料来源：任帅，2018）

各栋建筑均采用 18W 洗墙灯勾勒顶部轮廓，采用 12W 线条灯装饰南北立面，同时北立面顶三层均采用光束角 30°的 HIT70W（3000K）金卤投光灯安装于柱体外侧渲染效果，建筑层高为 3m，柱体宽度为 0.5m。亮化效果图及布灯选型设计如图 5-13 所示。

(a) 南立面效果图 (b) 北立面效果图

图 5-13 亮化效果图及布灯选型设计

（资料来源：任帅，2018）

通过上述项目基本情况、各建筑位置、设计效果图、灯具选型及布设等，可得出方案设计存在两大光污染问题。

（1）亮化设计范围超标

根据主次视角及建筑位置，结合一期工程可知：6#、10#建筑处于整个住宅建筑群的内部，主次视角亮化效果均受到遮挡，应取消全部亮化设计。2#、3#建筑北立面及14#、15#建筑南立面亮化背街，外部不显见，且其亮化设施正对住宅居室，容易造成居室亮度超标的光污染，故亦应取消亮化设计，此4栋建筑仅保留沿街立面亮化效果及顶部轮廓即可。

（2）灯具选型不合理

灯具选型不合理包含两层含义：一是灯具光源类型可进一步优化调整，二是灯具光束角偏大，过多的溢散光对住宅居室会造成光污染。

首先，金卤投光灯应替换为LED节能灯型。一般70W金卤灯光通量为5600lm，在保证同等光照亮度及照明效果的前提下，可采用LED节能光源替换。依目前市面上LED灯具主流产品效能，45W LED投光灯即能满足替换需求。45W LED灯与77W金卤灯（加上镇流器消耗7W）相比，节省功率32W（约省42%）。

其次，投光灯光束角偏大。在忽略投光灯光束与立面之间夹角情况下，单台光束角30°的投光灯在建筑顶部照射宽度约为1.712m，4台投光灯在90°～270°光束横切面的光源投射面积如图5-14所示。投光灯在建筑主体顶三层区域的照射面积约为27.4m^2，建筑柱体外墙面非居民窗户为允许被照区域，面积约为18m^2，那么投光灯照射范围超出允许被照面积的比率约为52%，依《城市夜景照明设计规范》(JGJ/T 163—2008）规定：照明光线应严格控制在被照区域内，限制灯具产生的干扰光，超出被照区域内的溢散光不应超过15%。故本方案设计应选用窄光束光源，使灯光投射在合理区间。投光选型应依据允许被照区域的宽度、高度确定光束角，在宽度（如柱体、外墙面）一定的情况下，投光灯光束角与被照高度成反比，即：所需被照高度越高，所选投光灯光束角应越小。在一定被照区域设计效果较难实现时，应选用新型配光光源。

图5-14　投光灯照射面积

（资料来源：任帅，2018）

根据上述分析对设计方案进行调整：①取消6#、10#建筑全部亮化设计，取消2#、3#建筑北立面及14#、15#建筑南立面亮化设计，仅保留此4栋建筑沿街立面亮化及顶部轮廓亮化。②将光束角30°的HIT 70W（3000K）金卤投光灯替换成45W LED新型配光的窄光束投光灯。

【例 5-3】 某居住项目（如图 5-15 所示），建筑高度 74m，宽度 50m，整栋建筑 LED 点光源、LED 数码管、洗墙灯、射灯、投光灯随意堆砌。共安装 LED 点光源 750 盏，LED 数码管 400 盏，洗墙灯 400 盏，射灯 140 盏，投光灯 60 盏。

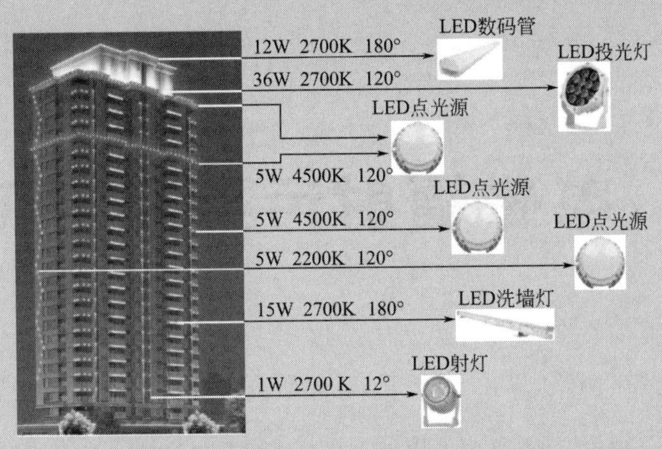

图 5-15 某居住项目灯具选型及布灯效果图

（资料来源：任帅，2018）

从效果图可以看出，除少部分点光源安装于建筑侧立面，其余光源都布置在建筑南立面，通过计算可以得出南立面的照明功率密度为 4.22W/m^2。该项目位于城市副中心，在城市规划中属于 E3 控制区，该设计的照明功率密度远远超过大型城市浅色外墙 E3 区的标准值 3.3W/m^2。因此该项目应降低照明装置安装密度，同时降低部分灯具功率。

通过将原来 5W 的点光源改成安装 3W 点光源，亮化灯具隔层装设，取消建筑横向敷设的两圈 5W、4500K 点光源，顶部轮廓线改用 18W、2700K LED 线条灯进行勾勒。经调整设计后，建筑南立面功率密度值降为 3.21W/m^2，符合 JGJ/T 163—2008 E3 区标准。同时灯具的调整也使整栋建筑的色彩效果更为协调统一。

复习思考题

1. 什么是光污染？光污染的类型有哪些？
2. 如何理解手机屏幕给人们带来的不利影响？
3. 如何看待现代建筑的玻璃幕墙带来的白亮污染？
4. 紫外线污染在日常生活、工作中有哪些？
5. 试说明光通量与发光强度的联系。
6. 照度如何计算和测量。
7. 亮度如何计算和测量。
8. 失能炫光评价方法有哪些？
9. 详述光污染的防治技术。

6 电磁辐射污染控制工程

【内容提要】

本章介绍了电磁辐射污染的来源；电磁辐射污染的传播途径和危害；电磁辐射污染的监测要求；电磁辐射污染的评价，国内外相关标准；电磁辐射污染防治的基本原则和防治措施；电磁辐射污染防治的应用实例。

电磁波是一种高速传播的光子流，是一种微粒物质，又叫电磁辐射。早在20世纪70年代，Kellne就分析了电磁污染情况。随着广播电视、通信、导航等设备的广泛应用，电视机、计算机、手机、微波炉、电磁炉等电器产品的日益普及，人们在享受信息的便捷和高质量生活的同时，也逐渐关注由此引起的电磁辐射污染问题。电磁辐射看不见，摸不着，听不到，嗅不到，很难被人觉察，这种“隐形杀手”常常在不知不觉中危害人们的健康，有人将之称作继大气污染、水污染和噪声污染之后威胁人类健康的第四大污染。

6.1 概述

6.1.1 电磁辐射污染的来源

电磁辐射指能量以电磁波的形式通过空间传播的现象。

电磁辐射污染指电磁能量传播到室内外空间中，其量超出环境本底值，且其性质、频率、强度和持续时间等综合影响使人体健康和生态环境受到损害。

（1）按来源分类

电磁辐射按来源可以分为天然电磁辐射和人为电磁辐射两种。过量的天然电磁辐射和人为电磁辐射均会造成电磁辐射污染。

① 天然电磁辐射　天然电磁辐射来自电离层的变动。大气中的一些自然现象，比如雷电、太阳黑子活动产生的磁暴、宇宙辐射、火山喷发、海啸、地震、火花放电以及宇宙间的恒星爆发等都会引起电磁辐射（图6-1），这些辐射对短波利用的干扰最为厉害，并对人体和电子通信仪器都有较明显的影响。天然电磁辐射中最常见的是雷电，其辐射频率极宽，可

以从几千赫兹到几百兆赫兹，除了可以对电子电气装置、飞机、建筑物等造成直接危害，还会在广泛的区域内产生严重的电磁干扰。

(a) 宇宙射线

(b) 雷电

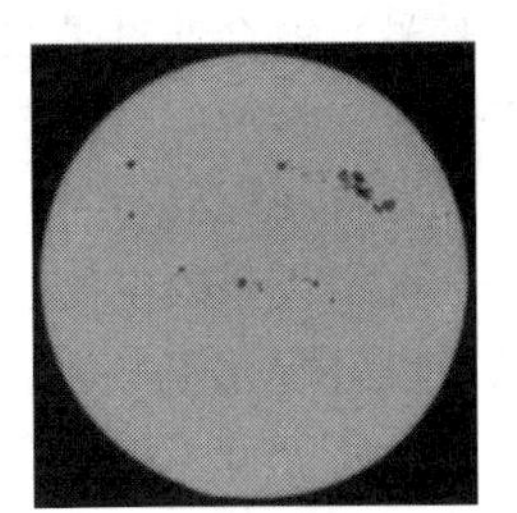

(c) 太阳黑子

图 6-1 天然电磁辐射

② 人为电磁辐射 人为电磁辐射源（图 6-2）大多来自人工制造的若干电磁辐射系统或装置与设备，伴随人类的活动产生。主要包括：a. 脉冲放电。如切断大电流通路时产生的电火花放电，由于电流强度瞬时变化较大，产生很强的电磁干扰。b. 工频交变电磁场辐射源（10～500Hz）。比如大型电力发电站、高压及超高压输配线、地铁列车及电力火车、变压器等产生的电磁场，对近场区产生电磁干扰。c. 射频电磁辐射源（0.1～3000MHz）。比如无线电设备、射频加热设备等各种射频设备产生的辐射，其频率范围较宽，影响区域大，对邻近工作人员易造成极大的危害。天然电磁辐射通常在极端情况下才会对环境造成重大影响。而现代生活中，人工电磁辐射对环境的影响更加普遍和严重。

(a) 航管雷达

(b) 地球卫星站

(c) 广播电视塔

图 6-2 人为电磁辐射源

（资料来源：刘文魁，2003）

（2）按频段分类

电磁辐射按其频段可粗略地分为：工频（50～60Hz）、射频（10^3～10^8Hz）和微波（>10^9Hz）3 个频段。我们常说的电磁辐射污染主要是指频率 30kHz～3000MHz 的电磁波。

（3）按波形分类

按照电磁波的波形特点，可将其划分成连续波和脉冲波两种。连续波是指连续振荡产生的超短波，通过脉冲调制产生的超短波则为脉冲波，其脉宽（纳秒）极窄。因其物理特性和生物效应不同，根据其射频辐射波长差异，又分为毫米波、厘米波和分米波等。

6.1.2 电磁辐射污染的传播途径

电磁辐射所造成的环境污染途径大体上可分为导线传播、空间辐射和复合污染三种。

（1）导线传播

当射频设备与其他设备共用一个电源供电时，或者它们之间有电器连接时，那么电磁能量（信号）就会通过导线进行传播。此外，信号的输出/输入电路等也能在强电磁场中“拾取”信号并将所有“拾取”的信号再进行传播。

（2）空间辐射

当电子设备或电气装置工作时，会不断地向空间辐射电磁能量，设备本身就是一个发射天线。由射频设备所形成的空间辐射分为两种：一种是以场源为中心、半径为一个波长范围之内的电磁能量传播，它是以电磁感应方式为主，将能量施加于附近的仪器仪表、电子设备和人体上的；另一种是在半径为一个波长的范围之外的电磁能量的传播，它是以空间放射方式将能量施加于敏感元件和人体之上的。

（3）复合污染

它是指由同时存在的空间辐射与导线传播所造成的电磁污染。

6.1.3 电磁辐射污染对人体的危害

（1）中枢神经系统

人脑对电磁场非常敏感。人脑极易受到频率为数十赫兹电力频段电磁场的干扰。外加电磁场可以破坏生物电的自然平衡，使生物电传递的信息受到干扰，可能出现头晕、头疼、多梦、失眠、易激动、易疲劳、记忆力减退等主观症状，还可能出现舌颤、脸颤、脑电图频率和振幅偏低等客观症状。

（2）心血管系统

人们已经观察到电磁辐射会引起血压不稳和心律不齐，高强度微波连续照射可使人心律加快、血压升高、呼吸加快、喘息、出汗等，严重时可能使人出现抽搐和呼吸障碍，甚至死亡。

（3）血液系统

在电磁辐射的作用下，常会出现多核白细胞、嗜中性白细胞、网状白细胞增多而淋巴细胞减少的现象。人们还发现某些动物在低频电磁场的作用下有产生白血病的可能。血液生化指标方面则出现胆固醇偏高和胆碱酯酶活力增强的趋势。

（4）内分泌系统

在电磁场的作用下，人体可发生甲状腺机能的减退，皮肤肾上腺功能障碍。其改变程度取决于电场强度和照射时间。

（5）生殖系统和遗传效应

动物实验证明：白鼠在5kV/m的电场的作用下，雌雄两性的生殖能力都会下降。人类在大功率的微波作用下，可导致不育或女孩的出生率明显增加。父母一方曾长期受到微波辐射的，其子女中畸形的发病率明显增加。

（6）诱发癌症

长期处于高电磁辐射的环境中，会使血液、淋巴液和细胞原生质发生改变，影响人体的循环系统、免疫系统、激素分泌、生殖和代谢功能，严重的还会加速人体的癌细胞增殖，诱发癌症，以及诱发糖尿病、遗传性疾病等病症，对儿童还可能诱发白血病。

（7）对视觉系统的影响

表现为使眼球晶体浑浊，严重时会造成白内障，是不可逆的器质性损害，影响视力。

另外，装有心脏起搏器的人处于高辐射的环境中，会影响心脏起搏器的正常使用，甚至危及生命。

6.2 电磁辐射污染的监测及评价

6.2.1 电磁辐射污染的监测

（1）一般环境监测

一般环境监测是指对大范围内的电磁辐射各项辐射源进行监测，其间，环境监测人员依据《辐射环境保护管理导则　电磁辐射监测仪器与方法》（HJ/T 10.2—1996）中的各项规定来进行监测。在监测过程中，人们应把监测区域划分为网格状，以每个网格的中心点为监测点，再考虑建筑物、树木等屏蔽影响，对部分网格监测点做适当调整，并将电场强度作为电磁辐射评价的标准，依据《电磁环境控制限值》（GB 8702—2014），选取评价标准。一般环境的电磁辐射污染状况反映了一个区域在某个时间段电磁辐射环境的背景水平，可以从电磁辐射环境质量、电磁辐射分布规律、污染区域电磁辐射环境特点三个方面着手进行分析研究，以此评价一个区域一般电磁辐射环境状况。

（2）特定环境监测

特定环境监测是指对特定或指定的区域内固定电磁辐射源形成的电磁辐射值进行监测。特定环境监测中，常见的监测方法主要有三种。

一是移动通信站监测，其主要是控制设备与发射器，通过用户站或首发站进入无线通信，从而接收电磁辐射的电磁波。其监测工作主要包括监测仪器、监测点位、监测时间、监测技术要点等内容，主要对基站机房、地面塔、楼上塔、增高架等处进行监测。参照《辐射环境保护管理导则　电磁辐射环境影响评价方法和标准》（HJ/T 10.3—1996）和《辐射环境保护管理导则　电磁辐射监测仪器与方法》进行监测，所监测的电磁强度值应满足＜5.4V/m 的要求。

二是电台发射设备监测，其主要是通过调制器控制传输信号，并通过振荡器将调制器调制的电流送至天线上方，以电磁波方式进行发射。对周围地面点、电视塔上工作环境、周围敏感点三个方面布点进行电磁辐射环境监测。参照《辐射环境保护管理导则　电磁辐射环境影响评价方法和标准》（HJ/T 10.3—1996）和《辐射环境保护管理导则　电磁辐射监测仪器与方法》进行监测，所监测的电磁强度值应满足＜5.4V/m 的要求。

三是电力设备监测，其主要是针对高压电力设备周围环境的电磁辐射情况进行监测。高压电力系统电磁环境监测指标分别为综合工频电场强度和磁场强度，所监测的值应满足技术规范的要求。《移动电话电磁辐射局部暴露限值》（GB 21288—2007）标准中明确规定手机电磁辐射暴露限值为任意 10g 生物组织任意连续 6min 平均比吸收率 SAR 值不得超过 2.0W/kg。

6.2.2 电磁辐射污染的评价

随着电磁辐射问题逐渐被人们所关注，国内外相关的管理部门等都制定了一些电磁辐射强度标准。

（1）国内相关标准

目前，我国已经制定了几十项电磁辐射环境标准及法规。其中，《电磁环境控制限值》

是最经常使用的国家标准。

为控制电场、磁场、电磁场所致的公众曝露，环境中电场、磁场、电磁场场量参数的方均根值应满足表 6-1 的要求。

表 6-1 公众曝露控制限值

频率范围	电场强度 E/(V/m)	磁场强度 H/(A/m)	磁感应强度 B /μT	等效平面波功率密度 S_{eq}/(W/m²)
1～8Hz	8000	$32000/f^2$	$40000/f^2$	—
8～25Hz	8000	$4000/f$	$5000/f$	—
0.025～1.2kHz	$200/f$	$4/f$	$5/f$	—
1.2～2.9kHz	$200/f$	3.3	4.1	—
2.9～57kHz	70	$10/f$	$12/f$	—
57～100kHz	$4000/f$	$10/f$	$12/f$	—
0.1～3MHz	40	0.1	0.12	4
3～30MHz	$67/f^{1/2}$	$0.17/f^{1/2}$	$0.21/f^{1/2}$	$12/f$
30～3000MHz	12	0.032	0.04	0.4
3000～15000MHz	$0.22f^{1/2}$	$0.00059f^{1/2}$	$0.00074f^{1/2}$	$f/7500$
15～300GHz	27	0.073	0.092	2

注：1. 频率 f 的单位为所在行中第一栏的单位。

2. 0.1～300MHz 频率，场量参数是任意连续 6min 内的方均根植。

3. 100kHz 以下频率，需同时限制电场强度和磁感应强度；100kHz 以上频率，在远场区，可以只限制电场强度或磁场强度或等效平面波功率密度，在近场区，需同时限制电场强度和磁场强度。

4. 架空输电路线下的耕地、园地、牧草地、畜禽饲养地、养殖水面、道路等场所，其频率 50Hz 的电场强度控制限制为 10kV/m，且应给出警示和防护指示标志。

对于脉冲电磁波，除满足上述要求外，其功率密度的瞬时峰值不得超过表 6-1 中所列限值的 1000 倍，或场强的瞬时峰值不得超过表 6-1 中所列限值的 32 倍。

从电磁环境保护管理角度，下列产生电场、磁场、电磁场的设施（设备）可免于管理：

100kV 以下电压等级的交流输变电设施；

向没有屏蔽空间发射 0.1MHz～300GHz 电磁场的，其等效辐射功率小于表 6-2 所列数值的设施（设备）。

表 6-2 可豁免设施（设备）的等效辐射功率

频率范围/MHz	等效辐射功率/W
0.1～3	300
>3～300000	100

(2) 国外相关标准

关于电磁辐射标准，苏联、美国等国家早在 20 世纪 50 年代就开始了研究。目前，在国际上最权威的是 ICNIRP（国际非电离辐射防护委员会）1998 年发表的 ICNIRP—1998 和 IEEE（美国电气和电子工程师协会）1999 年发表的 IEEE C95.1—1999。而国际上还有一些如 MPT（日本邮电省）、ANSI（美国国家标准协会）等制定的标准，也是比较有权威的。通过比较研究发现，国外的一些组织和国家对于电磁辐射的公众照射限值标准相对于我国来说宽松很多。

表 6-3 为主要的国内外组织的电磁辐射标准。从该表中可以看出，我国现在执行的环境

电磁辐射标准严格于其他国家的标准。因此，采用我国目前实行的标准来评价电磁辐射环境影响是比较可行的，也是比较可靠的。

表 6-3 一些国家和组织的公众照射限值标准

国家和组织	900MHz 移动通信频段/(W/cm^2)	1800MHz 移动通信频段/(W/cm^2)
中国环保部门	40	40
国际非电离辐射委员会	450	900
欧盟	450	900
欧洲电子技术委员会	450	900
日本邮政省电信技术委员会	600	1000
澳大利亚	200	200
美国联邦通信委员会(FCC)	600	1000
美国电气与电子工程师协会(IEEE)	600	1000

(资料来源:曾意丹)

6.3 电磁辐射污染防治技术

6.3.1 电磁辐射污染防治的基本原则

(1) 主动防御与治理

即抑制电磁辐射源，包括所有电子设备以及电子系统。具体包括：设备的合理设计，加强电磁兼容性设计的审查和管理，做好模拟预测和危害分析工作。

(2) 被动防御与治理

即从被辐射方着手进行防治。具体包括：采用调频、编码等方法防治干扰，对特定区域和特定人群进行屏蔽保护。

6.3.2 电磁辐射污染的防治措施

电磁辐射污染的防治方法主要包括控制源头的屏蔽技术、控制传播途径的吸收技术和保护受体的个人防护技术。

(1) 屏蔽

屏蔽分为两类：一类是将污染源屏蔽起来，用屏蔽体将元器件、电路、组合件、电缆或整个系统的干扰源包围起来，防止干扰电磁场向外扩散，叫作主动场屏蔽；另一类称被动场屏蔽，即将指定的空间范围、设备或人屏蔽起来，使其不受周围电磁辐射的干扰。

电磁屏蔽多采用金属板或金属网等导电性材料，做成封闭式的壳体将电磁辐射源罩起来(图 6-3)。在电磁屏蔽过程中有三方面的损耗：

① 屏蔽金属板的吸收作用，这是由于金属厚壁在电磁能的作用下产生涡流造成热损失，消耗了电磁能，起到了减弱电磁能辐射的作用。

② 由于电磁能从屏蔽金属表面反射而引起的反射损耗。这种反射作用是由于制造屏蔽所用金属材料与它们四周介质的波特性有差异造成的，差异越大，屏蔽效果越高。

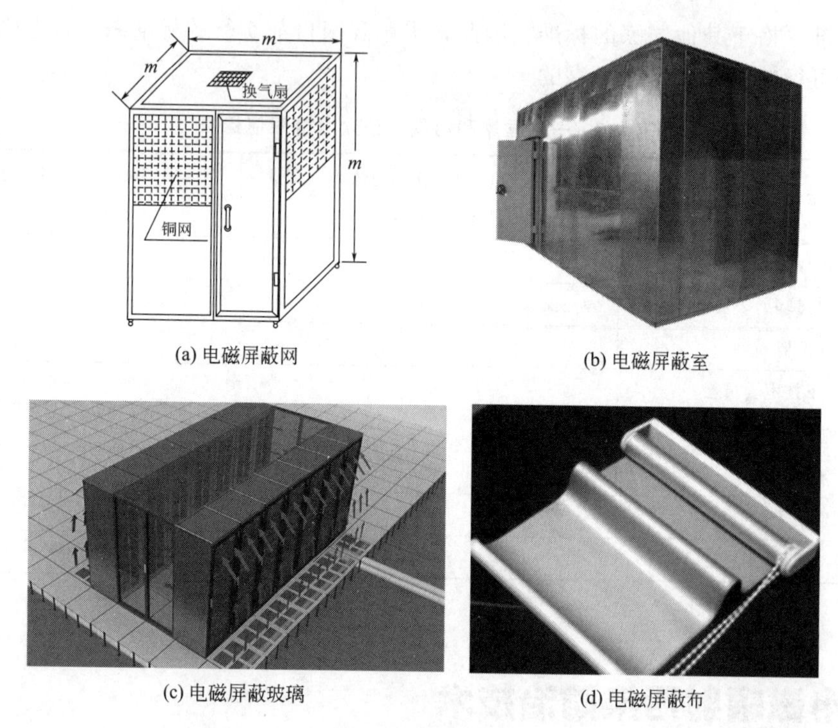

(a) 电磁屏蔽网
(b) 电磁屏蔽室
(c) 电磁屏蔽玻璃
(d) 电磁屏蔽布

图 6-3 电磁屏蔽
（资料来源：任连海，2008）

③ 电磁波在屏蔽金属内部产生的反射波也会造成电磁能的损耗，称为屏蔽金属内部的反射损耗。

（2）接地技术

接地技术有射频接地和高频接地两类。射频接地是指能够将射频场源屏蔽体或屏蔽部件内由于感应生成的射频电流迅速导入大地，形成等电势分布，从而使屏蔽体本身不致成为射频辐射的二次场源。射频接地系统包括射频设备、接地线、接地极，如图 6-4 所示。

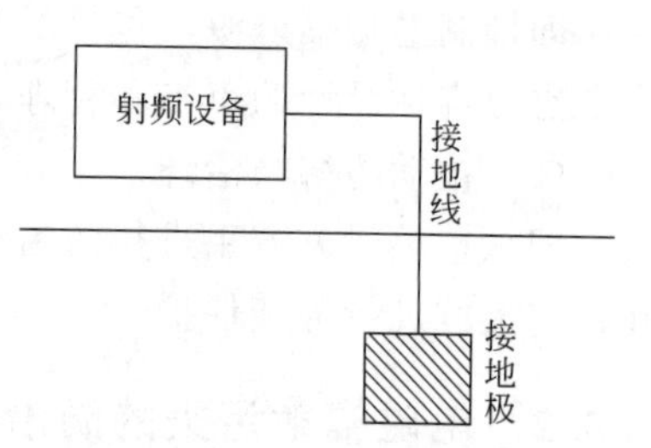

图 6-4 射频接地系统
（资料来源：李连山，2009）

对射频接地系统要求如下：

① 由于射频电流的趋肤效应和为了及时地将屏蔽体上所感应的电荷迅速导入大地，屏蔽体的接地系统表面积要足够大。

② 接地线要尽可能短，以保证接地系统具有相当低的阻抗。

③ 接地线应避开 1/4 波长的奇数倍，以保证接地系统的高效能。

④ 接地极应设计合理，导流面积相当，埋置深度妥当。

⑤ 无论接地物为何种方式，要求有足够厚度，以维持一定的机械强度和耐腐蚀性能。

⑥ 为了有效导流，一般要求接地极土埋，即将 2m 的铜板埋于地下土壤中，并将接地线良好地连接在接地铜板上。

高频接地是设备屏蔽体和大地之间，或者与大地上可以看作公共点的某些构件之间，采用低电阻导体连接起来形成电流通路，使屏蔽系统与大地之间形成一个等电势分布。

屏蔽体直接接地的作用效果有随频率增高而降低的趋势。在频率增高时，接地回路的阻抗匹配与谐振问题愈加明显，可通过调整接地回路的电容量大小达到阻抗匹配的目的，从而保证高效屏蔽性能。

（3）线路滤波

线路滤波是通过滤波器滤除线路上的杂波信号，保证有用信号正常传输的途径。滤波器的安装准则为：

① 各种电源系统的滤波器应每根进入屏蔽室内，电源线均必须装有滤波器。为最大限度地减少滤波器的接入数量，要求合理地设计电源线系统，使进入屏蔽室内的引入线为最少。

② 应当分别进行屏蔽，屏蔽妥善接地。

③ 为避免滤波器置于强电磁场中，原则上要求将滤波器的主要部分放于弱场的地方。

④ 对于滤波器输入端与输出端形成的杂散耦合，应当采用将滤波器两端分别置于屏蔽室内和室外的办法进行防治。

⑤ 电源线一般置于滤波器的两端，应装在金属导管中。

⑥ 滤波器的屏蔽壳体应在最短距离内良好接地。

⑦ 电源线必须垂直引入滤波器的输入端，以减少电源线上的干扰电压和屏蔽壳体的耦合。

⑧ 一般情况下，可将电源线中的零线接到屏蔽室的接地芯柱上，将火线通过滤波器引入屏蔽室内。

（4）区域控制及绿化

对工业集中城市，特别是电子工业集中城市或电气、电子设备密集使用地区，可以将电磁辐射源相对集中在某一区域，使其远离一般工作区或居民区，并对这样的区域设置安全隔离带，从而在较大的区域范围内控制电磁辐射的危害。

（5）吸收防护

采用吸收电磁辐射能量的材料进行防护是降低电磁辐射的一项有效的措施，能吸收电磁辐射能量的材料种类很多，如铁粉、石墨、木材和水等，以及各种塑料、橡胶、胶木、陶瓷等。吸收防护就是利用吸收材料对电磁辐射能量有一定的吸收作用，从而使电磁波能量得到衰减，达到防护的目的。吸收防护主要用于微波频段，不同的材料对微波能量均有不同的微波吸收效果。

（6）电磁辐射区内人员的防护

推测或检测到射频功率密度超过 $40\mu W/cm^2$ 的区域，应认为是电磁辐射潜在危险区。人员容易误入的危险区域应设有警告标记。除非有紧急情况，凡经计算或用场强计测量超过 $40\mu W/cm^2$ 的区域不允许人员在未采取防护措施的情况下进入。应利用保护用品使辐射危害减至最小，必须保证在发射天线射束区内工作的维护人员穿好保护服装。应禁止身上带有金属移植件、心脏起搏器等辅助装置的人员进入电磁辐射区。应给受到辐射源、电磁能和高压装置辐射的人员做定期身体检查。

6.3.3 电磁辐射污染防治技术应用

（1）电力机车辐射的抑制技术

电力机车牵引列车一般具有牵引力大、速度快、污染少等优势。电力机车污染相对较少，但事实上其电磁辐射污染问题较为突出，亟待治理。电力机车从供电网中获取能量，如

图 6-5 所示，其能源来自发电厂，利用升压变电站升压传输到降压变电站，再引入到铁道专用变电站，从铁道专用变电站的出线端引出配线网络到铁道接触网上端，利用回流连接线与受电弓、车轮及铁轨形成了电流流通路径，此时电力机车通电。高速铁路行驶的都是电力机车，电力机车在运行的过程中均会对外发射电磁辐射。

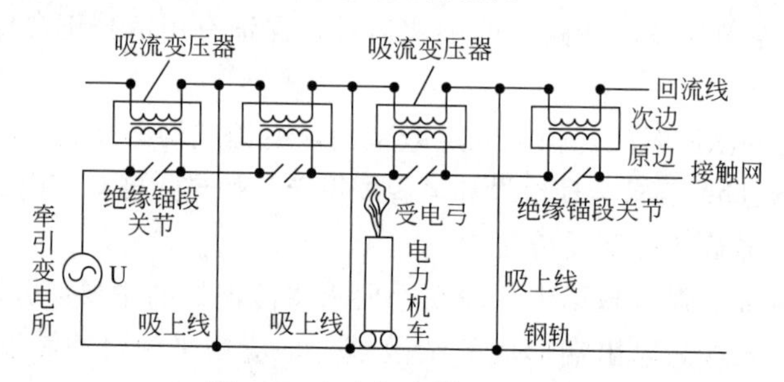

图 6-5 电力机车供配电系统

（资料来源：李祥瑞，2013）

当电力机车在启动或进站时，受电弓与电网导线衔接较密，两者因摩擦存在损耗而产生畸变电流，畸变电流对外依然要发射高频电磁波，产生电磁辐射。当电力机车离站加速运行时，因为导线表层存在许多的硬点，机车在经过这些硬点时，将完全与导线脱离。此时，供电网对机车的供能将有电弧的参与。电弧的流经路径和电流大小难以控制，时刻变化。电弧电流包含大量的高次谐波分量，并且能量层级很高，对外将发生较为强烈的电磁辐射。此外，其他设备如整流设备、变压器等都会形成一定的电磁辐射。电力机车电磁辐射的形成及传导图如图 6-6 所示。

有学者提出利用高频铁氧体磁性材料抑制电力机车受电弓产生的无线电干扰的技术，效果较好。

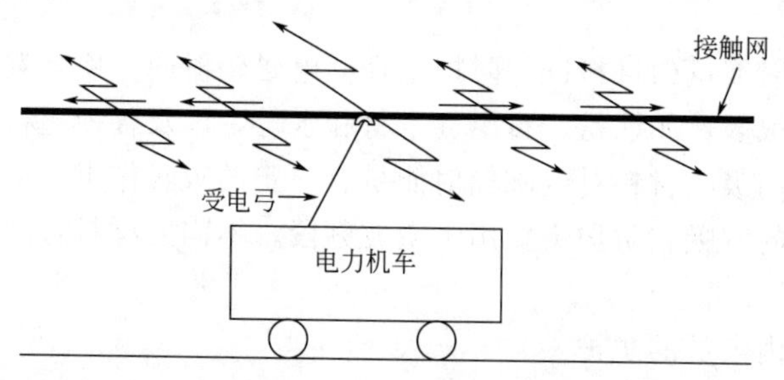

图 6-6 电力机车电磁辐射的形成及传导图

（资料来源：李祥瑞，2013）

（2）高频淬火机床电磁辐射防护

① 高频感应加热原理 利用高频感应加热方式使金属工件快速达到淬火温度是目前应用较多的工艺，它的过程是将工件放到设备的感应器内，感应器一般是输入高频（100～300kHz 或更高）交流电的空心铜管。产生的交变磁场在工件中产生出同频率的感应电流，这种感应电流在工件中的分布是不均匀的，在表面强但在内部很弱，到芯部接近于 0，利用集肤效应，可使工件表面迅速加热，在几秒钟内表面温度上升到 800～1000℃，而芯部温度升高很小。设备一般由电源变压部分、整流部分、振荡回路、高频输出变压器、淬火感应线圈等组成。电磁辐射的主要泄漏点分布在高频振荡回路、输出馈线、高频输出变压器、淬火感应线圈等位置。

② 高频淬火机床电磁辐射原因

a. 高频淬火机床的机架和柜门已经严重破损，根本不能起到应有的电磁屏蔽效果。

b. 设备接地极设计不合理，起不到接地极作用，无法将未被利用的高频能量通过接地极这一低电阻回路释放到大地中。

c. 高频变压器是一个产生高频能量的装置，对高频变压器未采取任何电磁防护措施，造成工人操作位置的电磁场强度大大加强。

③ 高频淬火机床电磁辐射治理技术方案

a. 将原高频淬火机床机柜门用铜网进行处理，并做好和机柜其他部位的电气连接。拆除原高频淬火机床外壳和接地线路，重新设计制作一个电磁屏蔽罩，此屏蔽罩采用的材料为铝。为了保证良好的电气连接，铝型材及铝板之间采用铝制铆钉连接，关键点用铜螺栓连接，并重新做好接地，采用两条 100mm 接地铜带，直接与墙外接地铜板连接。在高频淬火机床机柜内侧增加一层 40 目铜网，用以提高机柜的电磁屏蔽效果。机架与铝板和铜网之间保持良好的电接触性，最后与接地铜带连接，从而保证接地良好，防止高压放电现象的发生。

b. 将原高频淬火机床的接地线路拆除，用宽 40mm、厚 3mm 的铜带作为接地线路，并连接到墙外新的接地极板上面，重新埋设接地极。

任何高频设备的外壳和屏蔽装置必须接地。为了防止产生驻波，接地线长度不得等于相应电磁波波长的 1/4 或其奇数倍，并且以小于电磁波波长的 1/4 为宜。接地线应该平直，宜采用具有一定宽度的铜带制成。接地体采用垂直埋设的铜板制成。为保证好的接地效果，接地电阻小于 2Ω。接地铜带采用宽约 100mm、厚 0.3mm 的紫铜铜带。接地铜带用于连接该车间内设备的机柜，将高频淬火机床设备的 3 个机柜分别用铜带连接起来，然后将铜带和接地极相连。

采用紫铜正方形板作为高频接地的接地极，与其他电极形式相比，板状电极的表面积大，特别是在水平埋设的场合，能与土壤可靠紧密地捣实。实际采用的接地铜板埋于机加工车间墙外深 2m 处，接地铜板尺寸为 900mm×900mm，厚度为 5mm。接地铜板与铜带之间用铜螺栓连接，并用锡焊焊接牢固，保证良好的接触。接地极竖立埋设，埋地的深度为 1.3m，接地极和铜带连接采用焊接方式。实际测试高频接地电阻为 1.2Ω。

c. 对高频变压器进行屏蔽。实际操作时，采用 40 目的紫铜网作为高频变压器的屏蔽内罩，外边再用铝板做成一个屏蔽方箱。

d. 对高频感应器进行屏蔽。在操作者与感应器之间加上 40 目的铜丝网制作的防护罩，这样金属罩就起到了对设备的屏蔽作用。

在采取以上措施后，对高频感应淬火机床感应线圈操作位置治理后的电磁场强度进行了测试，头部、胸部和腹部的电场强度均小于 1V/m，磁场强度均小于 1A/m。

（3）广播电视发射塔电磁辐射污染防治

以陕西广播电视发射塔的发射机房改造为例，发射机房共有 5 部电视发射机同时工作，总功率超过 49kW，在机房内部每部发射机包括：激励器、功放板、合成器、滤波器、硬馈、双工器、三工器等射频设备，每个设备都产生不同程度的电磁辐射，所产生的复合场强对值班人员危害极大。为此，陕西广播电视发射塔在机房改造时，针对机房的四周及地面、吊顶六个面采用了不同的屏蔽材料。

① 走廊采用丝网夹芯型屏蔽玻璃，丝网夹芯型屏蔽玻璃是在高温下将经特殊工艺制成

的金属屏蔽丝网合成在两层玻璃中间，通过特殊工艺处理，对电磁干扰产生衰减。机房选用了 8mm+8mm 的双层夹胶玻璃，内置 100 目铜网，透光率为 65%。产品不同监测频段的屏蔽效能见表 6-4。

表 6-4 产品不同监测频段的屏蔽效能

检测频段	屏蔽效能
10～1000kHz	13～25dB
1MHz～3GHz	65～68dB
3～18GHz	55～58dB

（资料来源：张丽娟，2012）

② 地面采用 600mm×600mm×35mm 的高架通路防静电地板，表面粘贴耐磨防静电贴面，四周镶贴防静电边条，表面电阻≤$1\times10^6\Omega$。防静电接地采用 40×0.3mm 的紫铜带在机房地面上呈 600mm×600mm 网状排列，交叉处使用铁钉连接，并与机房接地相连接，确保地面全部敷设接地网络。

③ 除走廊外其余三面墙采用表面烤漆的铝板连接而成，连接处进行接地处理。

④ 顶面由于改造时没有破坏原屋顶，保留了原顶面内部的金属网，并完好保持了与地面的接地相连，确保了顶部的屏蔽作用。

⑤ 机房内部使用的设备，包括 8 部发射机、供配电、假负载、风机等所有设备的外壳均与地网接地相连。

（4）变电站电磁辐射防护

变电站是工频电磁辐射的主要来源之一，为减少输变电工程对环境的影响，输变电工程的建设应按照国家标准，严格执行环保“三同时”制度，并按照法规要求在工程建设前期进行环境影响评价，在工程建设过程中落实各项环境保护要求，工程完工后进行环境保护验收，确保投入正式运行的输变电工程符合标准要求。一般可以考虑以下防护措施。

① 变电站选址尽量远离居民区，线路路径尽可能避开沿途村镇、学校。

② 安装高压设备时要确保固定螺栓、接头等接触良好，避免因接触不良产生火花放电。

③ 合理设计金属附件，如绝缘子、吊夹、均压环、垫片和接头等，设计时应确定合理的外形尺寸，避免出现高电位梯度点。

④ 加工设备的金属附件时要锉圆边角，避免存在尖角和凸出物，金属附件上的保护电镀层应尽量光滑，从而减少电晕、火花放电现象。

⑤ 定期巡查变电站，发现问题及时解决。

（5）发射台电磁辐射防护

广播、电视发射台的电磁辐射防护首先应该在项目建设前，以《电磁环境控制限值》为标准，进行电磁辐射环境影响评价，实行预防性卫生监督，提出包括防护带要求等预防性防护措施。对于业已建成的发射台对周围区域造成较强场强的，一般可考虑以下防护措施：

① 在条件许可的情况下，采取措施，减少对人群密集居住方位的辐射强度，如改变发射天线的结构和方向角；

② 调整住房用途，将在中波发射天线周围场强大约为 10V/m、短波场源周围场强为 4V/m 范围内的住房，改作非生活用房；

③ 在中波发射天线周围场强大约为 15V/m、短波场强为 6V/m 的范围设置一片绿化带；

④ 利用建筑材料对电磁辐射的吸收或反射特性，在辐射频率较高的波段，使用不同的建筑材料，包括钢筋混凝土甚至金属材料覆盖建筑物，以衰减室内场强。

（6）家用电器设备的防护措施

对于室内的电磁辐射，主要来源于家用电器设备，其释放出的不同频率和功率的电磁波几乎充斥室内每一个角落，且随着这些电器设备的老化、陈旧以及更新换代的加快，其辐射程度也会随之增大。室内电气设备的不合理布局是导致电磁辐射危害加剧的另一重要因素。此外，室内居住面积的局限性也会导致电磁辐射危害加剧。对此，可采取的防护措施有：

① 注意室内办公电器和家用电器的使用时间。各种电器、办公设备、移动电话尽量避免长时间操作，并避免多种办公电器和家用电器同时启用。手机接通瞬间释放的电磁辐射最大，使用时头部与手机天线的距离远一些，最好使用分离耳机和话筒接听。电脑最好安装铅玻璃制作的电脑防辐射屏。

② 注意室内办公电器和家用电器的安排，不要集中摆放。特别是一些容易产生电磁波的家用电器，如收音机、电视机、电脑、电冰箱等，不要集中摆放在卧室里。

③ 保持人体与办公电器和家用电器的距离，彩电的距离应在 4～5m，日光灯距离应在 2～3m，微波炉开启之后离开至少 1m 远。

④ 生活和工作在高压线、变电站、电台、电视台、雷达站、电磁波发射塔附近的人员；经常使用电子仪器、医疗设备、办公自动化设备的人员；生活在现代电气自动化环境中的工作人员；佩戴心脏起搏器的患者；生活在上述电磁环境中的孕妇、儿童、老人及病患者等几种人员，要特别注意电磁辐射污染的环境指数，如果室内环境电磁波污染比较高，必须采取相应的防护措施，或请有关部门帮助解决。

⑤ 通常家用电器使用低电压，即 110V 或 220V 电压，电场强度较小，而磁场大小又会因耗电量、厂家及距离的不同而有很大的差异。

⑥ 多食用胡萝卜、豆芽、西红柿、油菜、海带、卷心菜、瘦肉、动物肝脏等富含维生素 A、维生素 C 和蛋白质的食物，以利于调节人体电磁场的紊乱状态，加强机体抵抗电磁场辐射的能力。

因此购买家用电器和办公自动化设备时，一定要买正规企业生产的合格产品，因为一般合格产品的电磁辐射值会在规定的安全范围以内。

（7）移动通信基站电磁环境防护

当前随着我国城市化进程的加快，城市建筑越来越多，密集度增加。对于城市而言，移动通信基站天线往往架设在建筑物的楼顶，当位于天线主瓣方向上垂直或水平管理约束距离以内时，电磁辐射水平较高，存在超标污染。在相关研究者的调查研究中发现，当基站天线和邻近建筑物的净空距离较小时，如果邻近建筑物在基站天线的主瓣范围之内，电磁水平较高，因电磁环境污染可能会产生不良影响。

5G 时代正在向我们走来，基站的建设会进一步增加，在数量和密度方面均会进一步提高，而且随着人们对健康要求的提高，很多基站在室内建设的难度也会增加，这些因素均会影响基站建设。对此，可采取下列措施进行防护：

① 净空距离防护 《电磁环境控制限值》对于我国天线架设以及基站建设中的电磁辐射

功率密度提出了明确的要求，单一天线架设和多个天线架设要求不同，其中单一天线架设的功率密度限值是 $8\mu W/cm^2$，而多个基站架设的综合功率密度限值是 $40\mu W/cm^2$，结合式(6-1) 和式(6-2) 分别计算水平净空管束距离和垂直管理约束距离。

$$d=(PG/4\pi P_d)^{1/2} \tag{6-1}$$

式中 P——天线口功率，W；

G——天线增益；

P_d——轴向功率密度，W/m^2；

d——水平管理约束距离。

$$h=d\sin(\alpha+\theta/2) \tag{6-2}$$

式中 d——根据模式预测的天线轴线距离，m；

α——天线俯仰角，(°)；

θ——垂直半功率角，(°)；

h——垂直管理约束距离，m。

因此，在天线的架设及基站的设计和建设中，站址周围的环境保护目标要在水平管束距离或垂直管束距离划定的空间范围之外。

② 天线方位角　为保证电磁辐射水平，除了要控制水平距离之外还应该对天线方位角进行调节控制，经过研究者的调查研究发现，天线主瓣水平半功率角宽度为 60°，垂直半功率角宽度为 8°，因此在进行基站建设过程中，需要对天线方位角进行调节和控制，有效降低电磁辐射密度。

③ 降低天线发射功率　其实对于电磁辐射而言，最关键的因素是天线发射功率，因此需要对天线发射功率进行调节与控制（天线发射功率和功率密度贡献值成正比）。降低天线发射功率能够直接降低其对电磁环境的影响，信号覆盖范围会因为发射功率的降低而减小，因此需要增设相应的天线来满足人们对通信的要求，在未来发展和基站建设中需要按照这一方向进行改革，增加天线数量，减小天线发射功率。

④ 金属防护材料的屏蔽研究　减少电磁辐射的一个重要手段是增加辐射防护，而这一方面可以通过多种方法实现。科研人员在电磁辐射的有效屏蔽方面也进行了大量研究，有效屏蔽也成为亟待解决的问题之一。对于目前基站建设中的天线电磁辐射频率而言，穿透力并不是很强，因此可以采用相应的电磁屏蔽手段来有效阻止或者有效减弱电磁波辐射，其中最简单有效的方法就是增加电磁辐射屏蔽材料，而使用低电阻导体材料就能够实现这一目的，在低电阻导体材料内部能够产生相应的原电磁场相反的电流，其直接的效果就是削弱源电磁场。

（8）军事雷达作业环境防护

信息化作战背景下，电磁辐射源主要来自敌我双方的电子对抗、雷达、通信指挥、光电干扰、敌我识别、导航等多种设备。在作战或演训状态下，雷达、技侦、电子对抗等一些特殊职能部队所在的地域范围内通常会集中数十个电磁辐射源，这些辐射源在特定时间同时或集中使用，工作频率（频段）又高度集中，所释放的高密度、高强度、多频谱的电磁波充斥于军事作业环境，呈现出空域上纵横交错、时域上持续不断、频域上密集重叠、能域上复杂多变的特点。

雷达在军事、气象、导航等许多领域应用广泛，是重要的军事装备，也是军事作业环境中重要的电磁辐射源。它主要涉及波长为 1m～1mm（频率 300MHz～300GHz）的微波段电磁辐射，是雷达作业环境主要的职业危害因素。长期接触微波辐射的雷达作业人员，可能出现眼晶体、外周血象、心电图、生殖系统及神经行为等功能的改变。

由相关研究者的调查研究中，雷达作业区和生活区电磁辐射场强检测结果见表 6-5。

表 6-5　雷达作业区和生活区电磁辐射场强

区域	检测位置	测量点数	场强范围/($\mu W/cm^2$)	平均值/($\mu W/cm^2$)	超限值数量
作业区	操作位	8	0.10～19.17	6.92±8.14	0
	调制器	5	0.20～35.01	12.58±15.30	1
	功控开关	5	0.38～133.6	29.60±58.18	1
	发射机房(方舱)门外	5	0.20～26.01	5.81±11.33	1
	办公区	10	0.10～38.00	9.14±13.81	2
生活区	道路	29	0.35～41.00	9.10±9.88	1
	宿舍楼	9	0.01～3.82	0.54±1.23	0

（资料来源：王修德，2015）

雷达天线主波束方向上的场强估算由于天线主波束方向上功率密度较大，实际测量有危险也有难度，一般用理论公式进行估算。估算方法参照国家标准 GB 9175—88 附录中的雷达等微波功率密度公式计算：

$$S=\frac{P_{av}G}{4\pi r^2} \tag{6-3}$$

式中　S——场强，W/m^2；

P_{av}——雷达发射机的平均功率，W；

G——天线增益（dB 转化为放大倍数）；

r——被测点离天线轴向上的距离，m。

由此，以 P_p 为 250kW、750kW 的雷达主波束场强分布为例进行估算，所得天线轴向上微波功率密度随距离的变化曲线见图 6-7。按不同扫描方式计算雷达天线主波束辐射的安全距离，结果见表 6-6。需要注意的是，如果建筑物或所处区域低于主波束，安全距离并不限于表中所示。

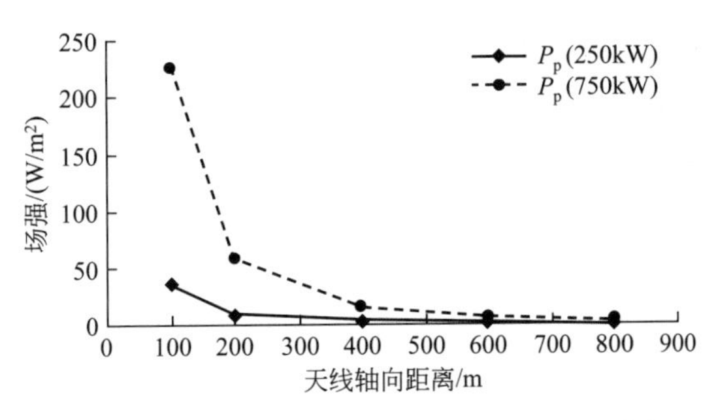

图 6-7　雷达天线轴向上场强与距离的关系曲线

（资料来源：王修德，2015）

表 6-6 雷达天线主波束辐射安全距离

环境分级	扫描方式	安全距离/m	
		P_p=250kW	P_p=750kW
一级（安全区）	固定扫描	1890	4744
	PPI	100	250
	RHI	348	873
二级（中间区）	固定扫描	945	2372
	PPI	50	125
	RHI	174	436

（资料来源：王修德，2015）

总之，电磁辐射在军事作业环境中向多维空间和深层次渗透，多岗位、多部门群体性暴露于高强度电磁辐射环境的机会日益增多。由此，对于雷达电磁辐射可采取下列防护对策。

① 雷达站合理布局，天线架设符合要求　办公区和值勤点要避开天线辐射区，天线的架设应利用地形地貌，高度应在建筑物最高层 3～5m 高度以上，不允许雷达发射天线近距离范围内正对其他高层建筑物。

② 雷达作业场所分区管理　根据发射机可能的微波漏能区域、天线主波束辐射规律将作业环境划分为安全区、监督区、控制区和危险区，实行场所分区管理。并在确定的危险区、控制区设立防护栅栏（或警戒带）和电磁辐射警示标志，标注区域名称和注意事项，控制人员进入与停留时间。

③ 安全操作，雷达设备定期漏能检测与维护　雷达工作时禁止打开发射机壳门，在没有确认发射机是否关掉之前不得攀登位于高强度辐射波束通道范围内的铁塔或其他高层建筑，加高压时，不要直看或检查任何发射器件，如喇叭、天线、开口波导、辐射元件等。

④ 采取必要的防护措施避开和减少辐射源的直接辐射　屏蔽辐射源或辐射源附近的作业点；加大作业点与辐射源之间的距离，减少微波辐射的作用；尽量缩短在辐射区停留时间；必要时使用个人防护用具，包括屏蔽、专门防护衣和护目镜等。

⑤ 加强雷达作业人员的职业健康监护　就业前和工作后定期对作业人员进行健康检查，发现异常及时进行医学处理。

复习思考题

1. 电磁辐射污染的来源有哪些？
2. 电磁辐射污染的传播途径有哪些？
3. 简述电磁辐射污染的危害。
4. 详述电磁辐射污染的评价方法和标准。
5. 详述电磁辐射污染的防治措施。

7　放射性污染控制工程

【内容提要】

本章介绍了放射性污染的来源；放射性污染的特点和危害；放射性污染的监测对象和内容；放射性检测仪器；放射性监测方法；放射性核素测量，包括放射源强度、半衰期、照射量、吸收剂量、剂量当量、有效剂量当量、待积剂量当量、年摄入量限值、导出空气浓度；环境放射性排放介绍；环境放射性污染防护的基本原则和对策；放射性废物处理技术及应用实例。

7.1　概述

7.1.1　放射性污染的来源

在自然界和人工生产的元素中，有一些能自动发生衰变、并放射出肉眼看不见的射线的元素，这些元素统称为放射性元素或放射性物质。放射性物质在自然界中分布很广，存在于矿石、土壤、天然水、大气和动植物组织中。由于核素可参与环境与生物体间的转移和吸收过程，所以可通过土壤转移到植物而进入生物圈，成为动植物组织的成分之一。

环境放射性污染是指因人类的生产、生活活动排放的放射性物质所产生的电离辐射，超过环境放射标准时产生放射性污染从而危害人体健康的一种现象。电离辐射指的是可引起物质分离的辐射，如宇宙射线、α射线、β射线、γ射线、中子辐射、X射线、氡辐射等。

环境中放射性污染的来源主要有以下几个方面。

（1）自然界中存在的天然系列放射性核素

主要由铀系、钍系、氚、碳-14、钾-40和铷-87等组成。原子序数在84以上的所有元素都有天然放射性，小于此数的某些元素如碳、钾等也有这种性质。放射性核素自发发射出射线转变成另一种核素的过程，叫作核衰变。常见的衰变形式有α衰变、β衰变和γ衰变。

（2）大气层核武器试验爆炸后的沉降物

在进行大气层、地面或地下核试验时，核试验导致大量^{90}Sr（$T_{1/2}$＝28.8d）、^{137}Cs（$T_{1/2}$＝30.1d）和^{131}I（$T_{1/2}$＝8.3d）等200多种放射性核素释放到环境中。这些放射性核素到达平流层后，随降雨落到地面，然后在对流层停留较短时间后，再沉降到整个地球表面。

（3）核设施废物的正常排放和偶然的大量释放

1986 年 4 月 26 日发生切尔诺贝利事故，事故中向环境释放的裂变产物总量就达 0.2EBq（约 5MCi）。1979 年 3 月 28 日发生在美国宾夕法尼亚州三哩岛的核电站事故，导致 0.4EBq（约 10MCi）^{131}I 排入大气环境。

（4）医疗、工农业、科研和采矿业等排放富集的天然放射性废料

用于人体疾病诊断和治疗的放射性标记化合物，包含放射性核素制剂、工业放射性核素及在加工、使用的一些化石燃料（如煤、石油和天然气）或其他稀土金属和其他共生金属矿物的开采、提炼过程中浓缩的铀、钍、氡天然放射性核素。

7.1.2 放射性污染的特点

① 持续性和长效性。放射性污染一旦产生和扩散到环境中，就不断对周围发出放射线，永不停止。

② 累积性。放射性核污染是通过发射 α、β、γ 或中子射线等电离辐射来造成伤害的。

③ 难感知性。放射性剂量的大小只有辐射探测仪才可以探测，人的感觉器官难以感知。

7.1.3 放射性污染的危害

环境中的放射性核素主要以电离辐射的方式释放射线，并通过多种途径进入人体。发射出 X 射线、γ 射线和中子的射线会破坏机体细胞大分子结构，更甚者直接破坏细胞或组织结构，给人体造成严重损伤。

放射性污染对人体的危害主要包括三方面：

① 直接损伤：放射性物质直接使机体物质的原子或分子电离，破坏机体内某些大分子如脱氧核糖核酸、核糖核酸、蛋白质分子及一些重要的酶。

② 间接损伤：各种放射线首先将体内广泛存在的水分子电离，生成活性很强的 H^+、OH^- 和分子产物等，继而通过它们与机体的有机成分作用，产生与直接损伤作用相同的结果。

③ 远期效应：主要包括辐射致癌、白血病、白内障、寿命缩短等方面的损害以及遗传效应等。根据有关资料介绍，青年妇女在怀孕前受到诊断性照射后其小孩发生唐氏综合征的概率增加 9 倍。

7.1.3.1 切尔诺贝利核事故

1986 年 4 月 26 日凌晨 1 点 23 分，乌克兰普里皮亚季邻近的切尔诺贝利核电厂的第四号反应堆发生了爆炸。连续的爆炸引发了大火并散发出大量高能辐射物质到大气层中，这些辐射尘覆盖了大面积区域。这次灾难所释放出的辐射线剂量是二战时期爆炸于广岛的原子弹的 400 倍以上。

关于事故的起因，官方有两个互相矛盾的解释。第一个于 1986 年 8 月公布，完全把事故的责任推卸给核电站操纵员。第二个则发布于 1991 年，该解释认为事故是由于压力管式石墨慢化沸水反应堆（RBMK）的设计缺陷导致，尤其是控制棒的设计。

1986 年 8 月公布的政府调查委员会报告指出，操纵员从反应堆堆芯抽出了至少 205 枝控制棒（这类型的反应堆共需要 211 枝控制棒），留下了 6 枝，而技术规范是禁止 RBMK-1000 操作

时在核心区域使用少于15枝控制棒的。

在灾难过后20年，工作人员主要限制制造、运输、消费过程中来自切尔诺贝利放射性尘埃的食物污染，尤其是对铯-137指标的控制，以防止它们进入人类的食物链。在瑞典和芬兰的部分地区，部分肉类产品受到监控，包括在自然和接近自然环境下生活的羚羊等。在德国、奥地利、意大利、瑞典、芬兰、立陶宛和波兰的某些地区，野味（如野猪、鹿等）、野生蘑菇、浆果以及从湖里打捞的食肉鱼类的铯-137含量达到每千克几千贝克。在德国一些野生蘑菇的铯-137含量甚至达到了40000Bq/kg。按照2006年相关报告，这些地区的平均水平约为6800Bq/kg，是欧盟规定的安全值600Bq/kg的10倍以上。

7.1.3.2 福岛核泄漏事故

2011年3月11日，里氏9.0级地震导致福岛县两座核电站反应堆发生故障，其中第一核电站中一座反应堆震后发生异常，导致核蒸气泄漏，于3月12日发生小规模爆炸，或因氢气爆炸所致。

目前普遍认为，氢气泄漏到厂房中是在安全壳内压力升高时，从泄压安全阀的气体通道排出的。由于厂房中氢气相对空气的浓度达到了爆炸极限，在遇到高温甚至明火后便发生了爆炸。爆炸掀掉了厂房的屋顶，只剩下钢筋骨架。原子能安全和保安院在一份声明中说，受11日大地震影响而自动停止运转的东京电力公司福岛第一核电站，1号机组中央控制室的放射线水平已达到正常数值的1000倍。而据随后公报报道，这一核电站大门附近的放射线量继续上升，2011年3月12日上午9时10分已经达到正常水平的70倍以上。这是日本有关部门首次确认有核电站的放射性物质泄漏到外部。

2015年10月20日，日本政府首次承认在福岛第一核电站核泄漏事故现场工作过的一名工作人员所患的白血病，是由于遭受核辐射引起的。为此，日本厚生劳动省已正式向这名男子发出了“工伤认定书”。据报道，这名男子是东京电力公司一家合作企业的员工，在核事故发生后，他在现场参与了扑救作业，因而遭受了核辐射。在此人被查出白血病后，日本厚生劳动省根据其申请，组织相关专家成立调查会对白血病和核辐射的因果关系进行了调查，最后认定该男子的白血病是因其在福岛第一核电站现场作业后遭受核辐射而引起的。据悉，这也是福岛第一核电站因遭遇大地震和海啸袭击、发生核事故之后，日本政府首次认定的与事故相关的工伤申请。

7.2 放射性污染的测量与评价

7.2.1 放射性污染的测量

7.2.1.1 监测对象和内容

（1）监测对象

① 现场监测，即对放射性物质生产或应用单位内部工作区域所做的监测。

② 个人剂量监测，即对放射性专业工作人员或公众做内照射和外照射的剂量监测。

③ 环境监测，即对放射性物质生产和应用单位外部环境，包括空气、水体、土壤、生物、固体废物等所做的监测。

在环境监测中，主要测定的放射性核素为：

① α放射性核素，即^{239}Pu、^{226}Ra、^{222}Rn、^{210}Po、^{222}Th、^{234}U、^{235}U等；

② β放射性核素，即^{3}H、^{90}Sr、^{89}Sr、^{134}Cs、^{137}Cs、^{131}I和^{60}Co等。这些核素在环境中出现的可能性较大，其毒性也较大。

（2）对放射性核素具体测量的内容

① 放射源强度、半衰期、射线种类及能量；

② 环境和人体中放射性物质含量、放射性强度、空间照射量或电离辐射剂量。

7.2.1.2 放射性检测仪器

最常用的检测器有三类，即电离型检测器、闪烁检测器和半导体检测器，其射线种类及特点见表7-1。

表7-1 常用放射性检测器射线种类及特点

射线种类	检测器	特 点
α	闪烁检测器	检测灵敏度低，探测面积大
	正比计数管	检测效率高，技术要求高
	半导体检测器	本底小，灵敏度高，探测面积小
	电流电离室	测较大放射性活度
β	正比计数管	检测效率较高，装置体积较大
	盖革计数管	检测效率较高，装置体积较大
	闪烁检测器	检测效率较低，本底小
	半导体检测器	探测面积小，装置体积小
γ	闪烁检测器	检测效率高，能量分辨能力强
	半导体检测器	能量分辨能力强，装置体积小

（资料来源：何德文，2015）

（1）电离型检测器

电离型检测器是利用射线通过气体介质时，使气体发生电离的原理制成的探测器。

该种检测器有电流电离室、正比计数管和盖革计数管（GM管）三种。电流电离室是测量由于电离作用而产生的电离电流，适用于测量强放射性；正比计数管和盖革计数管则是测量由每一入射粒子引起电离作用而产生的脉冲式电压变化，从而对入射粒子逐个计数，适用于测量弱放射性。以上三种检测器之所以有不同的工作状态和不同的功能，主要是因为对它们施加的工作电压不同，从而引起电离过程不同。

（2）闪烁检测器

闪烁检测器是利用射线与物质作用会发生闪光的原理而发明的一种仪器。它具有一个受带电粒子作用后内部原子或分子被激发而发射光子的闪烁体。当射线照在闪烁体上时，便发射出荧光光子，并且利用光导和反光材料等将大部分光子收集在光电倍增管的光阴极上。光子在灵敏阴极上打出光电子，经过倍增放大后在阳极上产生电压脉冲，此脉冲还是很小的，需再经电子线路放大和处理后记录下来。

闪烁体的材料可用ZnS、NaI、蒽等无机和有机物质。探测α粒子时，通常用ZnS粉末；探测γ射线时，可选用密度大、能量转化率高、可做成体积较大且透明的NaI(TI)晶体；蒽等有机材料发光持续时间短，可用于高速计数和测量寿命短的核素的半衰期。

闪烁检测器具有高灵敏度和高计数率的优点，被广泛应用于测量 α、β、γ 射线的辐射强度。

（3）半导体检测器

半导体检测器的工作原理与电离型检测器相似，但其检测元件是固态半导体。当放射性粒子射入这种元件后，产生电子-空穴对，电子和空穴受外加电场的作用，分别向两极运动，并被电极所收集，从而产生脉冲电流，再经放大后，由多道分析器或计数器记录。

7.2.1.3 放射性监测方法

环境放射性监测方法有定期监测和连续监测。

定期监测的一般步骤是采样、样品预处理、样品总放射性或放射性核素的测定；连续监测是在现场安装放射性自动监测仪器，实现采样、预处理和测定自动化。

对环境样品进行放射性测量和对非放射性环境样品监测过程一样，也是经过样品采集、样品预处理和选择适宜方法仪器测定三个过程。

（1）样品采集

① 放射性沉降物的采集　沉降物包括干沉降物和湿沉降物，大部分来源于大气层核爆炸所产生的放射性尘埃，小部分来源于人工放射性微粒。

对于放射性干沉降物样品可用水盘法、粘纸法、高罐法采集。

湿沉降物系指随雨（雪）降落的沉降物，其采集除上述方法外，常用一种能同时对雨水中核素进行浓集的采样器。

② 放射性气溶胶的采集　这种样品的采集常用滤料阻留采样法，其原理与大气中颗粒物的采集相同。

③ 其他类型样品的采集　对于水体、土壤、生物样品的采集、制备和保存方法与非放射性样品所用的方法没有大的差别。

（2）样品预处理

预处理的目的是将样品处理成适于测量的状态，将样品的欲测核素转变成适于测量的形态并进行浓集，以及去除干扰核素。

① 衰变法　采样后，将其放置一段时间，让样品中一些寿命短的非待测核素衰变除去，然后再进行放射性测量。

② 共沉淀法　用一般化学沉淀法分离环境样品中的放射性核素，因核素含量很低，达不到溶度积，故不能达到分离的目的，但如果加入毫克数量级、与欲分离放射性核素性质相近的非放射性元素载体，则由于二者之间同晶共沉淀或吸附共沉淀作用，载体将放射性核素载带下来，达到分离和富集的目的。例如，用^{59}Co作载体，则与^{60}Co发生同晶共沉淀。这种富集分离方法具有简便、实验条件容易满足等优点。

③ 灰化法　对蒸干的水样或固体样品，可在瓷坩埚内于500℃马弗炉中灰化，冷却后称重，再转入测量盘中铺成薄层检测其放射性。

④ 电化学法　该方法是通过电解将放射性核素沉积在阴极上，或以氧化物形式沉积在阳极上。如Ag^{+}、Bi^{2+}、Pb^{2+}等可以以金属形式沉积在阴极，Pb^{2+}、Co^{2+}可以以氧化物的形式沉积在阳极，其优点是分离核素的纯度高。

如果将放射性核素沉积在惰性金属片电极上，可直接进行放射性测量；如将其沉积在惰性金属丝电极上，可先将沉积物溶出，再制备成样品源。

⑤ 其他预处理方法　蒸馏法、有机溶剂溶解法、溶剂萃取法、离子交换法的原理和操作与非放射物质无本质区别。

(3) 环境中放射性监测

① 水样的总 α 放射性活度的测量　水体中常见辐射 α 粒子的核素有 ^{226}Ra、^{222}Rn 及其衰变产物等。目前公认的水样总 α 放射性浓度是 0.1Bq/L，当大于此值时，就应对放射 α 粒子的核素进行鉴定和测量，确定主要的放射性核素，判断水质污染情况。

方法是：取一定体积水样，过滤除去固体物质，滤液加硫酸酸化，蒸发至干，在不超过 350℃温度下灰化。将灰化后的样品移入测量盘中并铺成均匀薄层，用闪烁检测器测量。在测量样品之前，先测量空测量盘的本底值和已知活度的标准样品。测定标准样品的目的是确定探测器的计数效率，以计算样品源的相对放射性活度，即比放射性活度。标准源最好是欲测核素，并且二者强度相差不大。如果没有相同核素的标准源，可选用放射同一种粒子而能量相近的其他核素。测量总 α 放射性活度的标准源常选择硝酸铀酰。水样的总 α 比放射性活度（Q_α）用式(7-1) 计算：

$$Q_\alpha=(n_c-n_b)/(n_s V) \tag{7-1}$$

式中　Q_α——比放射性活度，Bq/L；

n_c——用闪烁检测器测量水样得到的计数率，计数/min；

n_b——空测量盘的本底计数率，计数/min；

n_s——根据标准源的活度计数率计算出的检测器的计数率，计数/(Bq・min)；

V——所取水样体积，L。

② 水样的总 β 放射性活度的测量　水样总 β 放射性活度测量步骤基本上与总 α 放射性活度测量相同，但检测器用低本底的盖革计数管，且以含 ^{40}K 的化合物作标准源。

水样中的 β 射线常来自 ^{40}K、^{90}Sr、^{129}I 等核素的衰变，其目前公认的安全水平为 1Bq/L。^{40}K 标准源可用天然钾的化合物（如氯化钾）制备。

③ 土壤中总 α、总 β 放射性活度的测量　在采样点选定的范围内，沿直线每隔一定距离采集一份土壤样品，共采集 4～5 份。采样时用取土器或小刀取 10cm×10cm、深 1cm 的表土。除去土壤中的石块、草类等杂物，在实验室内晾干或烘干，移至干净的平板上压碎，铺成 1～2cm 厚方块，用四分法反复缩分，直到剩余 200～300g 土样，再于 500℃灼烧，待冷却后研细、过筛备用。称取适量制备好的土样放于测量盘中，铺成均匀的样品层，用相应的探测器分别测量 α 和 β 比放射性活度（测 β 放射性的样品层应厚于测 α 放射性的样品层）。α 比放射性活度（Q_α）和 β 比放射性活度（Q_β）分别用以下两式计算：

$$Q_\alpha=(n_c-n_b)\times10^6/(60\varepsilon SlF) \tag{7-2}$$

$$Q_\beta=1.48\times10^4 n_\beta/n_{KCl} \tag{7-3}$$

式中　Q_α——α 比放射性活度（以单位质量干土计），Bq/kg；

Q_β——β 比放射性活度（以单位质量干土计），Bq/kg；

n_c——样品 α 放射性总计数率，计数/min；

n_b——本底计数率，计数/min；

ε——检测器计数效率，计数/(Bq・min)；

S——样品面积，cm^2；

l——样品厚度，mg/cm^2；

F——自吸收校正因子，对较厚的样品一般取 0.5；

n_β——样品β放射性总计数率，计数/min；

n_{KCl}——氯化钾标准源的计数率，计数/min；

1.48×10^4——1kg氯化钾所含^{40}K的β放射性活度，Bq。

④ 大气中氡的测量 ^{222}Rn是^{226}Ra的衰变产物，为一种放射性惰性气体。它与空气作用时，能使之电离，因而可用电离型探测器通过测量电离电流测定其浓度；也可用闪烁探测器记录由氡衰变时所放出的α粒子计算其含量。

⑤ 大气中各种形态^{131}I的测量 碘的同位素很多，除^{127}I是天然存在的稳定性同位素外，其余都是放射性的同位素。

^{131}I是裂变产物之一，它的裂变产额较高，半衰期较短，可作为反应堆中核燃料元件包壳是否保持完整状态的环境监测指标，也可以作为核爆炸后有无新鲜裂变产物的信号。

大气中的^{131}I呈元素、化合物等各种化学形态和蒸气、气溶胶等不同状态，因此采样方法各不相同。^{131}I的采样器由粒子过滤器、元素碘吸附器、次碘酸吸附器、甲基碘吸附器和炭吸附床组成。对例行环境监测，可在低流速下连续采样一周或一周以上，然后用γ谱仪定量测定各种化学形态的^{131}I。

(4) 个人外照射剂量

个人外照射剂量用佩戴在身体适当部位的个人剂量计测量，这是一种能对放射性辐射进行累积剂量测量的小型、轻便、容易使用的仪器。常用的个人剂量计有袖珍电离室、胶片剂量计、热释光体和荧光玻璃。

7.2.2 放射性污染的评价

7.2.2.1 描述放射性辐射的基本量

对放射性核素具体测量的内容有放射源强度、半衰期、照射量等。

(1) 放射源强度

放射源强度A又称为放射源活度，是指单位时间内发生核衰变的数目。

$$A=-\frac{dN}{dt}=\lambda N \tag{7-4}$$

其单位为贝可（Bq），1Bq表示每秒钟发生一次核转变。λ为衰变常数，是与该种放射性同位素性质有关的常数。放射源活度等于衰变常数乘以衰变以后剩余原子核的数目。常用新旧放射性单位对照表如表7-2所示。

表7-2 常用新旧放射性单位对照表

量的单位及符号	SI单位名称及符号	表示式	曾用单位	换算关系
活度A	Bq(贝可)	s^{-1}	Ci(居里)	$1Ci=3.7\times10^{10}Bq$
照射量X	—	C/kg	R(伦琴)	$1R=2.58\times10^{-4}C/kg$
吸收剂量D	Gy(戈瑞)	J/kg	rad(拉德)	1rad=0.01Gy
剂量当量H	Sv(希沃特)	J/kg	rem(雷姆)	1rem=0.01Sv

（资料来源：何德文，2015）

(2) 半衰期

半衰期是指放射性的核素因衰变而减少到原来一半所需的时间。

$$T_{1/2}=0.693/\lambda \tag{7-5}$$

$$m=M(1/2)^{(t/T)} \tag{7-6}$$

式中 M——反应前原子核质量；

m——反应后原子核质量；

t——反应时间；

T——半衰期。

（3）照射量

照射量是对射线在空气中电离的一种量度，是X、γ辐射场的定量描述，而不是剂量的量度。

$$X=\frac{\mathrm{d}Q}{\mathrm{d}m} \tag{7-7}$$

式中 X——照射量，C/kg；

$\mathrm{d}Q$——射线在空气中完全被阻止时所引起质量为 $\mathrm{d}m$ 的某一体积元的空气电离所产生的带电粒子（正的或负的）的总电量值；

$\mathrm{d}m$——受照空气的质量，kg。

1R（伦琴）是指γ射线或X射线照射 $1\mathrm{cm}^3$ 标准状况下（0℃和101.325kPa）的空气，能引起空气电离而产生1静电单位正电荷和1静电单位负电荷的带电粒子。这一单位仅适用于γ射线或X射线透过空气介质的情况，不能用于其他类型的辐射和介质。

（4）吸收剂量

吸收剂量 D 是表示在电离辐射与物质发生相互作用时，单位质量的物质吸收电离辐射能量大小的物理量。

$$D=\frac{\mathrm{d}\varepsilon}{\mathrm{d}m} \tag{7-8}$$

式中 D——吸收剂量，Gy；

$\mathrm{d}\varepsilon$——电离辐射授予质量为 $\mathrm{d}m$ 的物质的平均能量。

吸收剂量有时用吸收剂量率 P 来表示，它定义为单位时间内的吸收剂量，即

$$P=\mathrm{d}D/\mathrm{d}t \tag{7-9}$$

吸收剂量率的单位为Gy/s或rad/s。

（5）剂量当量

组织内某一点的剂量当量 H 是该点的吸收剂量 D 乘以品质系数 Q 和其他修正系数 N，具体表示为：

$$H=DQN \tag{7-10}$$

式中 H——剂量当量，Sv；

D——在该点所接收的吸收剂量；

Q——品质系数；

N——国际辐射防护委员会（ICRP）规定的其他修正系数，目前规定 $N=1$。

品质系数可用来计量剂量的微观分布对危害的影响，其值取决于导致电离粒子的初始动能种类及照射类型等。

国际辐射防护委员会为内照射和外照射规定了都可使用的 Q 值，如表7-3所示。

表 7-3　各种辐射相对应的 Q 值

辐射类型	Q
X 射线、γ 射线和电子	1
能量未知的中子、质子和静止质量小于 1 个原子质量单位的单电荷离子	10
能量未知的 α 粒子和多电荷粒子，包括电荷数未知的重粒子	20

（资料来源：何德文，2015）

（6）有效剂量当量

有效剂量当量 H_e 是指用相对危险度系数加权的平均器官剂量当量之和，表示为：

$$H_e = \sum W_T H_T \tag{7-11}$$

式中　H_e——有效剂量当量，Sv；

H_T——器官或组织所接收的剂量当量；

W_T——该器官的相对危险度系数。

《辐射防护规定》（GB 8703—88）给出的 W_T 值如表 7-4 所示。

表 7-4　相对危险度系数 W_T

器官或组织名称	W_T	器官或组织名称	W_T
性腺	0.25	甲状腺	0.03
乳腺	0.15	副表面	0.03
红骨髓	0.12	其余组织①	0.06
肺	0.12		

（资料来源：何德文，2015）

① 其余组织为表中尚未指明的受到剂量当量最大的器官或组织，每一个的 W_T 为 0.06。当胃肠道受到照射时，胃上段大肠和下段大肠为独立的器官，手、前臂、足和眼晶体不包括在“其余组织”之内。

（7）待积剂量当量

待积剂量当量 $H_{50,T}$ 是指单次摄入某种放射性核素后，在 50 年期间该组织或器官所接收的总剂量当量。

待积剂量当量是内照射剂量学非常重要的基本量。放射性核素进入人体内以后，蓄积此核素的器官称源器官（S），从它内部发射的射线粒子使周围的靶器官（T）受到照射，接收的剂量用待积剂量当量表示。

$$H_{50,T} = U_S \mathrm{SEE}(\mathrm{T} \leftarrow \mathrm{S}) \tag{7-12}$$

式中　U_S——器官 S 摄入放射性核素后 50 年内发生的总衰变数；

SEE（T←S）——源器官中的放射性粒子传输给单位质量靶器官的有效能量，T←S 表示由源器官 S 传输给靶器官 T。

ICRP（国际辐射防护委员会）推荐待积剂量当量用来表征放射性核素进入人体内后对组织的照射。

（8）年摄入量限值

年摄入量限值（ALI）表示在一年时间内，来自单次或多次摄入的某一放射性核素的累积摄入量，对参考人的待积剂量当量达到职业性照射的年剂量当量限值（50mSv）。

（9）导出空气浓度

导出空气浓度（DAC）为年摄入量限值（ALI）除以参考人在年工作时间中吸入的空气体积所得的商，即：

$$\mathrm{DAC}=\frac{\mathrm{ALI}}{2400} \tag{7-13}$$

式中 2400——参考人在一年工作时间内吸入的空气体积，m^3。

7.2.2.2 环境放射性标准

20世纪50年代，许多国家颁布了原子能法，随之还制定了各种各样的辐射防护法规、标准。正是由于有了现代先进技术的保证和完善的辐射防护法规标准的制定、执行，才能够使辐射性事故的发生率降至最低。

（1）我国辐射防护相关法律、法规、标准等的发展

1960年2月颁布《放射性工作卫生防护暂行规定》；1964年1月发布《放射性同位素工作卫生防护管理办法》；1974年5月发布《放射防护规定》(GBJ 8—74) 1984年9月5日发布《核电站基本建设环境保护管理办法》；1988年3月11日发布《辐射防护规定》(GB 8703—88)；2002年10月8日发布《电离辐射防护与辐射源安全基本标准》(GB 18871—2002)。

（2）辐射防护的基本原则

辐射防护的目的是防止有害的非随机效应发生，并限制随机效应的发生率，使之合理地达到尽可能低的水平。目前，国际上公认的一次性全身辐射对人体产生的生物效应见表7-5，个人年剂量当量限值见表7-6。

表7-5　一次性全身辐射对人体产生的生物效应

剂量当量率/(Sv/s)	生物效应	剂量当量率/(Sv/s)	生物效应
<0.1	无影响	1～2	有损伤，可能感觉到全身无力
0.1～0.25	未观察到临床效应	2～4.5	掉头发，血液发生严重病变，一些人在2～6周内死亡
0.25～0.5	可引起血液变化，但无严重伤害	4.5～8	30天内将进人垂死状态
0.5～1	血液发生变化且有一定损伤，但无倦怠感		

（资料来源：李连山，2009）

表7-6　个人年剂量当量限值

人员	有效剂量当量/(mSv/a)	眼球/(mSv/a)	其他单个器官或组织/(mSv/a)	一次/mSv	一生/mSv	孕妇/(mSv/a)	16～18岁青年/(mSv/a)
职业人员	50	150	500	100	250	15	15
公众成员	1	50	50	—	—	—	—

（资料来源：李连山，2009）

7.3 放射性污染防护

7.3.1 放射性污染防护的基本原则

7.3.1.1 保证放射性实践的正当性

对于任何一项放射性实践，只有在综合考虑了社会、经济和其他有关因素之后，当该项

放射性实践对受照个人或社会所带来的利益足以弥补其可能引起的放射性危害时，该放射性实践才是正当的。

7.3.1.2 放射性防护与安全的最优化

在放射性实践中所使用的放射性源（包括放射性装置）所致照射危险分别低于剂量约束和潜在照射危险约束的前提下，应使防护与安全最优化，使得在充分考虑了经济和社会因素之后，个人受照剂量的大小、受照射的人数以及受照射的可能性均保持在可合理达到的尽量低的水平，这也是有时称作的 ALARA（as low as reasonably achievable）原则。

7.3.1.3 剂量限制和剂量约束

由于利益和代价在人类群体中分配的不一致性，虽然放射性实践满足了正当性要求，防护与安全亦达到了最优化，但还不一定能够对每个人提供足够的防护。因此，必须对个人受到的正常照射加以限制，以保证来自各项得到批准放射性实践的综合照射所致的个人总有效剂量和有关器官或组织的总当量剂量不超过国家标准中规定的相应剂量限值。

7.3.2 放射性污染防护对策

7.3.2.1 外照射防护的基本对策

（1）时间防护

在剂量率一定的情况下，人体接收的剂量与受照时间成正比，受照时间愈长，所受的累积剂量也愈大。所以在从事放射工作时，尽量缩短操作时间，做到熟练、迅速、准确。这是最省钱且效果最显著的办法。

（2）距离防护

如果把辐射源看成点源，受照剂量与离放射源的距离的平方成反比，所以增加与放射源的距离是非常有效的防护措施。

（3）屏蔽防护

在反应堆、加速器及高活度辐射源的应用中，单靠缩短操作时间和增大距离远远达不到安全防护的要求，此时必须采取适当的屏蔽措施，使之在某一指定点上由辐射源所产生的剂量降低到有关标准所规定的限值以下，在辐射防护中把这种方法称为屏蔽防护。

① 屏蔽设计　在各种核设施及强源应用中，屏蔽设计是必不可少的步骤。屏蔽设计内容广泛，一般包括：根据源项特性进行剂量计算，选择合适的剂量限值或约束值进行屏蔽计算，根据用途、工艺及操作需要设计屏蔽体结构和选择屏蔽材料，并需处理好门、窗、各种穿过防护墙管道等的泄漏与散射问题。

② 屏蔽方式　根据防护要求和操作要求的不同，屏蔽体可以是固定式的，也可以是移动式的。固定式的如防护墙、防护门、观察窗、水井以及地板、天花板等；移动式的如防护屏、铅砖、铁砖、各种结构的手套箱以及包装、运输容器等。

③ 屏蔽材料的选择　在选择屏蔽材料时，必须充分注意各种辐射与物质相互作用的差别。如果材料选择不当，不仅在经济上造成浪费，更重要的还在屏蔽效果上适得其反。

例如对 β 辐射选择屏蔽材料时，必须先用低原子序数材料置于近 β 辐射源的一侧，然后视情况，在其后附加高原子序数材料；如果次序颠倒，由于 β 射线在高原子序数材料中比低原子序数材料中能产生更强的辐射，结果形成一个相当强的新的 X 射线源。又如利用电子直线加速器建成一个强 X 射线源装置，那就要选用高原子序数材料作靶子，既可屏蔽电子束，又能形成一个较强的X射线源。

屏蔽材料是多种多样的，但在选择屏蔽材料时，要考虑防护要求、工艺要求、材料获取的难易程度、价格的高低以及材料的稳定性等。

7.3.2.2 内照射防护的基本对策

因工作内容及条件不同，工作人员所受照射可能仅有外照射或内照射，也可能两者皆有。同一数量的放射性物质进入人体后引起的危害，大于其在体外作为外照射源时所造成的危害。

内照射防护的基本原则是采取各种有效措施，阻断放射性物质进入人体的各种途径，在最优化原则的范围内，使摄入量减少到尽可能低的水平。内照射防护的一般方法是"包容、隔离"和"净化、稀释"，以及"遵守规章制度、做好个人防护"。

① 包容、隔离　包容是指在操作过程中，将放射性物质密闭起来，如采用通风橱、手套箱等。隔离就是使人员和放射性物质尽可能隔开，其中，包容就是一种隔离，而根据放射性核素的毒性大小、操作量多少和操作方式等，将工作场所进行分级、分区管理，也能达到有效的隔离。

② 净化、稀释　净化就是采用吸附、过滤、除尘、凝聚沉淀、离子交换、蒸发、储存衰变、去污等方法，尽量降低空气、水中放射性物质浓度，降低物体表面放射性污染水平。稀释就是在合理控制下利用干净的空气或水使空气或水中的放射性浓度降低到控制水平以下。在净化与稀释时，首先要净化，将放射性物质充分浓集，然后将剩余的水平较低的含放射性物质的空气或水进行稀释，经监测符合国家标准，并经审管部门批准后，才可排放。

③ 遵守规章制度、做好个人防护　工作人员操作放射性物质，必须遵守相关的规章制度。制定切实可行而又符合安全标准的规章制度并严格执行，是减少事故发生、及时发现事故和控制事故蔓延扩大的重要措施之一。

7.4 放射性废物处理

7.4.1 放射性废物的分类及处理原则

7.4.1.1 放射性废物的分类

(1) 国家分类标准

我国根据《中华人民共和国放射性污染防治法》《中华人民共和国核安全法》和《放射性废物安全管理条例》中关于放射性废物分类的规定，生态环境部、工业和信息化部、国家国防科技工业局组织制定了《放射性废物分类》，该文件将放射性废物分为极短寿命放射性废物、极低水平放射性废物、低水平放射性废物、中水平放射性废物和高水平放射性废物。

(2) 其他分类方法

按放射性核素半衰期长短分为长半衰期（大于100天）、中半衰期（10～100天）、短半衰期（小于10天）。这种分类方法是利用半衰期的含义，便于采用储存法去除放射性沾污。因为任何一种放射性核素，当其经过10个半衰期之后，其放射性强度将低于原来强度的 1/1000，对短半衰期废水，采用储存法将是一种简单而又经济的处理措施。

此外尚有按射线种类分为甲、乙、丙三种放射性废物。按废液的 pH 值分为酸性放射性废水、碱性放射性废水等，但较少采用。

7.4.1.2 放射性废物的处理原则

国际原子能机构（IAEA）在放射性废物管理原则中提出了以下九条基本原则：

① 保护人类健康：工作人员和公众受到的照射在国家规定的允许限值之内。

② 保护环境：确保向环境的释放最少，对环境的影响达到可接受的水平。

③ 超越国界的保护：保护他国人员健康和对环境的影响，及时交换信息和保证越境转移条件。

④ 保护后代：保护后代的健康。

⑤ 给后代的负担：不给后代造成不适当的负担，应尽量不依赖于长期对处置场的监测和对放射性废物进行回取。

⑥ 国家法律框架：放射性废物管理必须在适当的国家法律框架内进行，明确划分责任和规定独立的审管职能。

⑦ 控制放射性废物产生：尽可能少。

⑧ 放射性废物产生和管理间的相依性：必须适当考虑放射性废物产生和管理的各阶段间的相互依赖关系。

⑨ 设施的安全：必须保证放射性废物管理设施使用寿期内的安全。

据此原则我国制定了放射性废物管理的 40 字方针：减少产生、分类收集、净化浓缩、减容固化、严格包装、安全运输、就地暂存、集中处置、控制排放、加强监测。

7.4.2 放射性废物处理技术

7.4.2.1 放射性固体废物处理技术

放射性固体废物种类繁多，可分为湿固体（蒸发残渣、沉淀泥浆、废树脂等）和干固体（污染劳保用品、工具、设备，废过滤器芯、活性炭等）两大类。为了减容和适于运输、储存和最终处置，要对固体废物进行焚烧、压缩、固化或固定等处理。

对放射性固体废物的处理方法一般为固化，固化是在放射性废物中添加固化剂，使其转变为不易向环境扩散的固体的过程，固化产物是结构完整的整块密实固体。通常，固化的途径是将放射性核素通过化学转变，引入到某种稳定固体物质的晶格中去；或者通过物理过程把放射性核素直接掺入到惰性基材中。

固化的目标是使废物转变成适合最终处置的稳定的废物体。固化材料及固化工艺的选择应保证固化体的质量，应能满足长期安全处置的要求和进行工业规模生产的需要，对废物的包容量要大，工艺过程及设备应简单、可靠、安全、经济。对固化工艺的一般要求，高水平放射性废物（以下简称高放废物）的固化应能进行远距离控制和维修；低、中水平放射性废物（以下简称低、中放废物）的固化操作过程应简单，处理费用应低廉。理想的废物固化体要具有阻止所含放射性核素释放的特性，其主要特性指标如下：低浸出率、高热导率、高耐辐射性、高生化稳定性和耐腐蚀性、高机械强度、高减容比，常用的固化方法见表 7-7。

表 7-7 常用的固化方法

项目	水泥固化	沥青固化	塑料固化	玻璃固化	陶瓷固化
干废物包容量(质量百分数)/%	5～40	30～60	30～60	10～30	15～30
密度/(g/cm^3)	1.5～2.5	1.1～1.9	1.1～1.5	2.5～3.0	2.5～3.0
浸出率/[g/(cm^2·d)]	10^{-3}～10^{-1}	10^{-5}～10^{-3}	10^{-6}～10^{-3}	10^{-7}～10^{-4}	10^{-8}～10^{-5}
抗压强度/MPa	10～30	塑性	20～100(或塑性)	脆性	高
耐辐射/Gy	约 10^8	约 10^7	约 10^7	约 10^9	约 10^9
投资	低	中	中	高	高
操作和维修	简单	中等	中等	复杂	复杂
适用性	低、中放废物	低、中放废物	低、中放废物	高放、α 废物	高放、α 废物
应用状况	工业规模	工业规模	工业应用	工业应用	研究开发

(资料来源:罗上庚,2007)

除了固化方法外，对放射性固体废物的处理还常用减容方法，固体废物减容的目的是减少体积，降低废物包装、储存、运输和处置的费用。处理方法主要有两种：压缩或焚烧。压缩是依靠机械力作用，使废物密实化，减少废物体积。压缩处理操作简单，设备投资和运行成本低。压缩可分为常规压缩和超级压缩两种。而焚烧是将可燃性废物氧化处理成灰烬（或残渣）的过程。焚烧分为干法焚烧和湿法焚烧，前者如过剩空气焚烧、控制空气焚烧、裂解、流化床、熔盐炉等；后者如酸煮解、过氧化氢分解等。

7.4.2.2 放射性废液处理技术

核工业放射性工艺废液一般需要多级净化处理，低、中放废液常用的处理方法有絮凝沉淀、蒸发、离子交换（或吸附）和膜技术（如电渗析、反渗透、超滤膜）。高放废液比活度高，一般只经过蒸发浓缩后储存在双壁不锈钢储槽中，处理技术与适用对象对应表见表 7-8。

表 7-8 处理技术与适用对象对应表

处理技术	去污系数	适用对象
絮凝沉淀、吸附	1～10	低、中放废液,洗衣淋浴水
蒸发	10^3～10^6	低、中放废液,高放废液
离子交换	10～100	低、中放废液(低含盐量)
反渗透	10～40	低、中放废液,洗衣淋浴水

(资料来源:罗上庚,2007)

絮凝沉淀成本低廉，在去除放射性物质的同时，还去除悬浮物、胶体、常量盐、有机物和微生物，一般与其他方法联用作为预处理方法。其缺点是放射性去除效率较低，一般为50%～70%，去污因数最多只有 10 左右，且会产生大量含放射性的污泥。

蒸发的突出优点是净化效率较高，一般去污系数可达到 10^5，但蒸发不适合处理含易起泡物质和易挥发核素的废水，且蒸发耗能大，处理费用较高。

与其他传统的分离方法相比，膜分离具有过程简单、无变相、分离系数较大、节能高效、可在常温下连续操作等特点，可分为反渗透、电渗析、微滤和超滤等。

在处理中、低放射性废水时，离子交换树脂对去除含盐类杂质较少的废水中的放射性离子具有特殊的作用。

7.4.3 放射性废物处理技术应用

7.4.3.1 医疗放射性废物处理工程设计

医疗放射性元素（多为短半衰期核素）主要应用于：诊断疾病的设备仪器，如^{68}Ge用于计算机X射线断层扫描装置（PET-CT）的校正等；诊断疾病的药物，如ECT显像药物^{99m}Tc、PET/CT诊断使用的放射性同位素^{18}F等；治疗疾病的药物，如^{131}I用于治疗甲亢疾病、^{125}I粒子用于治疗肿瘤疾病等。放射性废物是指含有放射性物质或被放射性物质所污染，其活度或活度浓度大于规定的清洁解控水平，预期不再使用的物质。按其物理性状分为气载废物、液体废物、固体废物三类。目前，医疗放射性废物主要有固态废物和放射性废水两种。

医疗放射性固态废物的来源可分为两类，一类是作为质控源用于诊断疾病的仪器校正的放射性物质，如^{68}Ge定期对PET/CT进行校正，其源强大，使用频率低（0.5～1个月使用一次），此放射性废物须交有资质的单位统一处置或交至当地放射性废物库统一处置。另一类放射性固废是在使用过程中产生的沾有放射性物质的真空瓶、制剂瓶、注射器、吸水纸、药棉、手套等，以及由于操作失误洒出药物而产生的放射性固体废物（根据操作规程，不得用水冲洗，应用吸水纸、药棉等擦拭）。将此类放射性固体废物置于放射性废物储存柜内10个半衰期后，达到清洁解控水平后按一般医用废物处置。

医院放射性废水的来源主要有两类。一类是清洗病人的药杯、注射器和高强度放射性同位素分装时的移液管等器皿时所产生的放射性污水，医用标记化合物制备和倾倒多余剂量的放射性同位素时产生的放射性废水。这些浓度高、半衰期较长的放射废水，将其储存于容器内，使其自然衰变。另一类是病人服用放射性同位素（如^{131}I、^{99m}Tc等）后产生的排泄物。这些浓度低、半衰期较短的放射性废水，排入地下衰变池衰变至国家排放限值后再排放。

我国放射性废水处理的相关标准有以下规定：

《电离辐射防护与辐射源安全基本标准》有关含放射性物质的废液向环境排放的控制要求为：经审管部门确认的满足下列条件的低放废液，方可直接排入流量大于10倍排放流量的普通下水道，并应对每次排放作好记录，即每月排放的总活度不超过$10ALI_{min}$；每次排放的活度不得超过$1ALI_{min}$，并且每次排放后用不少于3倍排放量的水进行冲洗。

《医疗机构水污染物排放标准》中规定传染病、结核病医疗机构水污染物排放限值（日均值）及综合医疗机构和其他医疗机构水污染物排放限值（日均值），均为总$\alpha \leqslant 1Bq/L$、总$\beta \leqslant 10Bq/L$。

《医院污水处理工程技术规范》中要求放射性废水处理设施出口监测值应满足总$\alpha < 1Bq/L$、总$\beta < 10Bq/L$。在实际应用中，《电离辐射防护与辐射源安全基本标准》多用于环境评价和设计工作；其他的标准、规范多用于排放监测监管。

根据衰变时间和放射物活度两个设计参数进行双控设计，取两者确定的容积中的大值为最终的设计容积。设计步骤如下：

第一步，确定低放射性废水水量。

第二步，确定医院最大的接诊人数，使用的放射性药物种类、物理半衰期，放射性物质药物平均摄入量等计算基数。

第三步，估算服药病人每天24h排泄物中放射性物质的活度（即时间 $t=0$ 时的放射性强度 A_0），依据为《内照射摄入量估算手册》。

第四步，根据《电离辐射防护与辐射源安全基本标准》，可分别计算得出医院所排出各个放射性同位素的 ALI_{min} 值（即 t 时刻后的放射性强度 A）或者查得。

第五步，控制活度，求排放的各个放射性元素的衰变时间；按每次排放的活度不得超过 $1ALI_{min}$ 和每月排放的总活度不超过 $10ALI_{min}$ 的排放要求代入 $A=A_0e^{-\lambda t}$ 公式计算，取最大值。

第六步，控制衰变时间，求各个放射性元素衰变时间（10个半衰期）；取最长半衰期同位素的10个半衰期。

第七步，计算衰变池有效容积（取两种方法的最大值为水力停留时间）。

排入室外地下衰变池的放射性废水水量、浓度计算依据可参照表7-9。

表7-9　设计衰变池进水水质

项目	可以收集到的设计数据	无实测数据时，采用经验数据
水量	① 核医学科病房容纳的最多住院人数； ② 接受检查的病人每天最大接诊量； ③ 病人排泄物及冲洗废水设备的收集设施的数量； ④ 医院、疗养院、休养所中有盥洗室的用水定额为50～100L/(床·d)； ⑤卫生器具一次和一小时用水定额	$0.2\sim5m^3/d$
浓度	① 服用同位素的类型、质量或浓度； ② 估算服药病人代谢物中放射性物质的活度	$(3.7\times10^2)\sim(3.7\times10^5)Bq/L$

（资料来源：李慧，2014）

以某医院放射性医疗废水衰变池的设计为例，该医院建有核医学病房（病床为3张）和诊疗室（最大接诊量为10人），同时使用 ^{131}I 的3人［100mCi/(次·人)］，同时使用 ^{99m}Tc 的4人［25mCi/(次·人)］，同时使用 ^{18}F 的6人［60mCi/(次·人)］。

核医学病房卫生间污水量为：$Q_1=180L/(人\cdot d)\times3人=540L/d$。

核医学科的候诊室污水量为：$Q_2=15L/(人\cdot d)\times10人=150L/d$。

进入衰变池水量为：$Q_{总}=Q_1+Q_2=690L/d$。

根据表7-10估算各放射性药物的摄入量、排放量。

表7-10　放射性元素排放量

核素名称	物理半衰期	衰变类型	放射性废物排放活度/(Bq/d)
^{131}I	8.04d	β^-	1.55×10^{10}
^{99m}Tc	6.02h	β^-	1.85×10^9
^{18}F	110min	β^+	1.11×10^9
注：A_0 为时间 $t=0$ 时的放射性强度；A 为 t 时刻后的放射性强度。			

（资料来源：李慧，2014）

根据项目核环评的排放要求或计算得各放射性元素限值：^{131}I 的 $ALI_{min}=1.0\times10^6Bq$，$^{99m}Tc$ 的 $ALI_{min}=3.0\times10^9Bq$，$^{18}F$ 的 $ALI_{min}=3.7\times10^8Bq$。

根据公式 $A=A_0e^{-\lambda t}$（λ 为衰变常数，d^{-1}；t 为衰变时间，d），分别求得 ^{131}I 的衰变时

间为105d，^{99m}Tc的衰变时间为0.154d，^{18}F的衰变时间为0.167d。

根据最长半衰期同位素的10个半衰期计算，则最大的为^{131}I的衰变时间81d。

根据双控指标，水力停留时间设计取值为105d，考虑安全系数1.1，则衰变池的有效池容为$80m^3$。

衰变池按运行方式可分为间歇式和连续式，其优缺点如下：间歇式衰变池多分两格或多格，交替使用，占地面积大，处理效率低，操作管理比较麻烦；连续式衰变池总体积比间歇式小，操作简单，基本不需管理，一般常设计为推流式，池内设置导流墙，放射性废水从一端进入，经过缓慢流动至出水口排放，池内废水保持推流状态，减少短路。目前设计多选用连续式衰变池。

由于放射性同位素废水一般呈酸性，且具有较大的危险性，所以衰变池的结构设计中防腐、防水处理应严格，做到不渗不漏；其衰变池前后的管道、阀门应用耐腐蚀材料，避免放射性废水的泄漏，造成二次污染。

7.4.3.2 放射性废物处理中心蒸发系统优化设计研究

某放射性研发基地废液处理系统主要承担着在役研究堆的放射性废液处理任务。该系统设备陈旧，管道老化，且随着研究堆即将退役及2套核设施的即将投产，其处理能力（约$4000m^3/a$）已无法满足旧设施的退役、新设施的运行带来的大量放射性废液（共约$9250m^3/a$）的处理需求。因此，拟新建放射性废物处理中心，废液处理系统作为该中心主工艺系统，年设计处理能力达$10000m^3$，对放射性废物处理中心的功能起着至关重要的作用。该系统主要采用活性炭过滤、蒸发、离子交换等工艺处理放射性废液。蒸发系统作为放射性废液处理系统的核心工艺以及在废液处理流程中的关键环节，发挥着决定性的作用，其系统设计应作为该中心设计工作的重中之重。

目前，在役蒸发系统是根据不同放射性废液源项特点，针对不同放射性活度浓度废液设计的2套蒸发系统，分别用于处理中、低放废液，其处理能力均为$2m^3/h$。系统主要由预热器、蒸发器（外加热式）、旋风分离器、净化器等设备及管道、阀门组成。由于设计建造较早，受各方面条件制约，主要存在以下问题：①外加热分体式蒸发器设备复杂，安装、维修不便，同时增加了系统放射性物质的泄漏率；②蒸发器出口串联的旋风分离器，为保证一定的分离效率，进汽流速不能太小，对$10\mu m$以下的液滴，分离效果不好；③净化设备为内置丝网的鲍尔环填料塔，利用捕集液滴的方式对二次蒸汽进行净化，分离精度$5\sim10\mu m$，且效果不理想，去污因子仅为5～10。

基于上述问题，导致系统整体去污因子最高仅为10^4，中放废液无法一次处理合格，需二次处理，能耗较大。为提高净化能力、净化效率，需对蒸发系统进行优化设计。

蒸发处理放射性废液工艺中影响净化效果的主要因素是二次蒸汽夹带的雾沫量。雾沫夹带量一般占二次蒸汽总量的1%～3%，设置在蒸发器中的各类挡板或简单汽液分离装置可除去夹带量的80%～95%，所以在高效蒸发条件下，仍有5%以上的放射性液滴逸出蒸发器，理论上讲，蒸发器本身净化因数不会超过2×10^3。如果起泡或浓缩倍数较大，则净化因数还要低。所以必须尽可能地将夹带出的液滴微粒和固体微粒减少到最小值，有效地除去不可避免形成和夹带出去的雾沫，以得到最高的净化因数和较为经济的浓缩倍数。因此，二次蒸汽除沫就成为蒸发系统工艺优化的有效途径。而除沫工艺只能发生在蒸发和净化两个环节，因此，该蒸发工艺主要从蒸发和净化设备及影响该段工艺的系统方面进行优化设计。

设计蒸发器时，除保证原蒸发设备经济性以及蒸发强度外，还要考虑放射性废液的工艺处理过程对蒸发的特殊要求：

① 设备抗腐蚀性能好，通常用耐酸不锈钢制成。

② 浓缩能力大，以尽量减少浓缩液体积。

③ 净化能力要高，雾沫夹带量要少。

④ 结构简单可靠，不易结垢和堵塞，便于维护。

⑤ 较好的密封性。

本系统根据放射性废液蒸发处理工艺的技术原理，将传统外加热式蒸发器（图 7-1）的加热室、分离室集中整合，于分离室上部依次设置泡罩塔水洗及丝网除沫装置，优化了设备结构，设计了一体化蒸发器，以降低挥发类放射性含盐量的雾沫夹带，进而提高去污因子。一体化蒸发器结构形式如图 7-2 所示，主要由加热段、重力分离段、多层泡罩清洗段及丝网除沫段 4 部分组成，各部分主要技术指标如表 7-11 所示。

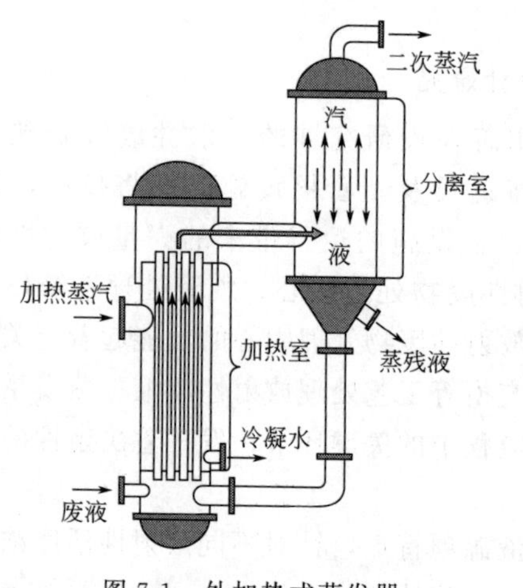

图 7-1 外加热式蒸发器

（资料来源：李明，2018）

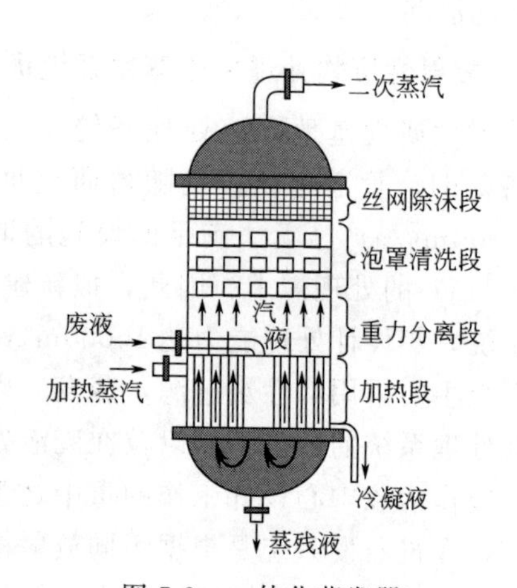

图 7-2 一体化蒸发器

表 7-11 一体化蒸发器各部分主要技术指标

蒸发器各部分	主要技术指标的确定	结论
加热段	根据工艺条件及物性参数进行料、热量衡算及传热设计计算，经传热及循环速率校核	加热室直径 1.1m，加热管长度取 2m，加热管数量 218 根，考虑污垢堵管情况，增至 240 根
重力分离段	从简化设备结构和便于制造角度考虑，结合经验取值	中央循环管式的分离室直径一般取与加热室壳体相同(1.1m)。根据经验，高径比 1～2 且高度一般不小于 0.8m 才能基本保证二次蒸汽夹带的雾沫不被蒸汽带出，此处取 1.2m
泡罩清洗段	经流体力学计算，经压降、蒸汽分配比例液泛量、雾沫夹带量及操作气流速度校核	根据化工手册泡罩直径与塔径关系表，塔径在 1～3m，泡罩直径为 100mm；泡罩其他尺寸可参照标准泡罩规格
丝网除沫段	水力计算等	丝网可满足气液相 60%～120%的操作弹性范围，且 5μm 以上雾沫分离效率可达 99.9%

（资料来源：李明，2018）

一体化蒸发器的优点是：

① 采用中央循环管式蒸发器，较外加热式蒸发器结构简化很多；循环速率较低，在重

力分离段，二次蒸汽因有较多的时间参与重力沉降，降低了其中的雾沫夹带量，去污因子更高。

② 采用湿法惯性的泡罩塔清洗装置，使二次蒸汽中的雾沫夹带在蒸发器内得到水洗分离。

③ 在多层泡罩塔后设置高效丝网除沫，可在充分降低二次蒸汽阻力的前提下，对二次蒸汽进行高精度净化，有效去除 5μm 以上的雾沫。

④ 设备集成了蒸发及部分净化功能，便于蒸发系统设备及管道的安装、维护及检修。

蒸发器出来的二次蒸汽仍带有 5μm 以下的雾沫，为进一步提高净化效果，在一体化蒸发器出口设置一种新型带有高效聚结滤芯的净化器。该净化器内置 2 套系统，第 1 套为高效除雾分离系统，总体为新型滤材的除雾膜组成的棒束状滤芯结构，兼具微滤和超滤滤芯的优点。二次蒸汽通过滤材时，产生数次碰撞后，在滤材表面被吸附、捕集并倍增，捕集液通过分离器底部回收到蒸发器，参与二次蒸发。当二次蒸汽在设计流量 3430m^3/h 以下时，可有效过滤 0.5μm 及以上的雾沫，效率达 98%。第 2 套为雾化喷淋自清洁系统，主要作用是解决蒸汽欠饱和，稀释可溶结晶体，进行在线反清洗；喷淋系统的应用保证了分离器安全、高效、低阻、长时间持续运行。

蒸发工艺在系统方面的优化主要体现在增设净化水返回流冲洗管线。系统从冷凝器二次蒸汽冷凝水出口引流至蒸发器泡罩塔顶层，以蒸发工艺流程内充分净化的冷凝液，对蒸发器内未完全净化的二次蒸汽进行水洗，其优化机理为：

① 利用返流水和二次蒸汽雾沫之间的浓度差，将二次蒸汽夹带的雾沫溶解于液层中，并随返流水回到加热室，参与二次蒸发工艺，从而降低夹带雾沫中的放射性盐含量。

② 返流水在泡罩塔逐层下穿过程中可将二次蒸汽中易挥发的放射性核素溶解其中，进一步降低了挥发量。经对系统管线工艺的优化，可将去污因子提高 2 个数量级，保守估计蒸发器总去污因子高达 10^5。二次蒸汽冷凝水返回比例通常取 5%～10%，此处取 10%。

蒸发系统优化后的工艺流程如图 7-3 所示，放射性废液经预热器预热，进入蒸发器，经蒸发、分离、水洗、除沫等工序得到浓缩的蒸残液与液滴粒径为 5μm 以下的饱和二次蒸汽，分离后的蒸残液自流至蒸残液槽，待水泥固化。饱和二次蒸汽进入净化器再次进行汽液分离，0.5μm 以上的液滴被拦截在滤芯的外表面，在重力作用下沉降至罐体底部，回流至蒸发器参与二次蒸发。净化后的二次蒸汽进入冷凝器，被冷凝为二次蒸汽冷凝液，其中一部分进入冷却器继续冷却，另一部分冷凝液（约 10%）回流至蒸发器内泡罩塔的顶层，用来逐层对二次蒸汽进行水洗净化，进一步提升系统的净化能力。二次蒸汽冷凝液经在线监测，当放射性浓度小于 40Bq/L 时，进入排放水槽；当放射性浓度为 40～4×10^3Bq/L 时，进入二次蒸汽凝结水槽（TN 水槽），待去离子交换系统处理；当放射性浓度大于 4×10^3Bq/L 时，进入低放废液储槽，返回系统重新处理。

为进一步对蒸发系统优化设计进行理论验证，以中放废液为例，通过对比原系统与优化后系统，同时综合物料及放射性平衡加以评定。衡算前，需对平衡边界进行界定，平衡边界内的各节点必须满足“物料投入＝产品产出＋加工损失”的平衡关系。基于验证对象为蒸发系统的优化设计结果，为此，将蒸发系统进出口作为衡算的平衡边界。

计算条件：

① 废液设计处理量：2000L/h。

② 废液放射性活度浓度：4×10^8Bq/L。

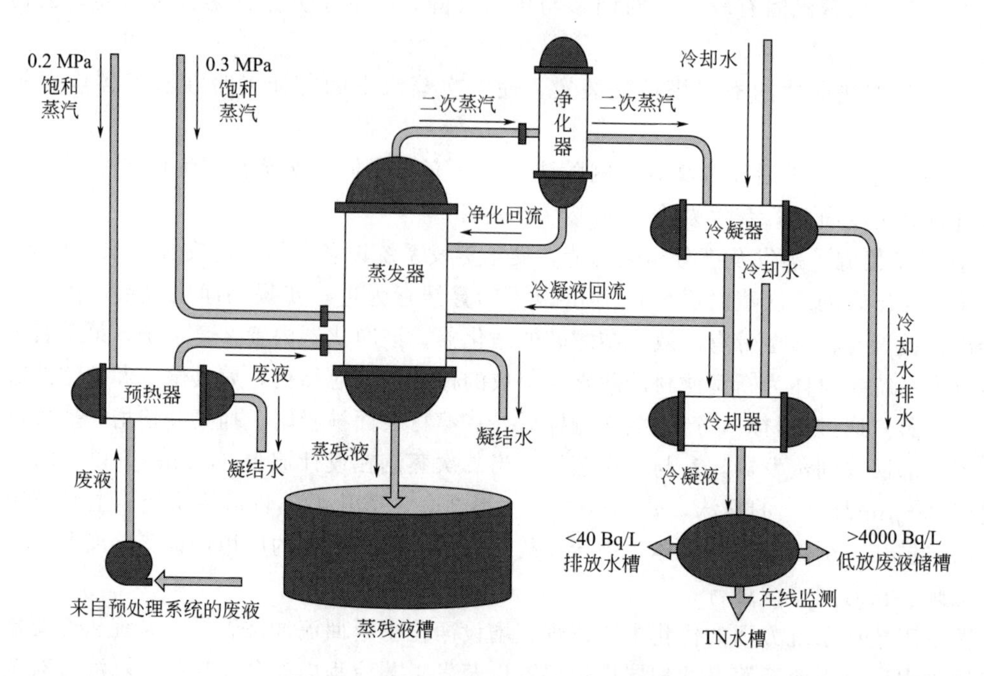

图 7-3 蒸发系统优化后的工艺流程图

（资料来源：李明，2018）

③ 废液含盐量（$NaNO_3$）：1g/L。

④ 蒸发器物料进口温度：90℃。

⑤ 加热蒸汽：0.3MPa（表压）。

⑥ 浓缩倍数：原系统与优化后均为 100 倍。

⑦ 蒸发器去污因子：原系统为 10^3，优化后为 10^5。

⑧ 净化器去污因子：原系统为 10，优化后为 20。

在单位时间（1h）内的中放废液物料及放射性衡算流程如图 7-4 所示（原系统冷凝器处无回流管线）。

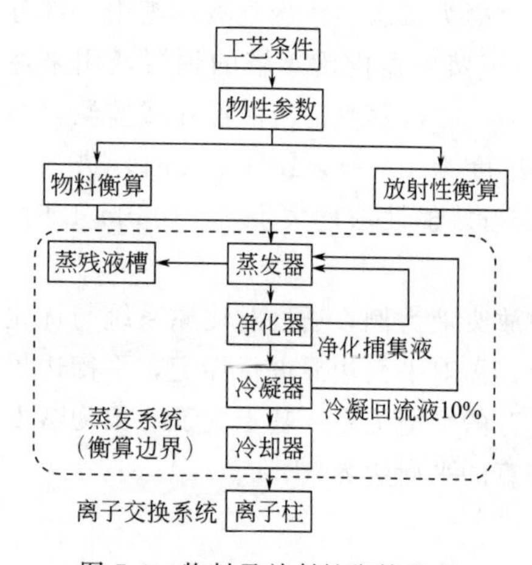

图 7-4 物料及放射性衡算流程

（资料来源：李明，2018）

在保证原上料中放废液物项参数一致的前提下，表 7-12 中，通过原系统与优化后系统主要的物料及放射性衡算节点数据分析可知：

① 优化后蒸发器出口的二次蒸汽放射性比原系统低 2 个数量级。

② 对于二次蒸汽冷却液，原系统中放废液经蒸发工艺流程后，放射性还在 10^4 量级上，完全达不到一次排放效果，还需经二次蒸发处理方可满足排放要求；而优化后的系统，排出的二次冷却液在 10^2 量级，只需经离子交换工艺（去污因子 10）即可达标排放。

③ 提高系统去污因子的前提下，浓缩后的蒸残液仍比原水放射性增大 2 个数量级，极大地体现了蒸发工艺处理放射性废液的最小化原则。

表 7-12 主要节点衡算结果

物项	上料中放废液		二次蒸汽（蒸发器出口）		蒸残液（蒸残液槽）		二次蒸汽冷凝（冷凝器）		二次蒸汽冷却液（冷却器出口）	
	原系统	优化后	原系统	优化后	原系统	优化后	原系统	优化后	原系统	优化后
体积/L	2000	2000	3090×10^3	3430×10^3	20	20	1980×10^3	2200×10^3	1980	1980
质量/kg	2005	2005	1990	2210	25	25	1980	2200	1980	1980
活度浓度/(Bq/L)	4×10^8	4×10^8	2.5×10^8	2.5×10^6	4×10^{10}	4×10^{10}	4×10^4	2×10^2	4×10^4	2×10^2

（资料来源：李明，2018）

在传统蒸发工艺基础上，从核心设备及工艺技术角度对系统进行合理优化。经理论验证，优化后的系统在保证废液源项、处理能力不变的前提下，具有以下显著优势：

① 对蒸发器的优化设计，以及系统增设二次蒸汽凝结水回流管线对蒸发器内二次蒸汽进行水洗，在提高系统去污因子的基础上，仍能保证浓缩后的蒸残液放射性增大 2 个数量级，极大地体现了蒸发工艺处理放射性废液的最小化原则。

② 采用带有高效聚结滤芯的净化器对二次蒸汽进行高精度净化，将系统整体去污因子进一步提高至 $10^5\sim10^6$，确保了中放废液的一次蒸发通过率。

③ 系统在核心设备及流程上得到了简化，便于安装、维修及对放射性物质进行管控。

7.4.3.3 天然存在的低水平放射性废物处置的工程设计

在稀土湿法冶炼分离过程中，会产生含少量放射性钍的废物。例如，铁钍渣就是四川稀土精矿氧化焙烧后用盐酸浸出、浸出液除钍时产生的，其主要成分是铁，同时含有放射性物质——钍。

天然存在的放射性物质（naturally occurring radioactive material），简称 NORM。显而易见，NORM 行业特别是非铀（钍）矿矿产资源在开发利用过程中，所含的天然放射性核素会在产品、副产品、中间产品和废物中重新分布或不同程度地富集。如果天然放射性物质存在于废物中，则把这种废物简称为 NORM 废物。因此稀土行业产生的含钍、铀废物也是 NORM 废物。

NORM 废物特点：

① 种类多，比活度差别较大。NORM 行业多达 13 类（国际原子能机构分类）或 15 类（欧盟分类）人类活动，产生的废物种类无疑特别多，比活度差别也必然比较大。

② 总体数量庞大，但比活度普遍不高。NORM 行业多，NORM 废物总体数量自然十分庞大，但和核工业产生的废物相比，比活度普遍不高。

1999 年国家环保总局（现生态环境部）组织开展了四川、广东、山东、贵州、内蒙古、天津、吉林 7 个省、自治区、直辖市的 400 余家矿产资源开发利用企业的放射性污染源调查。调查结果显示，上述企业产生的固体废物中，比活度小于 20Bq/g 的有近 300 万吨，比活度大于 20Bq/g 的有约 800 万吨。

四川省主要的稀土湿法冶炼分离企业有四川江铜稀土有限责任公司（包括冕宁县方兴稀土有限公司、漫水湾稀土冶炼分离厂）、冕宁县飞天实业有限责任公司、乐山盛和稀土股份有限公司和乐山锐丰冶金有限公司。这四家企业在稀土湿法冶炼分离过程中，产出含少量放射性元素钍的废渣——铁钍渣，上述企业目前将铁钍渣（渣中含 Th2325.22×10^4Bq/kg、总比活度 8.99×10^5Bq/kg）暂时储存。为了防止放射性污染，保护环境，保障人体健康，促进稀土产业健康发展，需要对这些废渣进行处置。下面介绍某 500t 铁钍渣处置工程的设计实例，旨在为今后铁钍渣的规模化、规范化处置提供参考和借鉴。

场址选择与总体布置：经多方案比较，选择位于牦牛村沟东侧支沟毛家山沟的北岸山坡的 3 号场址。3 号场址地处排土场的边缘部位，不会影响排土场的排土作业，也不会占用排土场库容。该场址基岩出露，基岩为灰质板岩，表层为强风化，深度 6m 左右；3 号场址周边 800m 范围内没有居民点和其他的生产设施，而且，该场址东侧还有大量的场地作为四川省稀土湿法冶炼分离企业后续产生的铁钍渣的处置用地。

工程设计主要的建筑物、构筑物有：填埋场共设 2 个填埋单元，每个填埋单元有 3 个填埋池，共计 6 个填埋池；临时储存库房；值班室、大门及围墙。

总体布置如下：从采矿工业场地新建联络道路到填埋场，在距填埋场直线距离约 300m（沿路距离 450m）的位置修建进场大门，大门旁边修建值班室，值班室作为现场管理人员的办公和生活场所。值班室附近设地磅，对运送铁钍渣的车辆进行称重。

在值班室和填埋场之间修建临时储存库房（距值班室沿路距离约 300m），用于中转储存稀土分离企业产出的铁钍渣，当临时储存库房储存的铁钍渣超过 1 个填埋池的处置量时，选择天气比较好的时间进行铁钍渣填埋；临时储存库房配套设计放射防护的相应设施。

填埋场位于场地的最里面，共设 2 个填埋单元，每个填埋单元有 3 个填埋池，每个填埋池长 5m、宽 4m、深 3.5m；填埋池墙厚 0.35m，盖板厚 0.35m，池底厚 0.3m。每个填埋池全库容为 $70m^3$。

临时储存库房和填埋场周边均设置 10m 绿化隔离带，在绿化隔离带外侧和大门至填埋场道路的外侧均建铁丝网围墙，防止无关人员或牲畜进入。

辐射防护最优化设计如下。

（1）铁钍渣填埋池

铁钍渣填埋池混凝土墙、盖板厚度设计为 350mm，屏蔽 γ 射线穿透；要求填埋池盖板与填埋池四周边墙严格密封，防止钍射气及其子体、α 放射性气溶胶逸散；要求填埋池底部做防渗处理，防渗系数不大于 10^{-12}cm/s，阻断压滤水与地下水系的联系，保护地下水环境不受放射性污染。

（2）铁钍渣临时储存库房

墙体、顶板均取值 350mm 混凝土厚度；铁钍渣临时储存库房房门采用 16mm 厚度的铅铁门（宜双开门，门的宽度满足叉车进出，便于操作人员卸料、码堆），屏蔽射线穿透；设计机械排风设施——排风静电膜过滤机组，有效过滤钍子体和放射性气溶胶粒子；要求铁钍渣临时储存库房的地面、墙面应光滑并设 2m 油漆墙裙，定期冲洗；库房门外设洗手盆、拖布池，废水均排入闲置铁钍渣填埋池自然蒸发，防止或减少 α、β 放射性物质对工作场所叉车、墙壁、地面以及对工作人员工作服、手套、工作鞋、手、皮肤等的表面污染；要求铁钍渣临时储存库房地面有一定坡度并通向地漏或排水沟，收集或导向闲置铁钍渣填埋池；地面做防渗处理，防渗系数不大于 10^{-12}cm/s，防止渗滤液污染铁皮排水沟排水，阻断渗滤液与地下水的联系，保护水环境不受放射性污染。

（3）值班室

设计值班室值守铁钍渣填埋场场区。

（4）填埋场场区

① 按甲级工作场所设计辐射防护措施，但不设计卫生通过间；

② 有防止盗窃事件发生的安全防范设施，避免铁钍渣进入公众生活环境；

③ 铁钍渣临时储存库房、铁钍渣填埋场 3m 范围设警戒线，铁钍渣填埋场场区设 30m 辐射监测区，场区设电离辐射标志，以免无关人员进入场区受到辐射危害。

（5）放射影响初步分析

由上述辐射防护最优化设计可见，铁钍渣填埋场采取的放射防护措施是有效的，可较大程度减小 γ 射线对公众产生的外照射剂量和减小钍射气及其子体、α 放射性气溶胶等污染物对公众产生的内照射剂量。通过采取辐射防护措施，能确保铁钍渣填埋场周边的关键人群组成员所受到的平均辐射剂量估计值不会超过《电离辐射防护与辐射源安全基本标准》（GB 18871—2002）规定的年有效剂量限值 1 mSv，保证铁钍渣填埋场的辐射环境安全。

当然，填埋场工程对辐射环境的具体影响程度和范围，应由具有核工业类评价范围的环境影响评价机构编制的《辐射环境影响评价专篇》做出结论。

NORM 废物总体数量庞大是我国放射性废物的一大特点。低放 NORM 废物的妥善处置，能有效防止放射性辐射污染环境；按有关规范做好辐射防护最优化设计，是保护公众和环境安全的强有力措施。

复习思考题

1. 环境中放射性污染的来源有哪些？
2. 简述放射性污染的危害。
3. 放射性污染的监测对象及内容有哪些？
4. 放射性检测仪器包括哪些？
5. 什么是吸收剂量、剂量当量和有效剂量当量？
6. 详述放射性污染的防护对策。
7. 详述放射性废物的处理技术。

参考文献

比斯D A，汉森C H，2013. 工程噪声控制：理论和实践 [M]. 邱小军，等译. 北京：科学出版社.

北京照明学会照明设计专业委员会，2016. 照明设计手册 [M]. 3版. 北京：中国电力出版社.

蔡文军，王平，祝远征，等，2006. 一种液压阻尼器的结构及阻尼性能分析 [J]. 机床与液压，6：149-150+153.

曹民，喻凡，2004. 车用磁流变减振器的研制 [J]. 机械工程学报，3：186-190.

陈可中，陈启钦，1998. 初论电磁污染与对策 [J]. 广西大学学报（自然科学版），23（3）：246-248.

陈丽琴，符兰，2019. 新时代背景下基站电磁辐射防护重要性及对策研究 [J]. 电子测试，6：34-36.

程利江，高华喜，2015. 核电厂温排水余热综合利用分析 [J]. 教育教学论坛，6：72-74.

程雨霏，2018. 浅析温室气体与全球环境变化 [J]. 资源节约与环保，8：142.

程玉红，2014. 基于数字模拟的城市立交桥高杆照明失能眩光研究 [D]. 天津：天津大学.

范韬，翁季，2016. 内透光在夜景照明中的运用与表现研究 [J]. 灯与照明，40（1）：40-43.

方丹群，1980. 噪声的危害及防治 [M]. 北京：中国建筑工业出版社.

方丹群，2013. 噪声控制工程学 [M]. 北京：科学出版社.

福尔克纳，1988. 工业噪声控制手册 [M]. 黄翠芹，林忠信译. 武汉：湖北科学技术出版社.

福田基一，奥田襄介，1982. 噪声控制与消声设计 [M]. 张成译. 北京：国防工业出版社.

高红武，2003. 噪声控制工程 [M]. 武汉：武汉理工大学出版社.

格林，1982. 噪声控制参考手册 [M]. 徐子江，谢贤宗译. 上海：上海科学技术文献出版社.

顾强，2002. 噪声控制工程 [M]. 北京：煤炭工业出版社.

郭忠义，王运来，汪彦哲，等，2021. 涡旋雷达成像技术研究进展 [J]. 雷达学报，10（5）：665-679.

郝影，李文君，张朋，等，2014. 国内外光污染研究现状综述 [J]. 中国人口资源与环境，S1：273-275.

何秉云，2013. 光污染的产生和治理 [J]. 照明工程学报，S1：66-71.

何德文，2015. 物理性污染控制工程 [M]. 北京：中国建材工业出版社.

何汉强，陈生，1990. 高速水轮发电机阻尼环结构型式的探讨 [J]. 大电机技术，3：12-15.

贺启环，2011. 环境噪声控制工程 [M]. 北京：清华大学出版社.

胡秋明，王景刚，鲍玲玲，2016. 基于㶲分析的水体热污染评价方法 [J]. 水电能源学，34（2）：30-32+68.

胡英奎，陈仲林，孙春红，2011. 基于等效光幕亮度理论的隧道入口段亮度计算方法 [J]. 公路交通科技，28（5）：98-101.

黄彩英，王易倩，吕玉菊，等，2019. 热管技术的应用 [J]. 南方农机，50（2）：183.

黄其柏，1999. 工程噪声控制学 [M]. 武汉：华中理工大学出版社.

黄勇，王凯全，2013. 物理性污染控制技术 [M]. 北京：中国石化出版社.

黄勇，王凯全，2013. 环境物理性污染控制工程 [M]. 北京：中国石化出版社.

景色，李铁楠，2007.《城市道路照明设计标准》CJJ 45-2006 简介 [J]. 智能建筑与城市息，（8）：96-99.

黎昌金，陈琦，李建龙，2018. 电磁辐射的危害与防护探讨 [J]. 内江科技，9：108-110.

李光，刘建军，刘强，等，2016. 二氧化碳地质封存研究进展综述 [J]. 湖南生态科学报，3（4）：41-48.

李华芳，郝利君，2011. 高频感应加热设备作业环境电磁辐射防护技术研究 [C]. 中国职业安全健康协会2011年学术年会论文集，436-440.

李慧，邢国政，李涛，等，2014. 医疗放射性废物处理工程设计 [J]. 中国给水排水，30（2）：51-53.

李家华，1995. 环境噪声控制 [M]. 北京：冶金工业出版社.

李连山，杨建设，2009. 环境物理性污染控制工程 [M]. 武汉：华中科技大学出版社.

李明，马兴均，陈莉，等，2018. 放射性废物处理中心蒸发系统优化设计研究 [J]. 核动力工程，39（2）：37-41.

李祥瑞，2013. 电力机车电磁辐射的机理及对周边环境的影响 [J]. 中国新技术新产品，20：118-119.

林若慈，张建平，赵燕华，1999. 控制玻璃幕墙的有害光反射 [J]. 照明工程学报，10（3）：70-73.

刘博，王惠敏，2003. 室内电磁辐射污染与防护［J］. 环境污染治理技术与设备，6：91-92.
刘惠玲，辛言君，2015. 物理性污染控制工程［M］. 北京：电子工业出版社.
刘文魁，庞东，2003. 电磁辐射的污染及防护与治理［M］. 北京：科学出版社.
刘新，2015. 220 kV 变电站电磁辐射监测及防治措施［J］. 环境保护与循环经济，1：67-69.
罗上庚，2007. 放射性废物处理与处置［M］. 北京：中国环境科学出版社.
马广文，2005. 交通大辞典［M］. 上海：上海交通大学出版社.
孟丹，2010. 约束阻尼复合材料的制备与性能研究［D］. 武汉：武汉理工大学.
潘嘉凝，2014. 基于参数化模型的幕墙光污染分析方法的研究［J］. 绿色建筑，(3)：10-12.
庞西通，2010. 浅谈电磁辐射污染的环境监测与管理防护［J］. 科学之友，23 (6)：65-66.
钱惠国，沈恒根，顾平道，等，2008. 减少工业炉炉壁热污染问题的理论研究［J］. 环境工程学报，(8)：1143-1147.
屈明玥，廖远祥，2016. 军事作业环境电磁辐射的健康危害与对策［J］. 解放军预防医学杂志，34 (4)：592-593.
任连海，2008. 环境物理性污染控制工程［M］. 北京：化学工业出版社.
任帅，钱建伟，2018. 建筑夜景照明设计常见光污染问题分析与防治［J］. 照明设计，12 (8)：45-48.
石亚东，2017. 基于热管的汽车尾气余热回收装置设计与实现［D］. 济南：山东大学.
苏晓明，2012. 居住区光污染综合评价研究［D］. 天津：天津大学.
孙静，魏作余，2017. 智能手机电磁辐射研究［J］. 电子测试，10：55-56.
覃波，张友芳，2017. 天然存在的低水平放射性废物处置的工程设计［J］. 有色冶金节能，33 (1)：41-45.
王加春，董申，李旦，2000. 超精密机床的主动隔振系统研究［J］. 振动与冲击，(3)：56-58＋95.
王利莉，蒋武衡，刘莹，2018. 外墙保温技术与建筑节能材料的应用［J］. 绿色环保建材，(4)：7.
王鹏展，陈大华，2009. 眩光控制分析及其在道路照明中的运用［J］. 灯与照明，33 (3)：1-4.
王文奇，1985. 噪声控制技术及其应用［M］. 沈阳：辽宁科学技术出版社.
王小兵，骆枫，于宇文，等，2019. 放射性气体处理方法概述及典型工艺设计［J］. 科技视界，7：32-34.
王馨雨，林智成，王翔，等，2019. 热泵回收余热技术在火力发电厂的应用［J］. 山东工业技术，(1)：179-180.
王修德，李奇慧，唐木涛，等，2015，雷达作业环境电磁辐射场强分布特点与防护对策研究［J］. 中国辐射卫生，24 (3)：193-195，198.
王玉松，谭达明，1996. 主动隔振控制系统的研究［J］. 微机发展，(2)：3-6.
王振，2007. 城市光污染防治对策研究［D］. 上海：同济大学.
王志杰，田公臣，李彦方，2010. 轮胎硫化废热水再利用的新途径［J］. 橡胶科技市场，8 (3)：20-21.
魏义杭，佟博恒，2015. 二氧化碳的捕集与封存技术研究现状与发展［J］. 应用能源技术，(12)：36-39.
吴鹏飞，2015. 基于单片机数显照度计的设计［D］. 哈尔滨：黑龙江大学.
肖洪亮，1998. 噪声污染控制［M］. 武汉：武汉工业大学出版社.
肖辉乾，2000. 城市夜景照明规划设计与实录［M］. 北京：中国建筑工业出版社.
徐洪，杨世莉，2018. 城市热岛效应与生态系统的关系及减缓措施［J］. 北京师范大学学报（自然科学版），54 (6)：790-798.
徐建，2009. 隔振设计规范理解与应用［M］. 北京：中国建筑工业出版社.
许景峰，张永锋，何荥，等，2016. 基于光强分布的灯具光通量计算方法研究［J］. 灯与照明，40 (1)：11-27.
燕碧娟，张文军，李占龙，等，2016. 层间过渡约束阻尼结构动力响应的分布参数传递函数解［J］. 振动与冲击，35 (5)：186-190.
杨公侠，杨旭东. 2006. 不舒适眩光与不舒适眩光评价［C］. 中国（天津）第二届现代城市光文化论坛.
杨雯，2018. 试析电磁辐射环境监测的质量保证工作［J］. 中国资源综合利用，36 (6)：140-146.

杨新兴，李世莲，尉鹏，等，2014. 环境中的热污染及其危害 [J]. 前沿科学，8 (3)：14-26.
杨新兴，尉鹏，冯丽华，2013. 环境中的光污染及其危害 [J]. 前沿科学，1：11-22.
杨阳，2008. 我国城市交通噪声污染防治研究 [D]. 青岛：山东科技大学.
应杯樵，2007. 现代振动与噪声技术 [M]. 北京：航空工业出版社.
于连栋，刘巧云，丁苏红，等，2005. 失能眩光形成机理的研究 [J]. 合肥工业大学学报（自然科学版），28 (8)：866-868.
于洋，2013. 浅析直接空冷技术及应用现状 [J]. 中国新技术新产品，8：10.
曾意丹. 贺州市城区环境电磁辐射研究 [D]. 南宁：广西大学.
张恩惠，2012. 噪声与振动控制 [M]. 北京：冶金工业出版社.
张继有，2005. 物理性污染控制 [M]. 北京：中国建材工业出版社.
张磊，付永领，刘永光，等，2005. 主动隔振技术及其应用与发展 [J]. 机床与液压，2：5-8.
张丽娟，2012. 陕西广播电视发射塔的电磁辐射污染分析与防治 [J]. 现在电视技术，11：130-132.
张林，2002. 噪声及其控制 [M]. 哈尔滨：哈尔滨工程大学出版社.
张锐，2018. 垫高阻尼结构研究进展 [C] .《工业建筑》2018 年全国学术年会论文集（中册），4.
张晓杰，2007. 多层微穿孔板的优化设计及应用 [D]. 镇江：江苏大学.
张新安，2007. 振动吸声理论及声学设计 [M]. 西安：西安交通大学出版社.
张自强，2021. 阻尼减振技术在通信杆塔上的应用 [J]. 特种结构，38 (5)：52-55，59.
赵才友，王平，2013. 带槽扩展层静音钢轨理论与试验研究 [J]. 铁道学报，1：80-86.
赵良省，2005. 噪声与振动控制技术 [M]. 北京：化学工业出版社.
赵玉会，管立君，韩雷雷，2019. 烧结大烟道烟气余热回收节能效果分析 [J]. 冶金能源，3：49-51.
郑长聚，2000. 环境工程手册：环境噪声控制卷 [M]. 北京：高等教育出版社.
智乃刚，许雅芬，1980. 噪声与噪声控制 [M]. 北京：国防工业出版社.
中国建筑科学研究院，2013. GB 50034-2013 建筑照明设计标准 [S]. 北京：中国建筑工业出版社.
中国建筑科学研究院，2008. JGJ/T 119-2008 建筑照明术语标准 [S]. 北京：中国建筑工业出版社.
中国建筑科学研究院，2008. JGJ/T 163-2008 城市夜景照明设计规范 [S]. 北京：中国建筑工业出版社.
朱石坚，楼京俊，何其伟，等，2006. 振动理论与隔振技术 [M]. 北京：国防工业出版社.
邹吉平，2007. 灯具配光曲线及其标准格式 [J]. 照明工程学报，18 (2)：76-80.
Baird D，Ulanowicz R E，1989. The Seasonal Dynamics of the Chesapeake Bay Ecosystem [J]. Ecol Monogr，59 (4)：329-364.
CHAUDRY A H. Passive Stand-Off Layer Damping Treatment：Theory And Experiments [D]. 2006.
CIE Technical Report，1989. The Measurement of Luminous Flux [S]. Vienna：CIE Central Bureau.
LIU W B. Experiment and Analytic Estimation of Damping Treatments in Engineering Structures [D]. Lawrence，Kansas：The University of Kansas，2005：113-159.